なるほどグリーン関数

村上 雅人 著

なるほどグリーン関数

海鳴社

はじめに

　私が最初に、グリーン関数 (Green's function) に出会ったのは、微分方程式解法への応用であっただろうか。経緯はどうあれ、その手法に、大変驚かされたというのが、正直な感想であった。なぜ、この方法で微分方程式が解けるのかということも大きな謎である。さらに、その際に使うデルタ関数 (delta function) という不思議で面白い超関数の働きにも興味がそそられた。

　実は、グリーン関数の有用性を、私がおぼろげながらも把握できたのは、本書でも紹介する電磁気学における電荷分布から電位 (静電ポテンシャル) を求めるポアソン方程式の解法であったかと思う。もともとグリーン関数の開祖であるジョージ・グリーン (George Green, 1793-1841) が、この関数を最初に適用したのがポアソン方程式なのである。

　グリーン関数の手法を簡単にまとめれば、結果から原因の究明である。そして、この原因とは、一点に作用する刺激である。たとえば、ギターの弦を考えてみよう。なにもしなければ、弦は振動しない。しかし、弦の一点に力を加えて変形したのち手を離すと、弦の振動が誘導される。そして、振動している弦の様子から、その振動が、どの一点への刺激で生じたかを解析するのがグリーン関数である。そして、空間の一点を指定するのに利用されるのがデルタ関数なのである。

　デルタ関数は、もともとポール・ディラック (Paul A. M. Dirac, 1902-1984) によって導入されたものである。ご存知のように、量子力学では、粒子であるはずの電子に波の性質があることを基本として、シュレーディンガー方程式と呼ばれる波動方程式が導入されている。このため、波動力学と呼ばれることもある。この方程式が、原子内部の電子軌道の解明など、ミクロ世界の理解に重要な功績を残したことはご承知の通りであろう。

一方で、波動力学では粒子を点として取り扱うことが難しい。もともと波が点になることはない。この欠点を克服するために導入されたのがデルタ関数である。この超関数を使えば、粒子の位置を点として指定することができる。興味深いうえに、魅力のある関数である。

　ところで、多くの物理現象は分解してみれば、いろいろな点における刺激（素過程）を統合したものである。この素過程がグリーン関数である。そこで、グリーン関数の影響を足し合わせた結果が物理現象となるが、この足し合わせの操作が積分である。とすればグリーン関数の手法が、すべての物理現象へ応用が可能となることがわかる。逆にいえば、ある物理現象のグリーン関数さえ求められれば、その数学的解析が可能となるのである。いわば万能選手といってもよい。

　このため、一時期、物理学会などでは、想定している物理問題のグリーン関数をいかに求めるかが、研究発表の主流となった時代もあったと聞く。当然のことながら、グリーン関数は量子力学にも応用されている。グリーン関数は、ある一点への刺激が、空間の任意の点に及ぼす影響を示す。これは、別の視点でみれば、2点間の相互作用となる。さらに、変数が時間の場合には、時間による遷移を表現できる関数ともなるのである。こう考えれば、グリーン関数の汎用性がどれほど高いかが読者の方にも理解できることであろう。

　本書では、グリーン関数が有する性質に焦点をあて、微分方程式解法への応用からはじめて、固有値問題を基礎とした量子力学への応用までを紹介している。また、その解法に重要な役割をはたすフーリエ変換に関しても、簡単に復習している。ただし、境界値問題については詳述していないので、興味のある方は、他の教科書を参照いただきたい。グリーン関数を学ぶ際の参考書については、巻末にまとめて紹介している。

　最後に、本書をまとめるにあたり、理工数学研究所の小林忍さんと鈴木正人さん、名古屋大学准教授の飯田和昌さんには、大変お世話になった。ここに謝意を表する。

2021 年 4 月　著者

もくじ

第1章　フーリエ変換

　微分方程式の解法に、**フーリエ解析** (Fourier analysis) の手法がよく利用される。実は、本書のテーマである**グリーン関数** (Green's function) による解法においても、フーリエ解析の手法[1]のひとつである**フーリエ変換** (Fourier transformation) が主役を演じる。

　フーリエ変換の手法は**フーリエ逆変換** (inverse Fourier transformation) と対になって利用される。ある関数の変数 x（一般には位置座標；**実空間**: real space）を、それと対をなす変数 k（波数: wave number；k **空間**: k space）に変換する操作 $(x \to k)$ であるフーリエ変換と、もとに戻す操作 $(k \to x)$ であるフーリエ逆変換からなっており、この特徴を活かした微分方程式の解法が行われる。変数変換対としては、**時間** (time) t と**角振動数** (angular frequency) ω の組合せもある。それぞれ、$x \leftrightarrow k$ は空間的な振動に、$t \leftrightarrow \omega$ は時間的な振動に対応している。

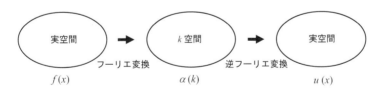

図 1-1　フーリエ変換による微分方程式の解法。実空間の微分方程式を k 空間の方程式に変換して解法し、解がえられたら、もとの実空間の変数に戻す。

　そして、フーリエ変換における変換変数の対は、量子力学では、**不確定性原理** (uncertainty principle) の対象となる 2 変数である[2]。ただし、波数 k は $p = \hbar k$ と

---

[1] フーリエ変換の基礎は、フーリエ級数展開である。フーリエ積分などの基礎については拙著『なるほどフーリエ解析』（海鳴社）を参照されたい。

[2] 量子力学においては、運動量演算子と位置演算子の間には $\hat{p}\hat{x} - \hat{x}\hat{p} = \hbar/i$ という交換関係が成立し、非可換である。

して運動量 (momentum) に、角振動数 ω は $E=\hbar\omega$ としてエネルギー (energy) とするのが一般的であり

$$\Delta p\,\Delta x \geq \hbar/2 \qquad\qquad \Delta E\,\Delta t \geq \hbar/2$$

という表式となる。これら関係は波数 k と角振動数 ω を使うと

$$\Delta k\,\Delta x \geq 1/2 \qquad\qquad \Delta\omega\,\Delta t \geq 1/2$$

となる。本章ではフーリエ変換が有する変数変換という特徴を紹介したうえで、実際の**偏微分方程式** (partial differential equation) の解法にフーリエ変換がどのように利用されるかを紹介する。

1.1. フーリエ変換

フーリエ変換として次式を採用しよう。

$$\widetilde{f}(k) = \int_{-\infty}^{+\infty} f(x)\exp(-ikx)\,dx$$

この式は、変数変換という観点では、x の関数である $f(x)$ を k の関数 $\widetilde{f}(k)$ に変換する $x\to k$ 変換式である。一方、$\widetilde{f}(k)$ は、フーリエ級数展開における係数に相当する。そして、離散的な級数展開を、連続関数に拡張した極限が、フーリエ変換となる。この表式を $f(x)$ の変換式ということを強調して

$$\hat{F}\,[f(x)] = \int_{-\infty}^{+\infty} f(x)\exp(-ikx)\,dx$$

と表記することもできる。ここで、$\hat{F}\,[f(x)]$ は関数 $f(x)$ をフーリエ変換するということを意味しており、$\hat{F}$ は演算子 (operator) の一種と考えることができる。変換後は k の関数となる。

演習 1-1 つぎの関数をフーリエ変換せよ。

$$f(x) = \begin{cases} 0 & (x < 0) \\ \exp(-x) & (x \geq 0) \end{cases}$$

解) 定義式に代入すると

$$\widetilde{f}(k) = \int_{-\infty}^{+\infty} f(x)\exp(-ikx)\,dx = \int_{-\infty}^{0} 0 \cdot \exp(-ikx)\,dx + \int_{0}^{+\infty} \exp(-x) \cdot \exp(-ikx)\,dx$$

$$= \int_{0}^{+\infty} \exp\{-(1+ik)x\}dx = \left[-\frac{1}{1+ik}\exp\{-(1+ik)x\} \right]_{0}^{\infty} = 0 - \left(-\frac{1}{1+ik} \right) = \frac{1}{1+ik}$$

となる。

　一方、フーリエ逆変換は

$$f(x) = \frac{1}{2\pi}\int_{-\infty}^{+\infty} \widetilde{f}(k)\exp(ikx)\,dk$$

という $k \to x$ 変換式となり $1/2\pi$ が係数としてつく[3]。また逆演算ということから

$$\hat{F}^{-1}[\widetilde{f}(k)] = \frac{1}{2\pi}\int_{-\infty}^{+\infty} \widetilde{f}(k)\exp(ikx)\,dk$$

と表現することもできる。この逆変換によって k の関数から、もとの x の関数に戻ることになる。$\widetilde{f}(k) = 1/(1+ik)$ も逆変換すれば $f(x) = \exp(-x)$ となる。ただし、この計算には、複素積分が必要となるので、第 2 章で紹介する。

　ここで $\hat{F}^{-1}$ はフーリエ変換演算子 $\hat{F}$ の逆演算子 (reciprocal operator) となる。つまり変換対は

$$\widetilde{f}(k) = \int_{-\infty}^{+\infty} f(x)\exp(-ikx)\,dx \qquad f(x) = \frac{1}{2\pi}\int_{-\infty}^{+\infty} \widetilde{f}(k)\exp(ikx)\,dk$$

の組合せとなる。また、無限積分が収束しなければ意味がないので、フーリエ変換の対象となる関数 $f(x)$ は $x \to \pm\infty$ において $f(x) \to 0$ となる必要がある。この他にも

$$\widetilde{f}(k) = \frac{1}{2\pi}\int_{-\infty}^{+\infty} f(x)\exp(-ikx)\,dx \qquad f(x) = \int_{-\infty}^{+\infty} \widetilde{f}(k)\exp(ikx)\,dk$$

$$\widetilde{f}(k) = \frac{1}{\sqrt{2\pi}}\int_{-\infty}^{+\infty} f(x)\exp(-ikx)\,dx \qquad f(x) = \frac{1}{\sqrt{2\pi}}\int_{-\infty}^{+\infty} \widetilde{f}(k)\exp(ikx)\,dk$$

などの係数の異なる対が考えられる。

---

[3] 係数の $1/2\pi$ がつく理由については、拙著『なるほどフーリエ解析』（海鳴社）を参照いただきたい。量子力学においては、kx は無次元となり、波動関数の位相 θ と一致するが、その周期が 2π であることに由来する。

これらの変換では、フーリエ変換後の関数のかたちは係数の影響で異なるが、変換対で考えれば、整合性のある結果がえられる。

フーリエ変換の応用において重要な考えは、$f(x)$と$\tilde{f}(k)$が 1 対 1 に対応するという点である。物理的には x は位置座標 (position coordinates)、そして k は波数である。さらに波数 k は運動量 p とは

$$p = \hbar k = (h/2\pi)k$$

という対応関係にある。ただし、h はプランク定数 (Planck constant) である。そして波数 k と位置 x を乗じた kx は波の位相 (phase) θ に相当する。つまり、$kx = \theta$ の単位は**無次元** (dimensionless)となる。ちなみに、時間的振動に対応した角周波数 ω と時間 t を乗じた ωt も波の位相 θ に相当し、無次元となる。

フーリエ変換は、実空間：real space（座標空間あるいは 1 次元では x 座標）から波数空間（k 空間： k space とも呼び、本質的には運動量空間： momentum space と同じもの）への変換となる。ここでは、1 次元で示してあるが、3 次元空間では、位置も波数も 3 次元ベクトルとなる。ただし、時間 t と角周波数 ω の場合には、ベクトルではなく 1 次元スカラー間の変換となる。

この関係をうまく利用すると、微分方程式の解法への応用が可能となる。つまり、x 空間での解法が難しい場合、k 空間にフーリエ変換した微分方程式の解をえる。この解をフーリエ逆変換して x 座標に戻せば、求める解がえられるというものである。

1.2. フーリエ変換の特徴

それでは、フーリエ変換の特徴を調べてみよう。まず、a, b を定数とすると $af(x) + bg(x)$ のフーリエ変換は

$$\hat{F}\left[af(x) + bg(x)\right] = \int_{-\infty}^{+\infty} \{af(x) + bg(x)\} \exp(-ikx)\,dx$$

$$= a\int_{-\infty}^{+\infty} f(x)\exp(-ikx)\,dx + b\int_{-\infty}^{+\infty} g(x)\exp(-ikx)\,dx = a\hat{F}\left[f(x)\right] + b\hat{F}\left[g(x)\right]$$

となって、線形性を有することが確認できる。

演習 1-2　定義にしたがい関数 $f(x)$ の導関数 $df(x)/dx$ のフーリエ変換を求めよ。

解）　フーリエ変換は

$$\hat{F}\left[\frac{df(x)}{dx}\right] = \int_{-\infty}^{+\infty}\frac{df(x)}{dx}\exp(-ikx)\,dx$$

となる。部分積分を利用すると

$$\int_{-\infty}^{+\infty}\frac{df(x)}{dx}\exp(-ikx)\,dx = \left[f(x)\exp(-ikx)\right]_{-\infty}^{+\infty} - (-ik)\int_{-\infty}^{+\infty}f(x)\exp(-ikx)\,dx$$

と変形できる。ここで、フーリエ変換の対象となる関数 $f(x)$ は $x \to \pm\infty$ で $f(x) \to 0$ を満足する必要があるので、上記の部分積分の第 1 項は 0 となり

$$\hat{F}\left[\frac{df(x)}{dx}\right] = \int_{-\infty}^{+\infty}\frac{df(x)}{dx}\exp(-ikx)\,dx = ik\int_{-\infty}^{+\infty}f(x)\exp(-ikx)\,dx$$

となる。右辺の積分は、$f(x)$ のフーリエ変換そのものである。よって

$$\hat{F}\left[\frac{df(x)}{dx}\right] = ik\,\hat{F}\,[f(x)]$$

という関係がえられる。

つまり、x の関数の微分操作は、フーリエ変換後の k の関数では単なる ik のかけ算に変わり

$$f(x) \to \frac{df(x)}{dx} \qquad \widetilde{f}(k) \to ik\,\widetilde{f}(k)$$

という対応関係にある。つぎに、2 階導関数は、1 階導関数でえられているフーリエ変換の関係を利用すると

$$\hat{F}\left[\frac{d^2 f(x)}{dx^2}\right] = \hat{F}\left[\frac{d}{dx}\left(\frac{df(x)}{dx}\right)\right] = ik\,\hat{F}\left[\frac{df(x)}{dx}\right] = (ik)^2\,\hat{F}\,[f(x)] = -k^2\,\hat{F}\,[f(x)]$$

となって、2 階微分は $(ik)^2$ のかけ算となる。さらに、この関係を続けていくと、n 階導関数のフーリエ変換は

$$\hat{F}\left[\frac{d^n f(x)}{dx^n}\right] = (ik)^n\,\hat{F}[f(x)]$$

と与えられる。つまり

$$f(x) \to \frac{d^n f(x)}{dx^n} \qquad \widetilde{f}(k) \to (ik)^n \widetilde{f}(k)$$

の関係にある。

演習 1-3　つぎの非同次微分方程式をフーリエ変換を用いて変形せよ。

$$\frac{d^2 f(x)}{dx^2} + \frac{df(x)}{dx} + f(x) = g(x)$$

　解）　フーリエ変換を　$f(x) \to \widetilde{f}(k)$，$g(x) \to \widetilde{g}(k)$　と置くと表記の微分方程式は

$$(ik)^2 \widetilde{f}(k) + (ik)\widetilde{f}(k) + \widetilde{f}(k) = \widetilde{g}(k)$$

となる。よって

$$(1 + ik - k^2)\widetilde{f}(k) = \widetilde{g}(k) \qquad \text{から} \qquad \widetilde{f}(k) = \frac{1}{1 + ik - k^2}\widetilde{g}(k)$$

となる。

　したがって、最後の式をフーリエ逆変換すれば、微分方程式の解である $f(x)$ がえられる。つまり、微分演算が、フーリエ変換後はより簡単な代数計算に置き換わるのである。
　また、フーリエ変換の対象となる関数 $f(x)$ は $x \to \pm\infty$ で $f(x) \to 0$ を満足する必要があるとしているが、第2章で紹介するデルタ関数を使うと、対応が可能となる場合があることを付記しておく。

1.3.　コンボルーション定理

　ふたつの関数 $f(x)$ と $g(x)$ に対して

$$h(x) = \int_{-\infty}^{+\infty} f(\xi)\, g(x - \xi)\, d\xi$$

という積分を考える。この新たな関数 $h(x)$ を $f(x)$ と $g(x)$ のたたみ込み積分あるい

は合成積分と呼んでいる。**コンボルーション** (convolution) とも呼び

$$h(x) = f(x) * g(x)$$

と表記する。

演習 1-4　コンボルーションでは、つぎの関係が成立することを確かめよ。

$$f(x) * g(x) = g(x) * f(x)$$

解）　$f(x) * g(x) = \displaystyle\int_{-\infty}^{+\infty} f(\xi)\, g(x-\xi)\, d\xi$　において、$y = x - \xi$ と変数変換する

と $d\xi = -dy$ であるから積分範囲は $+\infty$ から $-\infty$ にかわる。よって

$$\int_{-\infty}^{+\infty} f(\xi)\, g(x-\xi)\, d\xi = \int_{+\infty}^{-\infty} f(x-y)\, g(y)(-dy) = \int_{-\infty}^{+\infty} f(x-y)\, g(y)\, dy$$

$$= \int_{-\infty}^{+\infty} g(y) f(x-y)\ dy = g(x) * f(x)$$

となる。

コンボルーションには便利な性質があり、フーリエ変換において重用されている。それは関数 $f(x)$ と $g(x)$ のフーリエ変換をそれぞれ $\tilde{f}(k)$ と $\tilde{g}(k)$ とすると

$$\tilde{h}(k) = \tilde{f}(k)\, \tilde{g}(k)$$

という関係が成立することである。これを**コンボルーション定理** (convolution theorem) と呼んでいる。つまり、コンボルーション（たたみ込み積分）はフーリエ変換によって、単なる関数の掛け算になるという性質である。

演習 1-5　$\tilde{h}(k) = \tilde{f}(k)\, \tilde{g}(k)$ が成立することを示せ。

解）　$h(x)$ のフーリエ変換　$\hat{h}(k) = \displaystyle\int_{-\infty}^{+\infty} h(x) \exp(-ikx)\, dx$ に、コンボルーション

$$h(x) = \int_{-\infty}^{+\infty} f(\xi)\, g(x-\xi)\, d\xi$$

を代入すると

$$\hat{h}(k) = \int_{-\infty}^{+\infty} \left[\int_{-\infty}^{+\infty} f(\xi)g(x-\xi)d\xi \right] \exp(-ikx)\, dx$$

となる。よって

$$\hat{h}(k) = \int_{-\infty}^{+\infty} \int_{-\infty}^{+\infty} f(\xi)g(x-\xi)\, \exp(-ikx)\, dx\, d\xi$$

$$= \int_{-\infty}^{+\infty} f(\xi) \int_{-\infty}^{+\infty} g(x-\xi)\, \exp(-ikx)\, dx\, d\xi$$

という 2 重積分となる。ここで $y = x - \xi$ と変数変換すると $dx = dy$ であるから

$$\hat{h}(k) = \int_{-\infty}^{+\infty} f(\xi) \int_{-\infty}^{+\infty} g(y)\, \exp\{-ik(y+\xi)\}\, dy\, d\xi$$

$$= \int_{-\infty}^{+\infty} f(\xi)\exp(-ik\xi)d\xi \int_{-\infty}^{+\infty} g(y)\, \exp(-iky)\, dy$$

から

$$\widetilde{h}(k) = \widetilde{f}(k)\, \widetilde{g}(k)$$

となる。

　つまり

$$\widetilde{f}(k)\, \widetilde{g}(k) = \hat{F}\left[\int_{-\infty}^{+\infty} f(x)\, g(\xi-x)\, dx \right] = \hat{F}\left[f(x) * g(x) \right]$$

という関係にある。よって

$$\hat{F}^{-1}[\widetilde{f}(k)\, \widetilde{g}(k)] = \int_{-\infty}^{+\infty} f(x)\, g(\xi-x)\, dx = f(x) * g(x)$$

のように、フーリエ変換した関数の積を逆変換するとき、もとの関数の合成積で表現できる。あるいは

$$\int_{-\infty}^{+\infty} f(x)\, g(\xi-x)\, dx = \frac{1}{2\pi} \int_{-\infty}^{+\infty} \widetilde{f}(k)\widetilde{g}(k)\exp(ikx)\, dk$$

と書くこともできる。この関係を利用すれば、関数の積のフーリエ変換が可能となるので便利である。

1.4.　多変数関数のフーリエ変換

それでは、2 変数関数 $u(x,t)$ のフーリエ変換を考えてみよう。2 変数の場合には、それぞれの変数でフーリエ変換することが可能である。

たとえば、$x \leftrightarrow k$ 変換では

$$u(x,t) = \frac{1}{2\pi}\int_{-\infty}^{\infty} \widetilde{u}(k,t)\exp(ikx)\,dk \qquad \widetilde{u}(k,t) = \int_{-\infty}^{\infty} u(x,t)\exp(-ikx)\,dx$$

となる。同じ関数において、$t \leftrightarrow \omega$ 変換を施すと

$$u(x,t) = \frac{1}{2\pi}\int_{-\infty}^{\infty} \widetilde{u}(x,\omega)\exp(i\omega t)\,d\omega \qquad \widetilde{u}(x,\omega) = \int_{-\infty}^{\infty} u(x,t)\exp(-i\omega t)\,dt$$

となる。また、$x \leftrightarrow k$ 変換ならびに $t \leftrightarrow \omega$ 変換を同時に施すことも可能であり

$$u(x,t) = \frac{1}{(2\pi)^2}\int_{-\infty}^{+\infty}\int_{-\infty}^{+\infty} \widetilde{u}(k,\omega)\exp(ikx)\exp(i\omega t)\,dk\,d\omega$$

$$\widetilde{u}(k,\omega) = \int_{-\infty}^{+\infty}\int_{-\infty}^{+\infty} u(x,t)\exp(-ikx)\exp(-i\omega t)\,dx\,dt$$

となる。ところで、位置座標は通常は 3 次元であり、波数も 3 次元ベクトルとなる。これに配慮すると

$$u(\vec{r},t) = \frac{1}{(2\pi)^3}\int_{-\infty}^{\infty} \widetilde{u}(\vec{k},t)\exp(i\vec{k}\cdot\vec{r})\,d^3\vec{k} \qquad \widetilde{u}(\vec{k},t) = \int_{-\infty}^{\infty} u(\vec{r},t)\exp(-i\vec{k}\cdot\vec{r})\,d^3\vec{r}$$

となる。ただし、これらは略記であり

$$u(x,y,z,t) = \frac{1}{(2\pi)^3}\int_{-\infty}^{+\infty}\int_{-\infty}^{+\infty}\int_{-\infty}^{+\infty} \widetilde{u}(k_x,k_y,k_z,t)\exp(ik_x x + ik_y y + ik_z z)\,dk_x dk_y dk_z$$

のような 3 重積分となる。また

$$\widetilde{u}(k_x,k_y,k_z,t) = \int_{-\infty}^{+\infty}\int_{-\infty}^{+\infty}\int_{-\infty}^{+\infty} u(x,y,z,t)\exp(-ik_x x - ik_y y - ik_z z)\,dx\,dy\,dz$$

となる。

1.5. 微分方程式の解法

それでは、フーリエ変換を利用した微分方程式の解法をつぎに紹介しよう。た
だし、ここでは、フーリエ変換の効用を示すのみにとどめる。

1.5.1. 熱伝導方程式

細く長い棒があって、その初期 $t = 0$ の温度分布が $f(x)$ で与えられているもの
とする。この棒の熱伝導係数を D として、時刻 t、位置 x における温度 $u(x,t)$ を
求める問題を考えてみよう。

この問題に対応した偏微分方程式は

$$\frac{\partial u(x,t)}{\partial t} = D \frac{\partial^2 u(x,t)}{\partial x^2}$$

であり、初期条件は $u(x,0) = f(x)$ となる。

演習 1-6 上記微分方程式の両辺にフーリエ変換を施して、変数 k に関する微分
方程式に変換せよ。

解) この際の変換は、共役変数 x と k に関するものであり、t は関係ないこ
とに注意する。このとき、t は独立変数として扱うことができる。

左辺の $k \to x$ フーリエ逆変換は

$$u(x,t) = \frac{1}{2\pi} \int_{-\infty}^{+\infty} \tilde{u}(k,t) \exp(ikx)\, dk$$

となる。まず

$$\frac{\partial u(x,t)}{\partial t} = \frac{1}{2\pi} \frac{\partial}{\partial t} \left\{ \int_{-\infty}^{+\infty} \tilde{u}(k,t) \exp(ikx)\, dk \right\} = \frac{1}{2\pi} \int_{-\infty}^{+\infty} \frac{\partial \tilde{u}(k,t)}{\partial t} \exp(ikx)\, dk$$

ならびに

$$\frac{\partial^2 u(x,t)}{\partial x^2} = \frac{1}{2\pi} \frac{\partial^2}{\partial x^2} \left\{ \int_{-\infty}^{+\infty} \tilde{u}(k,t) \exp(ikx)\, dk \right\}$$

$$= \frac{1}{2\pi} \int_{-\infty}^{+\infty} \tilde{u}(k,t) \frac{\partial^2 \{\exp(ikx)\}}{\partial x^2}\, dk = -\frac{1}{2\pi} \int_{-\infty}^{+\infty} k^2 \tilde{u}(k,t) \exp(ikx)\, dk$$

と与えられる。以上の結果を

$$\frac{\partial u(x,t)}{\partial t} = D\frac{\partial^2 u(x,t)}{\partial x^2}$$

に代入すると

$$\int_{-\infty}^{+\infty} \frac{\partial \widetilde{u}(k,t)}{\partial t}\exp(ikx)\,dk = -D\int_{-\infty}^{+\infty} k^2\widetilde{u}(k,t)\exp(ikx)\,dk$$

となる。それぞれの被積分項を比較すると

$$\frac{\partial \widetilde{u}(k,t)}{\partial t} = -Dk^2\widetilde{u}(k,t)$$

となって、新たな偏微分方程式がえられる。

　$x \to k$ フーリエ変換によってえられる方程式は、実に簡単な式であり、解法も容易である。この偏微分方程式の特解は

$$\widetilde{u}(k,t) = A(k)\exp(-Dk^2t)$$

と与えられる。後は、この解に $k \to x$ のフーリエ逆変換を施せば、解 $u(x,t)$ がえられる。

演習 1-7　関数 $\widetilde{u}(k,t) = A(k)\exp(-Dk^2t)$ に $k \to x$ のフーリエ逆変換を施し、さらに、初期条件 $u(x,0) = f(x)$ として $u(x,t)$ の表式を求めよ。

　解）　$k \to x$ のフーリエ逆変換は

$$u(x,t) = \frac{1}{2\pi}\int_{-\infty}^{+\infty} \widetilde{u}(k,t)\exp(ikx)\,dk$$

となる。よって

$$u(x,t) = \frac{1}{2\pi}\int_{-\infty}^{+\infty} A(k)\exp(-Dk^2t)\exp(ikx)\,dk$$

となる。ここで、初期条件から

$$u(x,0) = \frac{1}{2\pi}\int_{-\infty}^{+\infty} A(k)\exp(ikx)\,dk = f(x)$$

がえられる。よって

$$A(k) = \int_{-\infty}^{+\infty} f(x)\exp(-ikx)\,dx = \widetilde{f}(k)$$

のように、$A(k)$ は実は、$f(x)$ のフーリエ変換であることがわかる。以上から

$$u(x,t) = \frac{1}{2\pi}\int_{-\infty}^{+\infty} \widetilde{f}(k)\exp(-Dk^2t)\exp(ikx)\,dk$$

と与えられる。

えられた $u(x,t)$ は、関数の積 $\widetilde{f}(k)\exp(-Dk^2t)$ のフーリエ逆変換となっている。そこで、コンボルーション定理が使えるように工夫しよう。つまり

$$\widetilde{f}(k)\exp(-Dk^2t) = \widetilde{f}(k)\,\widetilde{g}(k)$$

とみなすのである。これは $\widetilde{g}(k) = \exp(-Dk^2t)$ と置いたことになる。

演習 1-8　$\widetilde{g}(k) = \exp(-Dk^2t)$ に $k \to x$ のフーリエ逆変換を施し $g(x)$ を求めよ。

解)　フーリエ逆変換は　$g(x) = \dfrac{1}{2\pi}\displaystyle\int_{-\infty}^{+\infty} \widetilde{g}(k)\exp(ikx)\,dk$　より

$$g(x) = \frac{1}{2\pi}\int_{-\infty}^{+\infty}\exp(-Dk^2t)\exp(ikx)\,dk = \frac{1}{2\pi}\int_{-\infty}^{+\infty}\exp(-Dk^2t+ikx)\,dk$$

という積分となる。ここで、ガウス積分

$$\int_{-\infty}^{+\infty}\exp(-ax^2)\,dx = \sqrt{\frac{\pi}{a}}$$

を利用する。このため、exp の指数を平方化しよう。すると

$$-Dk^2t+ikx = (-Dt)k^2+(ix)k = (-Dt)\left(k-\frac{ix}{2Dt}\right)^2 - \frac{x^2}{4Dt}$$

と変形できる。したがって

$$\exp(-Dk^2t+ikx) = \exp\left\{(-Dt)\left(k-\frac{ix}{2Dt}\right)^2\right\}\exp\left(-\frac{x^2}{4Dt}\right)$$

とまとめることができ

$$g(x) = \frac{1}{2\pi}\exp\left(-\frac{x^2}{4Dt}\right)\int_{-\infty}^{+\infty}\exp\left\{(-Dt)\left(k-\frac{ix}{2Dt}\right)^2\right\}dk$$

となる。ここで、変数 k に関する積分であるので $k-\dfrac{ix}{2Dt}=q$ と置くと、$dk=dq$

となり、積分範囲は変わらないので

$$\int_{-\infty}^{+\infty}\exp\left\{-Dt\left(k-\frac{ix}{2Dt}\right)^2\right\}dk = \int_{-\infty}^{+\infty}\exp\left\{-(Dt)q^2\right\}dq = \sqrt{\frac{\pi}{Dt}}$$

となる。したがって

$$g(x) = \frac{1}{2\pi}\sqrt{\frac{\pi}{Dt}}\exp\left(-\frac{x^2}{4Dt}\right) = \frac{1}{2\sqrt{\pi Dt}}\exp\left(-\frac{x^2}{4Dt}\right)$$

となる。

　以上のように、$g(x)$ が求められたので、コンボルーション定理を利用すれば $u(x,t)$ が求められる。この定理によると

$$f(x)*g(x) = \hat{F}^{-1}[\widetilde{f}(k)\,\widetilde{g}(k)]$$

つまり

$$\int_{-\infty}^{+\infty}f(\xi)\,g(x-\xi)\,d\xi = \frac{1}{2\pi}\int_{-\infty}^{+\infty}\widetilde{f}(k)\widetilde{g}(k)\exp(ikx)\,dk$$

という関係がえられるのであった。したがって

$$u(x,t) = \frac{1}{2\pi}\int_{-\infty}^{+\infty}\widetilde{f}(k)\exp(-Dk^2t)\exp(ikx)\,dk = \frac{1}{2\pi}\int_{-\infty}^{+\infty}\widetilde{f}(k)\widetilde{g}(k)\exp(ikx)\,dk$$

となる。この右辺は

$$\hat{F}^{-1}[\widetilde{f}(k)\,\widetilde{g}(k)] = \frac{1}{2\pi}\int_{-\infty}^{+\infty}\widetilde{f}(k)\,\widetilde{g}(k)\exp(ik\,x)\,dk$$

であるから、コンボルーション定理から

$$u(x,t) = f(x)*g(x) = \int_{-\infty}^{+\infty}f(\xi)\,g(x-\xi)\,d\xi$$

となる。ここで $g(x) = \dfrac{1}{2\sqrt{\pi Dt}}\exp\!\left(-\dfrac{x^2}{4Dt}\right)$ であったから

$$u(x,t) = \frac{1}{2\sqrt{\pi Dt}}\int_{-\infty}^{+\infty}f(\xi)\exp\!\left(-\frac{(x-\xi)^2}{4Dt}\right)d\xi$$

という結果がえられる[4]。

　これで、解の一般式が与えられた。あとは、初期条件として、適当な $f(\xi)$ を与えれば $u(x,t)$ が求められることになる。

　代表例として、中心に熱を加えたとき、それがどう拡散していくかという問題が出されるが、そのためには、デルタ関数の知識が必要になるので、その解については、第 2 章で紹介する。ここでは、図 1-2 に示すように、$t = 0$ において、$\xi \leq 0$ での温度が T_0 となっており、$\xi > 0$ での温度が 0 の場合に、時間とともに、温度分布がどのように変化するかを考えてみる。

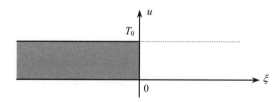

図 1-2　無限に長い棒において、$t = 0$ において、$\xi \leq 0$ での温度が T_0 となっており、$\xi > 0$ での温度が 0 の場合に、時間とともに温度分布がどのように変化するかを考える。

　いまの場合、初期条件として $f(\xi)$ は

$$\xi \leq 0 \text{ において } f(\xi) = T_0$$

$$\xi > 0 \text{ において } f(\xi) = 0$$

であるから

---

[4] この式が適用できるのは $t > 0$ の範囲となり $t = 0$ に対応した初期値は $f(\xi)$ で与えられる。

$$u(x,t) = \frac{1}{2\sqrt{\pi Dt}} \left\{ \int_{-\infty}^{0} T_0 \exp\left(-\frac{(x-\xi)^2}{4Dt}\right) d\xi + \int_{0}^{+\infty} 0 \exp\left(-\frac{(x-\xi)^2}{4Dt}\right) d\xi \right\}$$

$$= \frac{T_0}{2\sqrt{\pi Dt}} \int_{-\infty}^{0} \exp\left(-\frac{(x-\xi)^2}{4Dt}\right) d\xi$$

となる。ここで、まず $x-\xi = y$ と変数変換しよう。すると

$$\int_{-\infty}^{0} \exp\left(-\frac{(x-\xi)^2}{4Dt}\right) d\xi = \int_{+\infty}^{x} \exp\left(-\frac{y^2}{4Dt}\right)(-dy) = \int_{x}^{+\infty} \exp\left(-\frac{y^2}{4Dt}\right) dy$$

となる。さらに $\dfrac{y}{2\sqrt{Dt}} = z$ という変数変換を行うと

$$\frac{dy}{2\sqrt{Dt}} = dz \qquad \text{から} \qquad dy = 2\sqrt{Dt}\, dz$$

となり

$$\int_{x}^{+\infty} \exp\left(-\frac{y^2}{4Dt}\right) dy = 2\sqrt{Dt} \int_{\frac{x}{2\sqrt{Dt}}}^{+\infty} \exp(-z^2)\, dz$$

と置けるので、結局

$$u(x,t) = \frac{T_0}{2\sqrt{\pi Dt}} \int_{-\infty}^{0} \exp\left(-\frac{(x-\xi)^2}{4Dt}\right) d\xi = \frac{T_0}{\sqrt{\pi}} \int_{\frac{x}{2\sqrt{Dt}}}^{+\infty} \exp(-z^2)\, dz$$

となる。ここで $\displaystyle\int_{0}^{+\infty} \exp(-z^2)\, dz$ ならば、ガウス積分であるが、表記の積分では下端が x と t の関数となっている。実は、このかたちをした積分は数多くの理工学分野において頻出するため

$$\frac{2}{\sqrt{\pi}} \int_{p}^{+\infty} \exp(-z^2)\, dz = \mathrm{erfc}(p)$$

と定義され、この積分値が p の関数として与えられている。多くの計算ソフトには関数として組み込まれており、p を与えれば $\mathrm{erfc}(p)$ の値が出る。実際には

$$\mathrm{erf}(p) = \frac{2}{\sqrt{\pi}} \int_{0}^{p} \exp(-z^2)\, dz \qquad\qquad \mathrm{erfc}(p) = \frac{2}{\sqrt{\pi}} \int_{p}^{+\infty} \exp(-z^2)\, dz$$

の 2 種類がある。erf は error function であり、誤差関数と呼ばれる。erfc は complementary error function であり、相補誤差関数と呼ばれる。

演習 1-9　次式が成立することを証明せよ。
$$\text{erf}(p) + \text{erfc}(p) = 1$$

　解)　ガウス積分から

$$\int_0^{+\infty} \exp(-z^2)\, dz = \frac{\sqrt{\pi}}{2} \qquad \frac{2}{\sqrt{\pi}} \int_0^{+\infty} \exp(-z^2)\, dz = 1$$

となるが、左辺は

$$\frac{2}{\sqrt{\pi}} \int_0^{p} \exp(-z^2)\, dz + \frac{2}{\sqrt{\pi}} \int_p^{+\infty} \exp(-z^2)\, dz$$

と分解できるので

$$\text{erf}(p) + \text{erfc}(p) = 1$$

となる。

　つまり $\text{erf}(p)$ の値がわかれば、$\text{erfc}(p)$ が $1 - \text{erf}(p)$ と与えられる。よって

$$u(x,t) = \frac{T_0}{\sqrt{\pi}} \int_{\frac{x}{2\sqrt{Dt}}}^{+\infty} \exp(-z^2)\, dz = \frac{T_0}{2} \frac{2}{\sqrt{\pi}} \int_{\frac{x}{2\sqrt{Dt}}}^{+\infty} \exp(-z^2)\, dz$$

$$u(x,t) = \frac{T_0}{2} \text{erfc}\left(\frac{x}{2\sqrt{Dt}} \right)$$

となる。たとえば、t を固定して、x の関数として $u(x, t)$ をプロットすれば、図 1-3 のような結果がえられる。

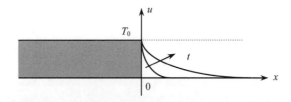

図 1-3　無限に長い棒において、$t = 0$ において、$\xi \leq 0$ での温度が T_0 となっており、$\xi > 0$ での温度が 0 の場合に、時間による温度分布の変化。

$x/2\sqrt{Dt}$ が引数であるから、時間 t が 10 倍になったとき、等価な値は、距離 x が $\sqrt{10} = 3.16$ 倍の位置となる。つまり、時間が 10 倍になれば、同じ温度の到達距離は 3.16 倍となり、時間が 100 倍になれば、到達距離は 10 倍となることを意味する。

1.5.2.　波動方程式

1 次元の波動方程式は

$$\frac{\partial^2 u(x,t)}{\partial t^2} = c^2 \frac{\partial^2 u(x,t)}{\partial x^2}$$

と与えられる。この式で、まず $\omega \to t$ のフーリエ逆変換を採用すると

$$u(x,t) = \frac{1}{2\pi} \int_{-\infty}^{+\infty} \widetilde{u}(x,\omega) \exp(i\omega t)\, d\omega$$

となる。すると

$$\frac{\partial^2 u(x,t)}{\partial t^2} = \frac{1}{2\pi} \int_{-\infty}^{+\infty} \widetilde{u}(x,\omega) \frac{\partial^2 \{\exp(i\omega t)\}}{\partial t^2}\, d\omega = -\frac{1}{2\pi} \int_{-\infty}^{+\infty} \omega^2 \widetilde{u}(x,\omega) \exp(i\omega t)\, d\omega$$

$$\frac{\partial^2 u(x,t)}{\partial x^2} = \frac{1}{2\pi} \int_{-\infty}^{+\infty} \frac{\partial^2 \widetilde{u}(x,\omega)}{\partial x^2} \exp(i\omega t)\, d\omega$$

となる。表記の微分方程式に代入すると

$$-\frac{1}{2\pi} \int_{-\infty}^{+\infty} \omega^2 \widetilde{u}(x,\omega) \exp(i\omega t)\, d\omega = \frac{1}{2\pi} \int_{-\infty}^{+\infty} c^2 \frac{\partial^2 \widetilde{u}(x,\omega)}{\partial x^2} \exp(i\omega t)\, d\omega$$

から

$$-\omega^2 \widetilde{u}(x,\omega) = c^2 \frac{\partial^2 \widetilde{u}(x,\omega)}{\partial x^2} \quad となり \quad \frac{\partial^2 \widetilde{u}(x,\omega)}{\partial x^2} = -\frac{\omega^2}{c^2} \widetilde{u}(x,\omega)$$

という偏微分方程式がえられる。この方程式の一般解は

$$\widetilde{u}(x,\omega) = A(x) \exp\left(i\frac{\omega}{c} x \right) + B(x) \exp\left(-i\frac{\omega}{c} x \right)$$

となる。 $A(x)$ や $B(x)$ は初期条件や、境界条件によって決まる関数である。あとは、これを $\omega \to t$ 変換すれば

$$u(x,t) = \frac{1}{2\pi} \int_{-\infty}^{+\infty} \widetilde{u}(x,\omega)\exp(i\omega t)\, d\omega$$

となり、適当な境界条件の下で解がえられる。ちなみに $\omega = ck$ なので

$$\widetilde{u}(x,\omega) = A(x)\exp(ikx) + B(x)\exp(-ikx)$$

となる。ところで、本節では $\omega \to t$ のフーリエ逆変換から始めたが、$k \to x$ のフーリエ逆変換からはじめてもよい。

演習 1-10　$k \to x$ フーリエ逆変換を利用してつぎの偏微分方程式を変形せよ。

$$\frac{\partial^2 u(x,t)}{\partial t^2} = c^2 \frac{\partial^2 u(x,t)}{\partial x^2}$$

解）　$u(x,t)$ は $k \to x$ のフーリエ逆変換によって

$$u(x,t) = \frac{1}{2\pi} \int_{-\infty}^{+\infty} \widetilde{u}(k,t)\exp(ikx)\, dk$$

と変形できる。すると

$$\frac{\partial^2 u(x,t)}{\partial t^2} = \frac{1}{2\pi} \int_{-\infty}^{+\infty} \frac{\partial^2 \widetilde{u}(k,t)}{\partial t^2}\exp(ikx)\, dk$$

$$\frac{\partial^2 u(x,t)}{\partial x^2} = \frac{1}{2\pi} \int_{-\infty}^{+\infty} \widetilde{u}(k,t)\frac{\partial^2 \{\exp(ikx)\}}{\partial x^2}\, dk = \frac{1}{2\pi} \int_{-\infty}^{+\infty} \widetilde{u}(k,t)(ik)^2\exp(ikx)\, dk$$

$$= -\frac{1}{2\pi} \int_{-\infty}^{+\infty} \widetilde{u}(k,t)\ k^2\exp(ikx)\, dk$$

これらの結果を表記の微分方程式に代入して、被積分項を比較すると

$$\frac{\partial^2 \widetilde{u}(k,t)}{\partial t^2} = -c^2 k^2 \widetilde{u}(k,t)$$

となる。$\omega = ck$ という関係を使えば

$$\frac{\partial^2 \widetilde{u}(k,t)}{\partial t^2} = -\omega^2 \widetilde{u}(k,t)$$

という偏微分方程式となる。

この微分方程式も解法が簡単であり

$$\tilde{u}(k,t) = C(t)\exp(i\omega t) + D(t)\exp(-i\omega t)$$

という一般解がえられる。$C(t)$ や $D(t)$ は初期条件や、境界条件によって決まる関数である。そのうえで

$$u(x,t) = \frac{1}{2\pi} \int_{-\infty}^{+\infty} \tilde{u}(k,t)\exp(ikx)\, dk$$

と変換すれば解 $u(x,t)$ がえられる。

　このように、(x,t) の 2 変数がある場合には、はじめに $\omega \to t$ 変換を採用してもよいし、$k \to x$ 変換を採用してもよいのである。実は、前節で紹介した熱伝導方程式でも同じことがいえる。実は、$k \to x$ 変換と $\omega \to t$ 変換を同時に進める方法もある。このときは

$$u(x,t) = \frac{1}{(2\pi)^2} \int_{-\infty}^{+\infty}\int_{-\infty}^{+\infty} \tilde{u}(k,\omega)\exp(ikx)\exp(i\omega t)\, dk\, d\omega$$

という変換となる。この手法は後ほど紹介する。また、波動関数のより具体的な解法については、グリーン関数の紹介とともに後ほど説明する。

　最後に、3 次元の方程式についても見ておこう。基本的には 1 次元と変わらない。まず、時間 t は常にスカラーであるので、$t \to \omega$ 変換は 1 次元の場合と同じである。一方、位置座標は 2 次元あるいは、3 次元となり、方程式は

$$\frac{\partial^2 u(\vec{r},t)}{\partial t^2} = c^2 \frac{\partial^2 u(\vec{r},t)}{\partial \vec{r}^2}$$

と与えられる。ここでは、3 次元の位置ベクトル $\vec{r} = (x,\ y,\ z)$ を考えよう。この際、$t \to \omega$ 変換は同じであるが、$x \to k$ 変換は

$$\vec{r} = (x,\ y,\ z) \qquad \to \qquad \vec{k} = (k_x,\ k_y,\ k_z)$$

のように 3 次元位置ベクトルから 3 次元波数ベクトルへの変換となる。このときのフーリエ逆変換は

$$u(\vec{r},t) = \frac{1}{(2\pi)^3} \int_{-\infty}^{+\infty} \tilde{u}(\vec{k},t)\exp(i\vec{k}\cdot\vec{r})\, d^3\vec{k}$$

となる。ただし、右辺は略記しているが、実際には 3 重積分となり

$$u(x,y,z,t) = \frac{1}{(2\pi)^3} \int_{-\infty}^{+\infty}\int_{-\infty}^{+\infty}\int_{-\infty}^{+\infty} \tilde{u}(k_x,k_y,k_z,t)\exp(ik_x x + ik_y y + ik_z z)\, dk_x dk_y dk_z$$

となる。

第2章　グリーン関数とデルタ関数

2.1.　グリーン関数

つぎのかたちをした微分方程式

$$\hat{L}\,[u(x)] = f(x)$$

があったとしよう。$\hat{L}$ は**微分演算子** (differential operator) であり

$$\hat{L} = \frac{d}{dx} \qquad \hat{L} = \frac{d^2}{dx^2} \qquad \hat{L} = a\frac{d^2}{dx^2} + b\frac{d}{dx} \quad (a,\,b \text{ は定数})$$

などである。また、われわれが対象とする演算子 $\hat{L}$ は**線形演算子** (linear operator)とする。線形演算子とは、つぎの性質を有するものである。

$$\hat{L}\,[u(x) + v(x)] = \hat{L}\,[u(x)] + \hat{L}\,[v(x)]$$

$$\hat{L}\,[cu(x)] = c\hat{L}\,[u(x)] \quad (c \text{ は定数})$$

あるいは、a, b を定数として

$$\hat{L}\,[au(x) + bv(x)] = a\hat{L}\,[u(x)] + b\hat{L}\,[v(x)]$$

とまとめてもよい。一般には、線形微分演算子は

$$\hat{L} = a_n(x)\frac{d^n}{dx^n} + a_{n-1}(x)\frac{d^{n-1}}{dx^{n-1}} + \cdots + a_1(x)\frac{d}{dx} + a_0(x)$$

となるが、本書で取り扱う演算子は

$$\hat{L} = a_2(x)\frac{d^2}{dx^2} + a_1(x)\frac{d}{dx} + a_0(x)$$

のような最高次が2階までの微分演算子である。

　ここで、演算子の逆数に相当する**逆演算子** (inverse operator) である $\hat{L}^{-1}$ が存在するとき

$$\hat{L}^{-1}\hat{L} = 1$$

という関係が成立する（ただし、右辺は正式には1ではなく、固有値1を与える恒等演算子 $\hat{I}$ である）。よって、微分方程式 $\hat{L}[u(x)] = f(x)$ に左から、逆演算子 $\hat{L}^{-1}$ を作用させると

$$\hat{L}^{-1}\hat{L}\,[u(x)] = u(x) = \hat{L}^{-1}[f(x)]$$

なり、$f(x)$ に逆演算子を作用させれば解 $u(x)$ がえられるのである。

演習 2-1　定数項を無視すると、微分演算子 $\hat{L} = d/dx$ の逆演算子が、積分 $\hat{L}^{-1} = \int dx$ となることを確かめよ。

　解）　$\hat{L}[u(x)] = \dfrac{du(x)}{dx} = f(x)$ の両辺に逆演算子を作用させると

$$\hat{L}^{-1}\{\hat{L}[u(x)]\} = \hat{L}^{-1}[f(x)]$$

一方　$\hat{L}^{-1}\hat{L} = 1$　であるから $\hat{L}^{-1}\hat{L}\,[u(x)] = u(x)$ である。定数項を無視すれば

$$\int \frac{du(x)}{dx}dx = u(x) \quad \text{という関係にあるから} \quad \hat{L}^{-1}[f(x)] = u(x) = \int f(x)dx$$

となって $\hat{L}^{-1} = \int dx$ となることが確かめられる。

よって、微分方程式の解法とは、逆演算子を求めることである。ここで、微分演算子 $\hat{L}$ に対応して

$$\hat{L}[u(x)] = 0$$

というかたちの方程式を**同次微分方程式** (homogeneous differential equation)

$$\hat{L}[u(x)] = f(x)$$

というかたちの方程式を**非同次微分方程式** (inhomogeneous differential equation) と呼んでいる。このとき、$f(x)$ は**非同次項** (inhomogeneous term) と呼ばれる。

逆演算子 L^{-1} が与えられれば、非同次項の $f(x)$ に、L^{-1} を作用させることで微分方程式の解 $u(x)$ がえられ

$$u(x) = \hat{L}^{-1}[f(x)]$$

となる。ただし、問題は、逆演算子がいつでも簡単に求められるわけではないという事実である。さらに、逆演算子が存在しない場合もある。

ここで、逆演算子を求めるために登場するのが**グリーン関数** (Green's function) である。グリーン関数とは

$$\hat{L}[G(x,\xi)] = \delta(x-\xi)$$

という微分方程式を満足する関数 $G(x,\xi)$ のことである。$\delta(x-\xi)$ は、**デルタ関数** (delta function) と呼ばれる特殊な関数、いわゆる**超関数** (generalized function) である。デルタ関数は、クロネッカーデルタに似ていて、ただ 1 点の $x=\xi$ のとき ∞ となり、それ以外では 0 となる関数であり

$$\delta(x-\xi) = \begin{cases} \infty & (x=\xi) \\ 0 & (x \neq \xi) \end{cases} \qquad \int_{-\infty}^{+\infty} \delta(x-\xi)\,dx = 1$$

と定義できる。$\xi = 0$ ならば

$$\delta(x) = \begin{cases} \infty & (x=0) \\ 0 & (x \neq 0) \end{cases} \qquad \int_{-\infty}^{+\infty} \delta(x)\,dx = 1$$

となる。$\hat{L}[G(x,\xi)] = \delta(x-\xi)$ という式は $x = \xi$ のときのみ

$$\hat{L}\,[G(x,\xi)] = 1$$

となることに対応する。ただし、1 という値は、デルタ関数の定義からは、正しくは∞とすべきであるが、グリーン関数の性質を定性的に理解するには便利であるので、あえて、このように表記している。厳密には

$$\int_{-\infty}^{+\infty} \hat{L}\,[G(x,\xi)]dx = \int_{-\infty}^{+\infty} \delta(x-\xi)\,dx = 1$$

あるいは、ξ 近傍でのみ値を持ち

$$\int_{\xi-0}^{\xi+0} \hat{L}\,[G(x,\xi)]dx = \int_{\xi-0}^{\xi+0} \delta(x-\xi)\,dx = 1$$

となることに注意されたい。ここで、式 $\hat{L}\,[G(x,\xi)]=1$ に、左から、逆演算子 $\hat{L}^{-1}$ を作用させると

$$\hat{L}^{-1}\hat{L}\,[G(x,\xi)] = G(x,\xi) = \hat{L}^{-1}$$

となり、グリーン関数 $G(x,\xi)$ は、$x=\xi$ という一点に対応した逆演算子 $\hat{L}^{-1}$ となるのである。よって、後ほど紹介するように逆演算子を**グリーン演算子** (Green's operator) と呼ぶこともある。

　ところで、実際には、ξ は 1 個だけではなく、連続して分散しているので、本来の逆演算子は、いろいろなξに対応した逆演算子の和をとる必要があり、形式的には

$$\hat{L}^{-1} = G(x,\xi_1) + G(x,\xi_2) + ... + G(x,\xi_n) + ...$$

のような和となる。さらに、ξ は連続であるので極限は積分となり逆演算子は

$$\hat{L}^{-1} = \int G(x,\xi)\,d\xi$$

と与えられることになる。ここで、積分は変数 x ではなく、変数 ξ に関して行われることに注意されたい。非同次項が入るのは、積分記号の中であるので

$$\hat{L}^{-1}[\ ] = \int G(x,\xi)\,[\ ]d\xi$$

となる。また、積分範囲は、想定している系に依存し、区間 $[a, b]$で定義された

関数では、a から b となり、全空間を対象とした場合には $-\infty$ から $+\infty$ となる。

逆演算子を非同次項の $f(x)$ に作用させると $u(x) = \hat{L}^{-1}[f(x)]$ となることを紹介したが、グリーン関数を使えば

$$u(x) = \hat{L}^{-1}[f(x)] = \int G(x, \xi)\, f(\xi)\, d\xi$$

という積分方程式によって解がえられるのである。このように、ある演算子に対応したグリーン関数を求めることができれば、その逆演算子がえられ、微分方程式の解法ができることになる。

ところで、一般の教科書ではグリーン関数の定義として

$$\hat{L}\,[G(x, \xi)] = -\delta(x - \xi)$$

のように、右辺のデルタ関数の前に負の符号を付す場合もある。これは

$$\hat{L}\,[G(x, \xi)] = -f(x)$$

という非同次の微分方程式に対応したものである。この定義を使えば

$$u(x) = \int G(x, \xi)\, f(\xi)\, d\xi$$

と解が与えられる。もし、$\hat{L}\,[G(x, \xi)] = \delta(x - \xi)$ を採用した場合には

$$u(x) = \int G(x, \xi)\, \{-f(\xi)\}\, d\xi$$

となる。また、非同次方程式として、$\hat{L}\,[G(x, \xi)] = -f(x)$ のような式が一般に採用されるのは、非同次の方程式であっても

$$\hat{L}\,[G(x, \xi)] + f(x) = 0$$

のように、右辺を 0 と置くかつての慣例によるものとされている。いずれ、グリーン関数を求める際に、正負の符号に本質的な差はない。本書では、正の符号を採用している。

演習 2-2　一般の微分方程式の解と同じように、グリーン関数には、任意性があることを示せ。

　解）　$\hat{L}[u(x)] = 0$　という同次微分方程式を満足する解 $u_1(x)$ を考える。ここで、つぎの関数

$$G_1(x,\xi) = G(x,\xi) + u_1(x)$$

に微分演算子 $\hat{L}$ を作用させてみよう。すると、演算子の線形性から

$$\hat{L}[G_1(x,\xi)] = \hat{L}[G(x,\xi)] + \hat{L}[u_1(x)]$$

となるが $\hat{L}[u_1(x)] = 0$ であるから

$$\hat{L}[G_1(x,\xi)] = \hat{L}[G(x,\xi)] = \delta(x-\xi)$$

となり、$G_1(x,\xi)$ も $\hat{L}$ のグリーン関数となる。同次方程式の一般解は無数にあるから、グリーン関数も無数に存在することになる。

　ところで、グリーン関数が、条件なしに

$$\hat{L}[G(x,\xi)] = \delta(x-\xi)$$

という式を満足するとき、**主要解** (principal solution) あるいは**基本的グリーン関数** (fundamental Green's function) と呼んでいる。一般の微分方程式と同様に、主要解にも任意性がある。実際の問題解法においては、適当な初期条件や境界条件を与えることによって、解がひとつに定まる。

　いずれ、グリーン関数を利用することで、微分方程式における微分演算子 $\hat{L}$ の逆演算子 $\hat{L}^{-1}$ をえることができ、微分方程式の解法が可能となる。問題は、どうやってグリーン関数を求めるかである。ところで

$$\hat{L}[G(x,\xi)] = \delta(x-\xi) \quad \text{あるいは} \quad \hat{L}[G(x,\xi)] = 1 \quad (x=\xi)$$

という関係は、グリーン関数 $G(x, \xi)$ に演算子 $\hat{L}$ を作用すれば、$x = \xi$ という点に、物理量が集約されるということを意味している。例として、図 2-1 に示す弦の変位を考えてみよう。

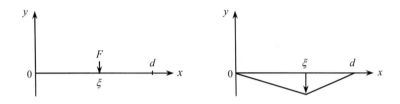

図 2-1 $x = \xi$ の点に力 F を加えて、長さ d の弦を変位させたときの様子

長さ d の弦の両端が固定されているものとする。ここで、弦の左端を原点 $x = 0$ として、$x = \xi$ の 1 点に力 F を加えて弦を変位させたとしよう。この弦の変位が結果としてえられているとき、グリーン関数法とは、その原因として $x = \xi$ への作用を求めることに対応するのである。

ところで、グリーン関数法では、1 点 $(x = \xi)$ に与える刺激を求めるので、デルタ関数が重要な役割をはたす。そこで、本章では、グリーン関数を理解する一歩として、この手法に欠かせないデルタ関数について紹介する。

2.2. デルタ関数の定義

あらためて確認すると、デルタ関数の定義は

$$\delta(x-a) = \begin{cases} \infty & (x = a) \\ 0 & (x \neq a) \end{cases}$$

である。つまり、デルタ関数の値は、$x = a$ において ∞ で、それ以外の点では、すべて 0 となる特殊な関数である。さらに

$$\int_{-\infty}^{+\infty} \delta(x-a)\,dx = 1$$

のように、全空間で積分すれば値が 1 になるという条件が付加される。

この関数は、通常の関数の延長では考えることができない特殊なものであり、**超関数** (generalized function) と呼ばれる。そして、この関数は、ある 1 点を指定するのに適している。あえて、グラフ化すると図 2-2 のようになる。

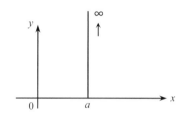

図 2-2　デルタ関数 $y = \delta(x-a)$ のグラフ

ただし、値が 1 点 $x = a$ で無限大で、全空間で積分すれば 1 になるという関数を、そう簡単に頭に思い浮かべることはできないであろう。そこで、別の視点からデルタ関数を眺めてみよう。

2.3.　階段関数

デルタ関数を理解するには、いろいろなアプローチがあるが、ここでは、**ヘビサイド階段関数** (Heaviside step function) の**導関数** (derivative) という側面から見てみよう。ヘビサイドの階段関数とは

$$H(x-a) = \begin{cases} 1 & (x > a) \\ 0 & (x < a) \end{cases}$$

によって定義される関数である。Heaviside の頭文字をとって H と表記することが多い。h や θ と表記する場合もある。グラフで示すと、図 2-3 に示すように、$x = a$ で値が 0 から 1 へと急激に変化する関数である。

まさに、階段の段差に対応している。ただし、$x = a$ におけるこの関数の値は不定である。そこで、$x = a$ における値を付して関数をつぎのように定義することもある。

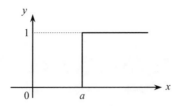

図 2-3　ヘビサイドの階段関数 $y = H(x-a)$ のグラフ

$$H_0(x-a) = \begin{cases} 1 & (x > a) \\ 0 & (x = a) \\ 0 & (x < a) \end{cases} \qquad H_1(x-a) = \begin{cases} 1 & (x > a) \\ 1 & (x = a) \\ 0 & (x < a) \end{cases}$$

　デルタ関数に応用する場合、$x = a$ における値は不定のままで構わないので、本書では、$H(x-a)$ という表記を採用する。

　ここで、この関数の微分を考えてみよう。まず、$x < a$ では常に $y = 0$ であるから導関数は $y' = 0$ である。また、$x > a$ でも常に $y = 1$ であるから導関数は $y' = 0$ である。そして、$x = a$ では傾きは∞であるから $y' = +\infty$ となる。

　つまり、図 2-3 のようなヘビサイドの階段関数を考えれば、その導関数がデルタ関数となるのである。よって

$$\frac{dH(x-a)}{dx} = \delta(x-a) \qquad\qquad H(x-a) = \int \delta(x-a)\, dx$$

という関係にある。つまり階段関数は、デルタ関数の**原始関数** (anti-derivative; primitive function) となるのである。

演習 2-3　積分 $\displaystyle\int_{-\infty}^{+\infty} \delta(x-a)\, dx$ の値を求めよ。

　解）　デルタ関数の原始関数は $H(x-a)$ であり、この関数の $+\infty$（あるいは正方向）ならびに $-\infty$（負の方向）の極限値は 1 ならびに 0 であるから、この積分は

$$\int_{-\infty}^{+\infty}\delta(x-a)\,dx = \lim_{x\to+\infty}\big[H(x-a)\big]-\lim_{x\to-\infty}\big[H(x-a)\big]=1-0=1$$

となる。

よって、デルタ関数がヘビサイドの階段関数の導関数と考えれば、付される条件を満足していることがわかる。

2.4.　矩形パルス波

デルタ関数のグラフ（図 2-2）を見てわかるように、$x=a$ の一点で無限大というグラフを描くことは、実際には難しい。そこで、ここでは、極限という考えを使ったアプローチを試みる。

図 2-4 に示すように、$x=a-\Delta x$ から $x=a+\Delta x$ という範囲を考え、幅 $2\Delta x$ で高さ $1/(2\Delta x)$ の長方形（矩形のパルス波）を考える。すると、この関数の値は

$$D(x,a)=\begin{cases} 1/(2\Delta x) & (a-\Delta x < x < a+\Delta x) \\ 0 & (x < a-\Delta x,\quad x > a+\Delta x) \end{cases}$$

と与えられる。

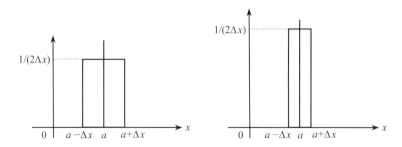

図 2-4　$\Delta x \to 0$ の極限でデルタ関数を与える関数 $D(x,a)$ のグラフ（矩形パルス波）。矩形の面積は幅に関係なく常に 1 となる。

このとき、関数の囲む面積は　$(2\Delta x)\times(1/2\Delta x)=1$　となって、Δx の大きさに

関係なく常に 1 となる。つまり

$$\int_{-\infty}^{+\infty} D(x,a)\,dx = 1$$ となり、デルタ関数の有する $$\int_{-\infty}^{+\infty} \delta(x-a)\,dx = 1$$

という性質を満足していることがわかる。さらに、$\Delta x \to 0$ の極限において $D(x,a) = 1/2\Delta x \to +\infty$ となるので、結局

$$\lim_{\Delta x \to 0} D(x-a) = \delta(x-a)$$

となり、デルタ関数は矩形のパルス波の面積を一定に保ったまま、その幅を無限小にした極限ということがわかる。ここで、$f(x)$ を任意の連続関数として

$$\int_{-\infty}^{+\infty} f(x)D(x,a)\,dx$$

という積分を考えてみよう。被積分関数に含まれる $D(x,a)$ は

$$D(x,a) = \begin{cases} 1/(2\Delta x) & (a-\Delta x < x < a+\Delta x) \\ 0 & (x < a-\Delta x, \quad x > a+\Delta x) \end{cases}$$

であるので、被積分関数の $f(x)D(x,a)$ が値を有するのは $a-\Delta x < x < a+\Delta x$ の範囲である。ここで、この範囲に区分求積法を適用してみよう。すると、求める面積は、図 2-5 の右図で与えられる図形の $a-\Delta x < x < a+\Delta x$ の範囲にある面積となる。

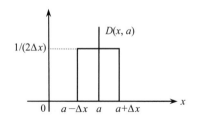 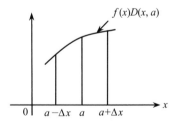

図 2-5　区分求積法により積分計算するための模式図

　ここで、この面積は、図 2-6 に示すように、幅が Δx からなる 2 個の台形の和で近似できる。右図の関数 $f(x)D(x,a)$ は

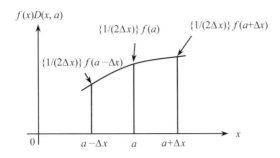

図 2-6　台形近似による区分求積法

$$D(x, a) = \frac{1}{2\Delta x} \qquad \text{から} \qquad f(x)D(x, a) = \frac{1}{2\Delta x} f(x)$$

と与えられる。すると、2 個の台形の面積の和は

$$S = \frac{1}{2}\left\{\frac{1}{2\Delta x} f(a - \Delta x) + \frac{1}{2\Delta x} f(a)\right\}\Delta x + \frac{1}{2}\left\{\frac{1}{2\Delta x} f(a) + \frac{1}{2\Delta x} f(a + \Delta x)\right\}\Delta x$$

$$= \frac{1}{4}\left\{f(a - \Delta x) + f(a)\right\} + \frac{1}{4}\left\{f(a) + f(a + \Delta x)\right\}$$

と与えられる。

　ここで、デルタ関数の場合には、$\Delta x \to 0$ の極限を考えればよいので $\lim_{\Delta x \to 0} S = f(a)$　となる。したがって

$$\int_{-\infty}^{+\infty} f(x)\delta(x - a)\, dx = \lim_{\Delta x \to 0} \int_{-\infty}^{+\infty} f(x)D(x, a)\, dx = f(a)$$

となる。ここで、デルタ関数の重要な性質が与えられる。つまり、点 $x = a$ における関数 $f(x)$ の値を取り出すことができ

$$f(a) = \int_{-\infty}^{+\infty} f(x)\delta(x - a)\, dx$$

となる。もし $c < a < b$ という関係にあれば $f(a) = \displaystyle\int_{c}^{b} f(x)\delta(x - a)\, dx$ となる。

演習 2-4　つぎの積分の値を計算せよ。

$$\int_{-\infty}^{+\infty} (x^2 + 2x + 1)\delta(x - 3)\, dx$$

解）　$f(x) = x^2 + 2x + 1$ であるから、この積分の値は

$$f(3) = 3^2 + 2 \cdot 3 + 1 = 16$$

となる。

このとき、積分範囲を変えると

$$\int_{2}^{4} (x^2 + 2x + 1)\delta(x - 3)\, dx = 16 \qquad \int_{1}^{2} (x^2 + 2x + 1)\delta(x - 3)\, dx = 0$$

となり、$\delta(x-a)$ の a が積分範囲外の場合には、積分値は 0 となる。$a = 0$ の場合はデルタ関数については

$$\delta(x) = \begin{cases} \infty & (x = 0) \\ 0 & (x \neq 0) \end{cases} \qquad \int_{-\infty}^{+\infty} \delta(x)\, dx = 1$$

となり、対応するヘビサイド階段関数は

$$H(x) = \begin{cases} 1 & (x > 0) \\ 0 & (x < 0) \end{cases}$$

となる。また　$f(0) = \int_{-\infty}^{+\infty} f(x)\delta(x)\, dx$　ということも自明であろう。

2.5.　デルタ関数の応用

　ここで、第 1 章の宿題を片付けておこう。熱伝導方程式の解は

$$u(x,t) = \frac{1}{2\sqrt{\pi Dt}} \int_{-\infty}^{+\infty} f(\xi)\exp\left(-\frac{(x - \xi)^2}{4Dt}\right) d\xi$$

と与えられるのであった。ここで、初期条件として、適当な $f(\xi)$ を与えれば、解としての温度分布 $u(x, t)$ が求められる。その代表例として、中心に熱を加えたとき、それがどう拡散していくかという問題が出される。実は、この解法には、デルタ関数を用いればよいのである。ここでは、中心である $\xi = 0$ に瞬間的に熱

第2章　グリーン関数とデルタ関数

を加えたとすると $f(\xi)=\delta(\xi)$ と置けばよいことになる。つまり、初期関数 $f(\xi)$ をデルタ関数と置けばよいのである。すると、熱伝導方程式の解は

$$u(x,t)=\frac{1}{2\sqrt{\pi Dt}}\int_{-\infty}^{+\infty}\delta(\xi)\exp\left(-\frac{(x-\xi)^2}{4Dt}\right)d\xi$$

となるが、デルタ関数の性質から、上記の積分は

$$\int_{-\infty}^{+\infty}\delta(\xi)\exp\left(-\frac{(x-\xi)^2}{4Dt}\right)d\xi=\exp\left(-\frac{(x-0)^2}{4Dt}\right)=\exp\left(-\frac{x^2}{4Dt}\right)$$

となる。したがって

$$u(x,t)=\frac{1}{2\sqrt{\pi Dt}}\exp\left(-\frac{x^2}{4Dt}\right)$$

という解がえられる。この結果を図示すると、図 2-7 のようになる。

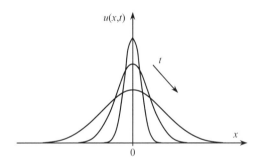

図 2-7　中心に熱を加えた際の温度分布の時間変化: 時間の経過とともに温度分布が拡がっていく様子がわかる。

　ところで

$$u(x,t)=\frac{1}{2\sqrt{\pi Dt}}\int_{-\infty}^{+\infty}f(\xi)\exp\left(-\frac{(x-\xi)^2}{4Dt}\right)d\xi$$

を

$$u(x,t)=\int_{-\infty}^{+\infty}\left\{\frac{1}{2\sqrt{\pi Dt}}\exp\left(-\frac{(x-\xi)^2}{4Dt}\right)\right\}f(\xi)\,d\xi$$

と置き換えてみる。変数 x に着目すると、この式は

$$u(x) = \int G(x, \xi) \, f(\xi) \, d\xi$$

というかたちをしていることに気づく。実は、これはグリーン関数 $G(x, \xi)$ の性質そのものである。つまり、熱伝導方程式では

$$G(x, \xi) = \frac{1}{2\sqrt{\pi D t}} \exp\left(-\frac{(x-\xi)^2}{4D t}\right)$$

がグリーン関数となるのである。この導出は第 4 章であらためて行うことにする。さらに

$$G(x, \xi) = G(x - \xi)$$

となっている。これは、グリーン関数が求める 2 点間の距離の関数となることを意味している。多くのグリーン関数は、このかたちをしている。すると

$$u(x) = \int G(x - \xi) \, f(\xi) \, d\xi = \int f(\xi) G(x - \xi) \, d\xi$$

となる。この右辺は、まさに第 1 章で紹介したコンボルーション（たたみ込み積分）である。このとき

$$u(x) = f(x) * G(x)$$

となり、そのフーリエ変換は

$$\widetilde{u}(k) = \widetilde{f}(k) G(\widetilde{k})$$

という関係にある。そして、$\widetilde{u}(k)$ がえられれば、それにフーリエ逆変換を施すことによって解 $u(x)$ が求められるのである。

2.6. グリーン関数の具体例

ここで、グリーン関数を具体的に求めてみよう。線型演算子を $\hat{L}$ としたとき

$$\hat{L}\,[G(x, \xi)] = \delta\,(x - \xi)$$

を満足するのがグリーン関数である。

演習 2-5　$\hat{L} = d/dx$ のとき、方程式 $\hat{L}[G(x,\xi)] = \delta(x-\xi)$ を満足するグリーン関数 $G(x,\xi)$ を求めよ。

　解）
$$\hat{L}[G(x,\xi)] = \frac{d}{dx}G(x,\xi) = \delta(x-\xi)$$

すでに、紹介したようにデルタ関数の原始関数は階段関数であるから

$$G(x,\xi) = H(x-\xi)$$

となる。

　したがって　$\hat{L}[u(x)] = \dfrac{du(x)}{dx} = f(x)$　の解は

$$u(x) = \int_{-\infty}^{+\infty} G(x,\xi)f(\xi)\,d\xi = \int_{-\infty}^{+\infty} H(x-\xi)f(\xi)\,d\xi$$

$$= \int_{-\infty}^{\xi} 0f(\xi)\,d\xi + \int_{\xi}^{+\infty} 1f(\xi)\,d\xi = \int_{\xi}^{+\infty} f(\xi)\,d\xi$$

となって、積分となることがわかる。

演習 2-6　$\hat{L} = d^2/dx^2$ のとき、方程式 $\hat{L}[G(x,\xi)] = \delta(x-\xi)$ を満足するグリーン関数 $G(x,\xi)$ を求めよ。

　解）　微分方程式　$\dfrac{d^2}{dx^2}G(x,\xi) = \delta(x-\xi)$　の両辺を積分すると

$$\frac{d}{dx}G(x,\xi) = \int \delta(x-\xi)\,dx = H(x-\xi)$$

ただし、$H(x)$ はヘビサイドの階段関数である。また、積分定数は省略している。さらに、両辺を積分すると

$$G(x, \xi) = \int H(x - \xi)\, dx$$

となるが、階段関数は

$$H(x - \xi) = \begin{cases} 0 & (x < \xi) \\ 1 & (x > \xi) \end{cases}$$

であるから、その積分は $x < \xi$ は定数、$x > \xi$ は $y = x$ となるので

$$G(x, \xi) = \begin{cases} 0 & (x < \xi) \\ x - \xi & (x > \xi) \end{cases}$$

とする。これがひとつの解となる。

　ちなみに、いま求めた階段関数ならびにグリーン関数を図示すると、図 2-8 のようになる。

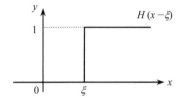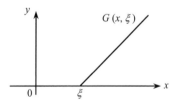

図 2-8　デルタ関数 $\delta(x - \xi)$ を積分してえられるヘビサイド階段関数 $H(x - \xi)$ とグリーン関数 $G(x, \xi)$

　グリーン関数に任意性があるのは、すでに説明しているが、ここで、改めて、復習してみよう。まず、基本的グリーン関数あるいは主要解の定義は

$$\hat{L}\left[G(x, \xi)\right] = \delta(x - \xi)$$

であった。ところで、この同次方程式を満足する関数 $u_1(x)$ や $u_2(x)$ は

$$\hat{L}\left[u_1(x)\right] = 0 \qquad \hat{L}\left[u_2(x)\right] = 0$$

となるが、演算子 $\hat{L}$ の線形性から

$$\hat{L}\left[G(x,\xi)+au_1(x)\right]=\hat{L}\left[G(x,\xi)\right]+a\hat{L}\left[u_1(x)\right]=\delta(x-\xi)$$

同様にして

$$\hat{L}\left[G(x,\xi)+bu_2(x)\right]=\delta(x-\xi)$$

$$\hat{L}\left[G(x,\xi)+cu_1(x)+du_2(x)\right]=\delta(x-\xi)$$

という関係がえられ、これらすべてがグリーン関数に要求される性質を満足する。よって、基本的グリーン関数には、任意性があるのである。一方、境界値問題では、境界条件が与えられるので、それを満足するグリーン関数を求めることになる。

それでは、演習 2-6 の境界条件を $u(0)=0,\quad u(1)=0$ として、これを満足するグリーン関数を求めてみよう。これは、この関数が $[0, 1]$ で定義されていることを示している。ここで、同次方程式

$$\hat{L}\left[u(x)\right]=\frac{d^2u(x)}{dx^2}=0 \qquad \text{の一般解は} \qquad u(x)=ax+b$$

であるので、基本的グリーン関数 $G(x,\xi)=\begin{cases} 0 & (x<\xi) \\ x-\xi & (x>\xi) \end{cases}$ に一般解を加えて

$$G(x,\xi)=\begin{cases} ax+b & (x<\xi) \\ x-\xi+ax+b & (x>\xi) \end{cases}$$

としよう。

演習 2-7　境界条件である $u(0)=0,\quad u(1)=0$ を満足するように、グリーン関数の任意定数 a および b を求めよ。

解)　境界条件 $u(0)=0,\quad u(1)=0$ を満足するグリーン関数は、$G(0,\xi)=0,$ $G(1,\xi)=0$ となる。したがって

$$G(0,\xi)=b=0 \qquad G(1,\xi)=1-\xi+a+b=0$$

となる。これより　$a=\xi-1,\quad b=0$ となり

$$G(x,\xi) = \begin{cases} x(\xi-1) & (x < \xi) \\ \xi(x-1) & (x > \xi) \end{cases}$$

となる。

ここで求めたグリーン関数が境界条件を満足するものである。そのグラフを図示すれば、図2-9のようになる。

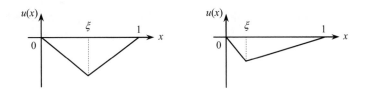

図 2-9 境界条件 $G(0, \xi) = 0$, $G(1, \xi) = 0$ を満足するグリーン関数。ξ は 0 から 1 の範囲で変化できる。

このように、境界条件を満足するグリーン関数が求められれば、非同次方程式 $\hat{L}[u(x)] = f(x)$ の境界値問題の解 $u(x)$ は

$$u(x) = \hat{L}^{-1}[f(x)] = \int G(x, \xi)\, f(\xi)\, d\xi$$

という積分方程式によって求めることができる。

演習 2-8　区間 $[0, 1]$ で定義され、境界条件を $u(0) = 0$, $u(1) = 0$ を満足するように、非同次微分方程式 $\dfrac{d^2 u(x)}{dx^2} = x$ の解を求めよ。

解)　この微分方程式は $\hat{L}[u(x)] = f(x)$ において、微分演算子が $\hat{L} = d^2/dx^2$、非同次項が $f(x) = x$ の場合に相当する。境界条件を満足するグリーン関数は

$$G(x,\xi) = \begin{cases} x(\xi-1) & (x < \xi) \\ \xi(x-1) & (x > \xi) \end{cases}$$

と与えられているので、それを利用する。求める関数 $u(x)$ は

$$u(x) = \int_0^1 G(x,\xi)\, f(\xi)\, d\xi$$

と与えられる。ここで、上記の $G(x,\xi)$ を代入すると

$$u(x) = \int_0^x \xi(x-1)\, f(\xi)\, d\xi + \int_x^1 x(\xi-1)\, f(\xi)\, d\xi$$

となるが、積分変数は ξ であるから、x の項は積分の外に出せて

$$u(x) = (x-1)\int_0^x \xi\, f(\xi)\, d\xi + x\int_x^1 (\xi-1)\, f(\xi)\, d\xi$$

となる。非同次項は $f(x) = x$ であるから、$f(\xi) = \xi$ を代入すると

$$u(x) = (x-1)\int_0^x \xi^2\, d\xi + x\int_x^1 (\xi^2 - \xi)\, d\xi = (x-1)\left[\frac{\xi^3}{3}\right]_0^x + x\left[\frac{\xi^3}{3} - \frac{\xi^2}{2}\right]_x^1$$

$$= (x-1)\frac{x^3}{3} + x\left(-\frac{1}{6} - \frac{x^3}{3} + \frac{x^2}{2}\right) = \frac{1}{6}x^3 - \frac{1}{6}x$$

となる。

　境界条件を満足する関数 $u(x)$ のグラフを図示すると図 2-10 のようになる。

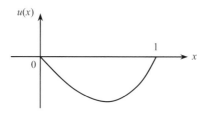

図 2-10　境界条件を満足する $u(x)$ のグラフ

　この関数は、境界条件である $u(0) = 0,\ u(1) = 0$ を満足し、さらに

$$\frac{du(x)}{dx} = \frac{x^2}{2} - \frac{1}{6} \qquad\qquad \frac{d^2u(x)}{dx^2} = x$$

となって、表記の微分方程式の解であることが確かめられる。

以上のように、境界条件を満足するグリーン関数を求めることができれば、境界値問題を解法することが可能である。

　ところで、グリーン関数を求めるためには、デルタ関数を普通の関数のように扱いたい場合もある。すでに紹介したように、その積分はヘビサイドの階段関数となる。一方、デルタ関数が矩形のパルス波の極限という取り扱いでは、微分をすることはできない。

　そこで、デルタ関数を、矩形波ではなく、通常の連続関数の極限として表現する手法が考案されている。それを、つぎに紹介しよう。

2. 7.　デルタ関数の表示

　デルタ関数の性質は、全空間で積分すれば 1 で $x = a$ で無限大になるというものである。そこで、ある連続関数を考えその極限としてデルタ関数の性質を有するものを探せばよい。ここでは $a = 0$ として矩形パルス波をフーリエ変換する手法を導入してみよう。対象とするのは

$$\begin{cases} f(x) = 1 & (-L \le x \le L) \\ f(x) = 0 & (|x| > L) \end{cases}$$

という関数となる。$f(x)$ のグラフを図 2-11 に示す。

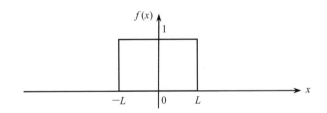

図 2-11　想定している矩形パルス波

　ここで、$f(x)$ のフーリエ変換は

$$\tilde{f}(k) = \int_{-\infty}^{+\infty} f(x) \exp(-ikx)\, dx$$

によって与えられる。

演習 2-9　矩形パルス波の関数 $f(x)$ のフーリエ変換を求めよ。

解）　$\displaystyle \widetilde{f}(k) = \int_{-\infty}^{+\infty} f(x) \exp(-ikx)\, dx$

$\displaystyle = \int_{-\infty}^{-L} 0 \cdot \exp(-ikx)dx + \int_{-L}^{+L} 1 \cdot \exp(-ikx)dx + \int_{+L}^{+\infty} 0 \cdot \exp(-ikx)dx$

$\displaystyle = -\frac{1}{ik}\Big[\exp(-ikx)\Big]_{-L}^{+L} = \frac{1}{ik}\{\exp(iLk) - \exp(-iLk)\}$

となるが、オイラーの公式から　$\exp(iLk) - \exp(-iLk) = 2i\sin(Lk)$　となるので

$$\widetilde{f}(k) = \frac{1}{ik}\{\exp(iLk) - \exp(-iLk)\} = \frac{2\sin(Lk)}{k}$$

となる。

　ここで、えられた関数　$\widetilde{f}(k) = 2\sin(Lk)/k$　について少し考えてみよう。実は、この関数は、L を大きくすると、$k = 0$ の値 $\widetilde{f}(0)$ が大きくなっていき、$L \to \infty$ の極限では $\widetilde{f}(0) \to \infty$ となる。つまり、デルタ関数に似た特徴を有するのである。これを確かめてみよう。

演習 2-10　$k \to 0$ のとき、つぎの関数の極限値を求めよ。

$$\widetilde{f}(k) = \frac{2\sin(Lk)}{k}$$

解）　$\displaystyle \lim_{k \to 0}\frac{\sin k}{k} = 1$　という極限を利用する。表記の式において $Lk = t$ と置くと

$$\frac{2\sin(Lk)}{k} = 2L\frac{\sin(Lk)}{Lk} = 2L\frac{\sin t}{t}$$

となる。したがって

$$\lim_{k \to 0} \frac{2\sin(Lk)}{k} = \lim_{t \to 0} 2L \frac{\sin t}{t} = 2L$$

となる。

したがって、$L \to \infty$ の極限では $\tilde{f}(0) = 2L \to \infty$ となる。つぎに

$$\int_{-\infty}^{\infty} \frac{2\sin(Lk)}{k} \, dk$$

という積分を求めてみよう。ここで $\int_{-\infty}^{\infty} (\sin k / k) \, dk = \pi$ と与えられることがディ

リクレ積分として知られている。この積分値を求めるためには、複素積分の手法
が必要となる。詳細は、補遺 2-1 を参照されたい。ここでは、この結果を前提に
話を進めていく。

演習 2-11　ディリクレ積分の結果をもとに、つぎの積分値を求めよ。
$$\int_{-\infty}^{\infty} \frac{2\sin(Lk)}{k} \, dk$$

解）　$t = Lk$ と置くと　$dk = \dfrac{dt}{L}$,　$k = \dfrac{t}{L}$ であり、積分範囲は変わらないので

$$\int_{-\infty}^{\infty} \frac{2\sin(Lk)}{k} \, dk = \int_{-\infty}^{\infty} \frac{2\sin t}{(t / L)} \left(\frac{dt}{L} \right) = \int_{-\infty}^{\infty} \frac{2\sin t}{t} \, dt = 2\pi$$

となる。

したがって

$$\frac{1}{2\pi} \int_{-\infty}^{\infty} \frac{2\sin(Lk)}{k} \, dk = 1 \qquad から \qquad \int_{-\infty}^{\infty} \frac{\sin(Lk)}{\pi k} \, dk = 1$$

となるのである。

$k \to 0$　のとき　$\dfrac{\sin(Lk)}{\pi k} \to \dfrac{L}{\pi}$　　$L \to \infty$　のとき　$\dfrac{\sin(Lk)}{\pi k} \to \infty$

となる。ここで　$f(x) = \sin(Lx)/\pi x$ を図示すると、図 2-12 のように中心部に大き
なピークを持った振動となる。

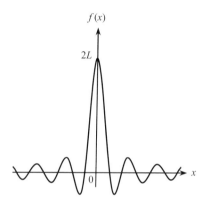

図 2-12　　$f(x) = \sin(Lx)/\pi x$ のグラフ

　　ただし、$x \to \infty$ で $f(x) \to 0$ となるが、$x = 0$ 近傍では、振動があり単純に $f(x) = 0$
とはならない。ただし、L が大きくなると、中心ピークが大きくなるので、まわ
りの振動は相対的に微小となり、デルタ関数のかたちに近づく。よって

$$\delta(x) = \lim_{L \to \infty} \frac{\sin(Lx)}{\pi x}$$

と置けるのである。つぎに

$$\lim_{L \to \infty} \frac{\sin(Lx)}{\pi x} = \frac{1}{2\pi} \int_{-\infty}^{+\infty} \exp(ikx) \, dk$$

となることを示そう。

演習 2-12　　積分 $\displaystyle \int_{-L}^{L} \exp(ik\,x) \, dk$ の値を求めよ。

　　解）　　　$\displaystyle \int_{-L}^{L} \exp(ik\,x) \, dk = \left[\frac{\exp(ikx)}{ix} \right]_{-L}^{L} = \frac{\exp(iLx)}{ix} - \frac{\exp(-iLx)}{ix} = \frac{2\sin(Lx)}{x}$

となる。

よって

$$\frac{2\sin(Lx)}{x} = \int_{-L}^{L} \exp(ikx)\,dk$$

という関係にある。ここで、両辺を 2π で除し

$$\frac{\sin(Lx)}{\pi x} = \frac{1}{2\pi}\int_{-L}^{L} \exp(ikx)\,dk$$

とする。そのうえで、$L \to \infty$ の極限を考えてみよう。すると

$$\lim_{L\to\infty}\frac{\sin(Lx)}{\pi x} = \lim_{L\to\infty}\frac{1}{2\pi}\int_{-L}^{L} \exp(ikx)\,dk = \frac{1}{2\pi}\int_{-\infty}^{\infty} \exp(ikx)\,dk$$

となる。したがって、デルタ関数は

$$\delta(x) = \frac{1}{2\pi}\int_{-\infty}^{+\infty} \exp(ikx)\,dk$$

と置くことができるのである。これは、デルタ関数を表現する重要な式であり、グリーン関数の手法においても頻繁に利用する。ここで、本書で採用しているフーリエ変換対の式を思い出してみよう。それは

$$\widetilde{f}(k) = \int_{-\infty}^{+\infty} f(x)\exp(-ikx)\,dx \qquad f(x) = \frac{1}{2\pi}\int_{-\infty}^{+\infty} \widetilde{f}(k)\exp(ikx)\,dk$$

であった。いま求めた $\delta(x)$ の表式は、上記のフーリエ逆変換において、まさに $\widetilde{f}(k)=1$ と置いたものである。つまり

$$\hat{F}\left[\delta(x)\right] = 1$$

ということになる。また、フーリエ逆変換の式

$$f(x) = \frac{1}{2\pi}\int_{-\infty}^{+\infty} \widetilde{f}(k)\exp(ikx)\,dk$$

において $\widetilde{f}(k)=1$ を代入すると

$$f(x) = \frac{1}{2\pi}\int_{-\infty}^{+\infty} 1\cdot\exp(ikx)\,dk = \frac{1}{2\pi}\int_{-\infty}^{+\infty} \exp(ikx)\,dk = \delta(x)$$

となり、デルタ関数は、$\widetilde{f}(k)=1$ のフーリエ逆変換が

$$\hat{F}^{-1}\left[1\right] = \delta(x)$$

となることが確かめられる。

演習 2-13　デルタ関数 $\delta(x)$ のフーリエ変換を定義式にしたがって計算せよ。

解）　関数 $f(x)$ のフーリエ変換は　$\widetilde{f}(k) = \int_{-\infty}^{+\infty} f(x)\exp(-ikx)\,dx$　と与えられる。

$f(x) = \delta(x)$ を代入すれば

$$\widetilde{\delta}(k) = \int_{-\infty}^{+\infty} \delta(x)\exp(-ikx)\,dx$$

となるが、デルタ関数の性質　$\int_{-\infty}^{+\infty} \delta(x)g(x)\,dx = g(0)$　を思い出すと、いまの場合　$g(x) = \exp(-ikx)$　であるから

$$\widetilde{\delta}(k) = \int_{-\infty}^{\infty} \delta(x)\exp(-ikx)\,dx = g(0) = \exp(-ik\cdot 0) = 1$$

となる。

ちなみに、$\delta(x-\xi)$ のフーリエ変換は

$$\hat{F}\left[\delta(x-\xi)\right] = \int_{-\infty}^{+\infty} \delta(x-\xi)\exp(-ikx)\,dx = \exp(-ik\xi)$$

となる。

演習 2-14　ヘビサイドの階段関数 $H(x)$ のフーリエ変換を求めよ。

解）　ここでは $\delta(x)$ が、階段関数 $H(x)$ の導関数であることを利用する。ここで、第 1 章で紹介したように

$$\hat{F}\left[\frac{df(x)}{dx}\right] = ik\,\hat{F}\left[f(x)\right]$$

である。したがって

$$\hat{F}\left[\delta(x)\right] = \hat{F}\left[\frac{dH(x)}{dx}\right] = ik\,\hat{F}\left[H(x)\right]$$

となる。フーリエ変換の線形性から

$$ik\hat{F}[H(x)] = \hat{F}[ikH(x)]$$

となるので、結局

$$\widetilde{\delta}(k) = ik\widetilde{H}(k)$$

となり、$\widetilde{\delta}(k) = 1$ であるから、ヘビサイドの階段関数のフーリエ変換は

$$\widetilde{H}(k) = \frac{1}{ik} \qquad\qquad \hat{F}[H(x)] = \frac{1}{ik}$$

と与えられる。

別解として

$$h(x) = \begin{cases} \exp(-tx) & (x > 0) \\ 0 & (x < 0) \end{cases}$$

という関数を考える。この関数は $t \to 0$ の極限で $\exp(-tx) \to 1$ から階段関数となる。この関数のフーリエ変換は

$$\widetilde{h}(k) = \int_{-\infty}^{+\infty} h(x)\exp(-ikx)\,dx = \int_{-\infty}^{0} 0 \cdot \exp(-ikx)\,dx + \int_{0}^{+\infty} \exp(-tx)\exp(-ikx)\,dx$$

$$= \int_{0}^{+\infty} \exp\{-(ik+t)x\}dx = \left[-\frac{1}{ik+t}\exp\{-(ik+t)x\} \right]_{0}^{+\infty} = \frac{1}{ik+t}$$

となる。ここで $t \to 0$ のとき $h(x) \to H(x)$ より

$$\widetilde{H}(k) = \frac{1}{ik}$$

となる。

2. 8. デルタ関数の性質

ここで、デルタ関数が有する基本的性質について、いくつかまとめておこう。まず $\delta(x) = \delta(-x)$ となる。これは、デルタ関数が**偶関数** (even function) であることを示している。これを確認するには、いろいろな手法があるが、つぎの式を使ってみよう。

$$\delta(x) = \frac{1}{2\pi} \int_{-\infty}^{+\infty} \exp(ikx)\,dk$$

ここで、$x = -t$ という変数変換をすれば

$$\delta(-t) = \frac{1}{2\pi} \int_{-\infty}^{+\infty} \exp(-ikt)\,dk$$

となる。さらに、$k = -q$ という変数変換をすれば、積分の上下端が反転し、さらに負の符号がつくので

$$\delta(-t) = -\frac{1}{2\pi} \int_{+\infty}^{-\infty} \exp(iqt)\,dq = \frac{1}{2\pi} \int_{-\infty}^{+\infty} \exp(iqt)\,dq$$

となる。最後の式は、まさに$\delta(t)$である。したがって $\delta(x) = \delta(-x)$ が確かめられる。この結果

$$\delta(x-\xi) = \delta(\xi-x)$$

という関係も成立することがわかる。ここで、グリーン関数の定義である

$$\hat{L}\,[G(x,\xi)] = \delta(x-\xi)$$

を思い出そう。いまの関係を使えば

$$\hat{L}\,[G(\xi,x)] = \delta(\xi-x)$$

となって

$$G(x,\xi) = G(\xi,x)$$

という関係が成立することがわかる。

　これを**グリーン関数の対称性** (symmetry of Green's function) と呼んでいる。この結果は、点ξに刺激を与えたときに点xに生じる効果と、点xに同じ刺激を与えたときに点ξに生じる効果は等価であるということを意味している。つぎに

$$\delta(ax) = \frac{1}{|a|}\delta(x) \qquad a \neq 0$$

という性質がある。

演習 2-15 $a > 0$ のとき $\delta(ax) = \dfrac{1}{a}\delta(x)$ を確かめよ。

解） デルタ関数の表式 $\delta(x) = \dfrac{1}{2\pi}\displaystyle\int_{-\infty}^{+\infty} \exp(ikx)\,dk$ において $x = at$ と変数変換しよう。ただし、$a > 0$ である。すると

$$\delta(at) = \frac{1}{2\pi}\int_{-\infty}^{+\infty} \exp(ikat)\,dk$$

となる。ここで、$ka = q$ と変数変換すると、$a\,dk = dq$ から

$$\delta(at) = \frac{1}{2\pi}\int_{-\infty}^{+\infty} \exp(ikat)\,dk = \frac{1}{2\pi}\int_{-\infty}^{+\infty} \exp(iqt)\,\frac{dq}{a}$$

$$= \frac{1}{a}\left(\frac{1}{2\pi}\int_{-\infty}^{+\infty} \exp(iqt)\,dq\right) = \frac{1}{a}\delta(t)$$

となる。

$a < 0$ の場合には、$ka = q$ という変数変換を行えば積分の上下端が入れ替わり

$$\delta(at) = \frac{1}{2\pi}\int_{-\infty}^{+\infty} \exp(ikat)\,dk = \frac{1}{2\pi}\int_{+\infty}^{-\infty} \exp(iqt)\,\frac{dq}{a}$$

$$= -\frac{1}{a}\left(\frac{1}{2\pi}\int_{-\infty}^{+\infty} \exp(iqt)\,dq\right) = -\frac{1}{a}\delta(t)$$

から $\delta(at) = -\dfrac{1}{a}\delta(t)$ となり、まとめると $\delta(at) = \dfrac{1}{|a|}\delta(t)$ となる。つぎに

$$\delta(x^2 - a^2) = \frac{1}{2|a|}\{\delta(x+a) + \delta(x-a)\}$$

という性質もある。デルタ関数はかっこ内の値が 0 になるときのみ ∞ となり、それ以外では 0 である。よって $x^2 - a^2$ が 0 となる $x = \pm a$ のときのみ値を有する。

ここでは

$$f(0) = \int_{-\infty}^{+\infty} \delta(x)f(x)\,dx$$

を基本として考えよう。ここで、x に関数 $g(t)$ を代入すると、合成関数となるが

$dx = g'(t)dt$ から、右辺は

$$f(0) = \int_{-\infty}^{+\infty} \delta[g(t)]f[g(t)]g'(t)\,dt = \int_{-\infty}^{+\infty} \{\delta[g(t)]\,g'(t)\}f[g(t)]\,dt$$

となる。ここで、$g(t)=0$ を与えるのが $t=a$ としよう。すると $\delta[g(t)]\,g'(t)$ は、$t=a$ でのみ値を有するので、$\delta(t-a)$ と等価となる。とすれば

$$\delta(t-a) = \delta[g(t)]g'(t)\big|_{t=a} = \delta[g(a)]g'(a)$$

という関係にあるはずである。このとき $dx = g'(a)dt$ という関係にあるが、$g'(a)<0$ であれば dx から dt に変換したとき積分の上下端が入れ替わるので

$$\delta(t-a) = -\delta[g(a)]g'(a)$$

としなければならない。これをまとめると

$$\delta(t-a) = \delta[g(a)]\big|g'(a)\big|$$

となる。たとえば、関数 $g(t)=t^2-a^2$ は $t=a$ で $g(t)=0$ となるので $\delta(t-a)$ と等価であり、さらに

$$g'(t)=2t \qquad から \qquad \big|g'(a)\big|=2\big|a\big|$$

となるから

$$\delta(t^2-a^2) = \frac{1}{2|a|}\delta(t-a)$$

となる。ただし $g(t)=0$ を与えるのは $t=a$ だけでなく $t=-a$ の場合もある。よって、$\delta(t+a)$ とも等価であり、これに対応した項も足す必要がある。この場合は $\big|g'(-a)\big|=2\big|a\big|$ として

$$\delta(t^2-a^2) = \frac{1}{2|a|}\delta(t-a) + \frac{1}{2|a|}\delta(t+a) = \frac{1}{2|a|}\{\delta(t+a)+\delta(t-a)\}$$

となる。より一般化すると、$g(x)=0$ の実根 x_i が複数ある場合は、それらをすべて足し合わせる必要があり、関数 $g(x)$ のデルタ関数は

$$\delta\{g(x)\} = \sum_i \frac{1}{|g'(x_i)|}\delta(x-x_i)$$

となる。

演習 2-16　$\delta(x^2 + x - 2)$ を求めよ。

解）
$$g(x) = x^2 + x - 2 = (x-1)(x+2)$$
と因数分解できるので、$x = 1$ および $x = -2$ で $g(x) = 0$ となる。

また
$$g'(x) = (x^2 + x - 2)' = 2x + 1$$
であるので
$$\left|g'(1)\right| = 3 \qquad \left|g'(-2)\right| = 3$$
となる。したがって
$$\delta(x^2 + x - 2) = \frac{1}{3}\delta(x-1) + \frac{1}{3}\delta(x+2)$$
と与えられる。

演習 2-17　つぎのデルタ関数を求めよ。
$$\delta\{(x-a)(x-b)\}$$

解）
$$g(x) = (x-a)(x-b) = x^2 - (a+b)x + ab$$
であり、$x = a$ および $x = b$ で $g(x) = 0$ となる。また　$g'(x) = 2x - (a+b)$ であるので
$$\left|g'(a)\right| = \left|a-b\right| \qquad \left|g'(b)\right| = \left|a-b\right|$$
となる。したがって
$$\delta(x-a)(x-b) = \frac{1}{\left|a-b\right|}\{\delta(x-a) + \delta(x-b)\}$$
と与えられる。

　この他にも　$x\delta(x) = 0$　という性質がある。これは $f(0) = \displaystyle\int_{-\infty}^{+\infty} \delta(x)f(x)\,dx$

において、$f(x) = x$ とすれば

$$f(0) = 0 = \int_{-\infty}^{+\infty} x\delta(x)\,dx$$

となり、自明である。

演習 2-18　　デルタ関数の性質　$f(x) = \displaystyle\int_{-\infty}^{+\infty} f(u)\delta(u-x)\,du$ とデルタ関数の表式

$\delta(x-u) = \dfrac{1}{2\pi}\displaystyle\int_{-\infty}^{+\infty} \exp\{ik(x-u)\}\,dk$ を使ってフーリエ逆変換を導出せよ。

　解）　デルタ関数の性質から $\delta(x-u) = \delta(u-x)$ となる。最初の式の $\delta(u-x)$ に、デルタ関数 $\delta(x-u)$ の表式を代入すると

$$f(x) = \int_{-\infty}^{+\infty} f(u)\left\{\frac{1}{2\pi}\int_{-\infty}^{+\infty}\exp\{ik(x-u)\}\,dk\right\}du$$

となる。ここで

$$\int_{-\infty}^{+\infty}\exp\{ik(x-u)\}\,dk = \int_{-\infty}^{+\infty}\exp(ik\,x)\exp(-iku)\,dk$$

から

$$f(x) = \frac{1}{2\pi}\int_{-\infty}^{+\infty}\left\{\int_{-\infty}^{+\infty} f(u)\exp(-iku)\,du\right\}\exp(ikx)\,dk$$

となる。さらに ｛　｝内は k の関数となるから

$$\widetilde{f}(k) = \int_{-\infty}^{+\infty} f(u)\exp(-iku)\,du$$

と置ける。すると

$$f(x) = \frac{1}{2\pi}\int_{-\infty}^{+\infty}\widetilde{f}(k)\exp(ikx)\,dk$$

となり、フーリエ逆変換の定義式がえられる。

ここで $\widetilde{f}(k)$ の右辺の積分は、変数 u を x と置き換えられるので

$$\widetilde{f}(k) = \int_{-\infty}^{+\infty} f(x)\exp(-ikx)\,dx$$

となる。これは、フーリエ変換そのものである。ここで

$$f(x) = \int_{-\infty}^{+\infty} f(u)\delta(u-x)\,du$$

の右辺は、コンボルーション（たたみ込み積分）であり

$$f(x)*\delta(x) = \int_{-\infty}^{+\infty} f(u)\delta(u-x)\,du$$

と置ける。つまり $f(x) = f(x)*\delta(x)$ という関係にある。両辺のフーリエ変換をとれば、コンボルーション定理から

$$\widetilde{f}(k) = \widetilde{f}(k)\widetilde{\delta}(k)$$

となり $\widetilde{\delta}(k) = 1$ となることがわかる。

2.9. デルタ関数の導関数

それでは、デルタ関数の導関数を考えてみよう。

$$\delta(x) = \frac{1}{2\pi}\int_{-\infty}^{+\infty} \exp(ikx)\,dk$$

において右辺の x に関する微分をとると

$$\frac{d\delta(x)}{dx} = \frac{1}{2\pi}\frac{d\left[\int_{-\infty}^{+\infty}\exp(ikx)\,dk\right]}{dx} = \frac{1}{2\pi}\int_{-\infty}^{+\infty}\frac{d\{\exp(ikx)\}}{dx}dk$$

$$= \frac{1}{2\pi}\int_{-\infty}^{+\infty}(ik)\exp(ikx)\,dk$$

となる。これが、デルタ関数の導関数である。ここで、右辺をよく見ると、$\widetilde{f}(k) = ik$ という関数のフーリエ逆変換となっている。つまり

$$\hat{F}^{-1}[ik] = \frac{d\delta(x)}{dx}$$

となる。フーリエ変換とフーリエ逆変換は表裏一体であるから、変数変換を進め

る。まず、$k = -t$ と置くと

$$\int_{-\infty}^{+\infty} k \exp(ikx)\, dk = \int_{+\infty}^{-\infty} (-t)\exp\{(i(-t)x)\}(-dt) = -\int_{-\infty}^{+\infty} t \exp(-itx)\, dt$$

から

$$\frac{d\delta(x)}{dx} = -\frac{i}{2\pi}\int_{-\infty}^{+\infty} t \exp(-itx)\, dt$$

ここで、変数 x を k に置き換えると

$$\frac{d\delta(k)}{dk} = -\frac{i}{2\pi}\int_{-\infty}^{+\infty} t \exp(-itk)\, dt$$

となる。右辺の積分変数を t から x に変えると

$$\frac{d\delta(k)}{dk} = -\frac{i}{2\pi}\int_{-\infty}^{+\infty} x \exp(-ikx)\, dx$$

となる。この結果から

$$2\pi i \frac{d\delta(k)}{dk} = \int_{-\infty}^{+\infty} x \exp(-ikx)\, dx$$

という関係がえられる。この結果は、$f(x) = x$ という 1 次関数のフーリエ変換が（係数 $2\pi i$ は別にして）デルタ関数 $\delta(k)$ の導関数となることを示している。

　ここで、第 1 章で求めた関係

$$\hat{F}\left[\frac{df(x)}{dx}\right] = ik\hat{F}\,[f(x)]$$

において $f(x) = \delta(x)$ とすれば

$$\hat{F}\left[\frac{d\delta(x)}{dx}\right] = ik\hat{F}\,[\delta(x)] = ik$$

となるので、いまの関係が確かめられる。

　ところで、フーリエ変換の対象となる関数は無限遠で 0 となる必要があった。ここで、$f(x) = x$ は $x \to \pm\infty$ で発散するが、デルタ関数を使えば、フーリエ変換ができるのである。これが第 1 章で紹介した特殊なケースである。同様にして、$f(x) = x^2$ などのフーリエ変換も可能となる。

演習 2-19　デルタ関数の 2 階導関数を求めよ。

　解）　1 階導関数の場合と同様に、x の関数である $\exp(ikx)$ にのみ作用することに注意すると

$$\frac{d^2\delta(x)}{dx^2} = \frac{1}{2\pi}\int_{-\infty}^{+\infty}\frac{d^2\{\exp(ikx)\}}{dx^2}\,dk$$

$$= \frac{1}{2\pi}\int_{-\infty}^{+\infty}(ik)^2\exp(ikx)\,dk = \frac{1}{2\pi}\int_{-\infty}^{+\infty}(-k^2)\exp(ikx)\,dk$$

となる。

　このように、$\widetilde{f}(k) = -k^2$（$\widetilde{f}(k) = (ik)^2$）のフーリエ逆変換となる。これがデルタ関数の 2 階導関数である。

　同様にして、順次微分をくり返していけば

$$\frac{d^{(n)}\delta(x)}{dx^{(n)}} = \frac{1}{2\pi}\int_{-\infty}^{+\infty}(ik)^n\exp(ikx)\,dk$$

となることがわかる。つぎに　$f(0) = \int_{-\infty}^{+\infty}\delta(x)f(x)\,dx$　という式を基本として、デルタ関数の導関数を考えてみる。

演習 2-20　つぎの式に部分積分を適用せよ。

$$\int_{-\infty}^{+\infty}\frac{d\delta(x)}{dx}f(x)\,dx$$

　解）

$$\int_{-\infty}^{+\infty}\frac{d\delta(x)}{dx}f(x)\,dx = \left[\delta(x)f(x)\right]_{-\infty}^{+\infty} - \int_{-\infty}^{+\infty}\delta(x)\frac{df(x)}{dx}\,dx$$

となるが、デルタ関数は $x = 0$ 以外では値は 0 であるから、右辺の第 1 項は 0 となる。よって

$$\int_{-\infty}^{+\infty}\frac{d\delta(x)}{dx}f(x)\,dx = -\int_{-\infty}^{+\infty}\delta(x)\frac{df(x)}{dx}\,dx = -\frac{df(x)}{dx}\bigg|_{x=0} = -f'(0)$$

となる。

つまり

$$\int_{-\infty}^{+\infty}\delta'(x)f(x)\,dx = -f'(0)$$

となる。ここで、 $f(x)=\exp(-ikx)$ とすれば $f'(x)=-ik\exp(-ikx)$ となるので $f'(0)=-ik$ となり、 $\delta'(x)$ のフーリエ変換は ik となることも確かめられる。

つぎに 2 階導関数は、部分積分を同様に実施すれば

$$\int_{-\infty}^{+\infty}\delta''(x)f(x)\,dx = f''(0)$$

となる。以下同様にして、高次の導関数は

$$\int_{-\infty}^{+\infty}\delta^{(n)}(x)f(x)\,dx = (-1)^n f^{(n)}(0)$$

という一般式がえられる。また

$$\int_{-\infty}^{+\infty}\delta^{(n)}(x-a)f(x)\,dx = (-1)^n f^{(n)}(a)$$

も明らかであろう。

2.10. 3次元のデルタ関数

さて、一般の物理現象は 3 次元空間で生じる。したがって、デルタ関数も 3 次元空間の 1 点を考える必要がある。この場合、位置ベクトルを使うと

$$\delta^3(\vec{r}) \quad \text{あるいは} \quad \delta^3(\vec{r}-\vec{r}')$$

となる。ただし、 $\vec{r}=(x,\,y,\,z)$, $\vec{r}'=(x',\,y',\,z')$ は 3 次元ベクトルとなる。

ここで、 $\delta^3(\vec{r})$ は、 $\vec{r}=(0,\,0,\,0)$ においてのみ値を有する。つまり、 x 方向では x 軸に沿ったデルタ関数が適用され、 y 方向、 z 方向も同様となる。よって

$$\delta^3(\vec{r}) = \delta(x)\delta(y)\delta(z)$$

のような積になると考えられる。

$$\delta^3(\vec{r}) = \begin{cases} \infty & (\vec{r} = 0) \\ 0 & (\vec{r} \neq 0) \end{cases}$$

であるが、成分では

$$\delta(x) = \begin{cases} \infty & (x = 0) \\ 0 & (x \neq 0) \end{cases} \qquad \delta(y) = \begin{cases} \infty & (y = 0) \\ 0 & (y \neq 0) \end{cases} \qquad \delta(z) = \begin{cases} \infty & (z = 0) \\ 0 & (z \neq 0) \end{cases}$$

という関係にある。一般化した 3 次元のデルタ関数 $\delta^3(\vec{r} - \vec{r}')$ は

$$\delta^3(\vec{r} - \vec{r}') = \delta(x - x')\delta(y - y')\delta(z - z')$$

と与えられる。よって

$$\delta^3(\vec{r} - \vec{r}') = \begin{cases} \infty & (\vec{r} = \vec{r}') \\ 0 & (\vec{r} \neq \vec{r}) \end{cases}$$

となり、成分では

$$\delta(x - x') = \begin{cases} \infty & (x = x') \\ 0 & (x \neq x') \end{cases} \qquad \delta(y - y') = \begin{cases} \infty & (y = y') \\ 0 & (y \neq y') \end{cases} \qquad \delta(z - z') = \begin{cases} \infty & (z = z') \\ 0 & (z \neq z') \end{cases}$$

となる。よって、この関数は $x = x'$ かつ $y = y'$ かつ $z = z'$ のときのみ値があり、それ以外の点ではすべて 0 となる。つまり、3 次元空間の

$$\vec{r}' = (x', y', z')$$

という点のみ値があることを意味している。このとき、この点 $\vec{r}' = (x', y', z')$ に、ある物理量、たとえば、電荷 Q があるとすれば $Q\delta^3(\vec{r} - \vec{r}')$ と置くことができる。あるいは、質量 m の物体があるとすれば $m\delta^3(\vec{r} - \vec{r}')$ と置ける。ここで

$$\delta(x) = \frac{1}{2\pi} \int_{-\infty}^{\infty} \exp(ikx) \, dk$$

という関係の 3 次元への拡張を考える。すると

$$\delta(x) = \frac{1}{2\pi} \int_{-\infty}^{\infty} \exp(ik_x x) \, dk_x \qquad \delta(y) = \frac{1}{2\pi} \int_{-\infty}^{\infty} \exp(ik_y y) \, dk_y$$

$$\delta(z) = \frac{1}{2\pi} \int_{-\infty}^{\infty} \exp(ik_z z) \, dk_z$$

のように、k についても、x, y, z 座標で区別する必要がある。このとき、$\vec{k} = (k_x, k_y, k_z)$ は波数ベクトルとなる。3 次元の平面波を考えたとき、波数ベクトルは、その進行方向と、波の強さ（エネルギー）を与える指標となる。

> **演習 2-21**　3 次元のデルタ関数　$\delta^3(\vec{r}) = \delta(x)\delta(y)\delta(z)$　の表式を求めよ。

解）

$$\delta^3(\vec{r}) = \left(\frac{1}{2\pi}\int_{-\infty}^{\infty} \exp(ik_x x)\,dk_x\right)\left(\frac{1}{2\pi}\int_{-\infty}^{\infty} \exp(ik_y y)\,dk_y\right)\left(\frac{1}{2\pi}\int_{-\infty}^{\infty} \exp(ik_z z)\,dk_z\right)$$

となるが、右辺をまとめると

$$= \frac{1}{(2\pi)^3}\int_{-\infty}^{\infty}\int_{-\infty}^{\infty}\int_{-\infty}^{\infty} \exp\{i(k_x x + k_y y + k_z z)\}\,dk_x dk_y dk_z$$

という 3 重積分となる。

ここで、ベクトル表示も示しておこう。

$$\vec{k}\cdot\vec{r} = (k_x\ \ k_y\ \ k_z)\begin{pmatrix} x \\ y \\ z \end{pmatrix} = k_x x + k_y y + k_z z$$

であるから

$$\delta^3(\vec{r}) = \frac{1}{(2\pi)^3}\int_{-\infty}^{+\infty}\int_{-\infty}^{+\infty}\int_{-\infty}^{+\infty} \exp(i\vec{k}\cdot\vec{r})\,d^3\vec{k}$$

とまとめることができる。あるいは

$$\delta^3(\vec{r}) = \frac{1}{(2\pi)^3}\int_{-\infty}^{+\infty} \exp(i\vec{k}\cdot\vec{r})\,d^3\vec{k}$$

と略記することも多い。ここで、3 次元のフーリエ変換は

$$f(\vec{r}) = \frac{1}{(2\pi)^3}\int_{-\infty}^{+\infty} \widetilde{f}(\vec{k})\exp(i\vec{k}\cdot\vec{r})\,d^3\vec{k}$$

と与えられるのであった。これを上式と比較すると

$$\delta^3(\vec{r}) = \frac{1}{(2\pi)^3}\int_{-\infty}^{+\infty} \widetilde{\delta}^3(\vec{k})\exp(i\vec{k}\cdot\vec{r})\,d^3\vec{k}$$

か$\widetilde{\delta}^3(\vec{k}) = 1$ となり、3 次元においてもデルタ関数のフーリエ変換は 1 となることがわかる。

補遺 2-1 ディリクレ積分

ディリクレ積分は $\displaystyle\int_0^{+\infty}\frac{\sin x}{x}\,dx=\frac{\pi}{2}$ と与えられる。 $f(x)=\dfrac{\sin x}{x}$ と置くと

$$f(-x)=\frac{\sin(-x)}{-x}=\frac{-\sin x}{-x}=\frac{\sin x}{x}=f(x)$$

となって偶関数であるから $\displaystyle\int_{-\infty}^{+\infty}\frac{\sin x}{x}\,dx=\pi$ ともなる。ディリクレ積分を求める

ために $f(z)=\dfrac{\exp(iz)}{z}$ という複素関数を考える。

ここで、複素平面において、図 2A-1 に示したような積分路を考える。半径が R の外半円と、半径が r の内半円と実軸からなる閉回路である。ここで、この閉回路内には、特異点が存在しないので、その積分は 0 となる。

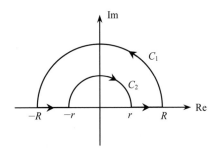

図 2A-1　積分路

よって

$$\int_{C_1} \frac{\exp(iz)}{z}\, dz + \int_{-R}^{-r} \frac{\exp(ix)}{x}\, dx + \int_{C_2} \frac{\exp(iz)}{z}\, dz + \int_{r}^{R} \frac{\exp(ix)}{x}\, dx = 0$$

となる。 $\displaystyle\int_{-R}^{-r} \frac{\exp(ix)}{x}\, dx$ において $x = -t$ と置くと

$$\int_{R}^{r} \frac{\exp(-it)}{-t}\, (-dt) = \int_{R}^{r} \frac{\exp(-it)}{t}\, dt = -\int_{r}^{R} \frac{\exp(-it)}{t}\, dt = -\int_{r}^{R} \frac{\exp(-ix)}{x}\, dx$$

ここで、オイラーの公式から

$$\exp(ix) = \cos x + i \sin x \qquad\qquad \exp(-ix) = \cos x - i \sin x$$

であるので

$$\int_{-R}^{-r} \frac{\exp(ix)}{x}\, dx + \int_{r}^{R} \frac{\exp(ix)}{x}\, dx = -\int_{r}^{R} \frac{\exp(-ix)}{x}\, dx + \int_{r}^{R} \frac{\exp(ix)}{x}\, dx = 2i\int_{r}^{R} \frac{\sin x}{x}\, dx$$

となる。つぎに、外半円 C_1 に沿った積分は、$\left|\exp(iz)\right| = 1$ ならびに $R \to \infty$ のとき

$|z| \to \infty$ となり $\displaystyle\int_{C_1} \frac{\exp(iz)}{z}\, dz \to 0$ となる。つぎに、内半円 C_2 に沿った積分について考えよう。まず $\exp(iz)$ を級数展開すると

$$\exp(iz) = 1 + iz + \frac{(iz)^2}{2} + \frac{(iz)^3}{3!} + \cdots + \frac{(iz)^n}{n!} + \cdots$$

であるから、被積分関数は

$$\frac{\exp(iz)}{z} = \frac{1}{z} + i - \frac{z}{2} - i\frac{z^2}{3!} + \cdots + \frac{i^n z^{n-1}}{n!} + \cdots$$

となる。ここで $r \to 0$ のとき $z \to 0$ であるから

$$\int_{C_2} \left(-\frac{z}{2} - i\frac{z^2}{3!} + \cdots + \frac{i^n z^{n-1}}{n!} + \cdots \right) dz \to 0$$

よって

$$\int_{C_2} \frac{\exp(iz)}{z}\, dz = \int_{C_2} \left(\frac{1}{z} + i \right) dz$$

ここで $z = r\exp(i\theta)$ とおくと $dz = ri\exp(i\theta)d\theta$ から

$$\int_{C_2} \left(\frac{1}{z} + i \right) dz = \int_{\pi}^{0} \left(\frac{ri\exp(i\theta)}{r\exp(i\theta)} - r\exp(i\theta) \right) d\theta = \int_{\pi}^{0} \{i - r\exp(i\theta)\}\, d\theta$$

$$= \left[i\theta - \frac{r}{i}\exp(i\theta) \right]_{\pi}^{0} = -i\pi - \frac{2r}{i}$$

よって $r \to 0$ のとき

$$\int_{C_2} \frac{\exp(iz)}{z}\,dz = \int_{C_2}\left(\frac{1}{z}+i\right)dz = -i\pi$$

結局、$R \to \infty$, $r \to 0$ では

$$\int_{C_1} \frac{\exp(iz)}{z}\,dz + \int_{-R}^{-r} \frac{\exp(ix)}{x}\,dx + \int_{C_2} \frac{\exp(iz)}{z}\,dz + \int_{r}^{R} \frac{\exp(ix)}{x}\,dx = 2i\int_{0}^{+\infty} \frac{\sin x}{x}\,dx - i\pi = 0$$

となるので

$$\int_{0}^{+\infty} \frac{\sin x}{x}\,dx = \frac{\pi}{2} \qquad \int_{-\infty}^{+\infty} \frac{\sin x}{x}\,dx = \pi$$

となって、ディリクレ積分の値がえられる。ここで、$k\,(>0)$ を任意の定数として x を kx に置き換えると

$$\int_{-\infty}^{+\infty} \frac{\sin kx}{kx}\,k\,dx = \int_{-\infty}^{+\infty} \frac{\sin kx}{x}\,dx = \pi$$

となる。

第3章 常微分方程式のグリーン関数

　グリーン関数を求めるのに、フーリエ変換の手法を使うことが有効であること
を紹介した。フーリエ変換のすぐれたところは、グリーン関数をフーリエ変換し
た際、x に関する微分が k に関する代数計算となって簡単に行える点にある。そ
のうえで、フーリエ逆変換すれば、x 空間での解がえられるのである。ただし、
$\exp(ikx)$ が被積分関数として登場するので、複素積分に関する知識は必要となる。
本章では、フーリエ変換を利用して、常微分方程式におけるグリーン関数を導出
する手法を紹介する。

3.1. 微分演算子とグリーン関数

　微分演算子を　$\hat{L} = \dfrac{d}{dx} + b$　としよう。このとき

$$\hat{L}[u(x)] = \left(\frac{d}{dx} + b\right)u(x) = \frac{d}{dx}u(x) + bu(x) = f(x)$$

という非同次の微分方程式の解 $u(x)$ を求める際には

$$\hat{L}[G(x,\xi)] = \delta(x - \xi)$$

を満足するグリーン関数 $G(x, \xi)$ を求めればよい。そのうえで

$$u(x) = \int_{-\infty}^{+\infty} G(x,\xi) f(\xi)\,d\xi$$

という積分を実施すれば解がえられる。実際の導出においては

$$\hat{L}[G(x)] = \delta(x)$$

という式を満足する関数 $G(x)$ を求めたうえで、x に $x-\xi$ を代入して

71

$$G(x, \xi) = G(x - \xi)$$

とすればよい。

それでは、フーリエ変換を利用してグリーン関数を求めてみよう。まず、求めるグリーン関数およびデルタ関数のフーリエ逆変換は、それぞれ

$$G(x) = \frac{1}{2\pi} \int_{-\infty}^{+\infty} \widetilde{G}(k) \exp(ikx)\, dk \qquad \delta(x) = \frac{1}{2\pi} \int_{-\infty}^{+\infty} \exp(ikx)\, dk$$

と与えられる。

これらの式を、グリーン関数の定義式に代入すると

$$\hat{L} \left[\frac{1}{2\pi} \int_{-\infty}^{+\infty} \widetilde{G}(k) \exp(ikx)\, dk \right] = \frac{1}{2\pi} \int_{-\infty}^{+\infty} \exp(ikx)\, dk$$

となる。演算子は $\hat{L} = (d/dx) + b$ であったから

$$\frac{1}{2\pi} \left(\frac{d}{dx} + b \right) \int_{-\infty}^{+\infty} \widetilde{G}(k) \exp(ikx)\, dk = \frac{1}{2\pi} \int_{-\infty}^{+\infty} \exp(ikx)\, dk$$

となる。この式を適当に変形して、$\widetilde{G}(k)$ が求められれば、グリーン関数を導出できることになる。

演習 3-1　つぎの式を計算せよ。

$$\left(\frac{d}{dx} \right) \int_{-\infty}^{+\infty} \widetilde{G}(k) \exp(ikx)\, dk$$

解）　　与式は、変数 k に関する積分である。一方、微分演算 d/dx は変数 k ではなく、変数 x の関数に作用するものである。したがって、右辺の $\exp(ikx)$ 項にのみ作用し、さらに k は定数とみなせるので

$$\left(\frac{d}{dx} \right) \int_{-\infty}^{+\infty} \widetilde{G}(k) \exp(ikx)\, dk = \int_{-\infty}^{+\infty} \widetilde{G}(k) \frac{d[\exp(ikx)]}{dx}\, dk$$

$$= \int_{-\infty}^{+\infty} (ik)\, \widetilde{G}(k) \exp(ikx)\, dk$$

となる。

一方、定係数の b はそのまま掛ければよいので、左辺は

$$\left(\frac{d}{dx}+b\right)\int_{-\infty}^{+\infty}\widetilde{G}(k)\exp(ikx)\,dk = \int_{-\infty}^{+\infty}(ik+b)\widetilde{G}(k)\exp(ikx)\,dk$$

となる。よって

$$\int_{-\infty}^{+\infty}(ik+b)\widetilde{G}(k)\exp(ikx)\,dk = \int_{-\infty}^{+\infty}\exp(ikx)\,dk$$

となるが、両辺の被積分関数を比較すると　$(ik+b)\widetilde{G}(k)=1$　という関係がえられる。よって、グリーン関数のフーリエ変換は

$$\widetilde{G}(k)=\frac{1}{ik+b}$$

と与えられ、演算子　$\hat{L}=d/dx+b$　に対応したグリーン関数は

$$G(x)=\frac{1}{2\pi}\int_{-\infty}^{+\infty}\frac{1}{ik+b}\exp(ikx)\,dk$$

という積分によって与えられることになる。これを $G(x,\xi)$ とするには

$$G(x,\xi)=\frac{1}{2\pi}\int_{-\infty}^{+\infty}\frac{1}{ik+b}\exp\{ik(x-\xi)\}\,dk$$

を計算すればよい。

演習 3-2　　以下の複素積分を計算せよ。

$$I=\int_{-\infty}^{+\infty}\frac{1}{ik+b}\exp(ikx)\,dk$$

解）　　複素積分における留数定理[1]を使う。

$$\int_{-\infty}^{+\infty}\frac{1}{ik+b}\exp(ikx)\,dk = \int_{-\infty}^{+\infty}\frac{1}{i(k-ib)}\exp(ikx)\,dk$$

と変形すると、特異点は　$k=ib$　となる。ここで、複素平面において、図 3-1 に示す半円と実軸からなる閉回路に沿った積分を考える。

---

[1]　本章末の補遺 3-1「留数定理」を参照されたい。

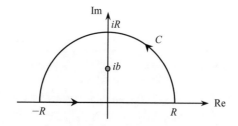

図 3-1　複素平面の積分路

まず、無限積分を

$$\int_{-\infty}^{+\infty} \frac{1}{i(k-ib)} \exp(ikx)\, dk = \lim_{R\to\infty} \int_{-R}^{+R} \frac{1}{i(k-ib)} \exp(ikx)\, dk$$

と変形する。また、円弧に沿った積分

$$\int_{C} \frac{1}{i(k-ib)} \exp(ikx)\, dk$$

とすると

$$\oint \frac{1}{i(k-ib)} \exp(ikx)\, dk = \int_{-R}^{+R} \frac{1}{i(k-ib)} \exp(ikx)\, dk + \int_{C} \frac{1}{i(k-ib)} \exp(ikx)\, dk$$

となるが、第 2 項の積分では、分子の大きさは $\left|\exp(ikx)\right| = 1$ であり、分母に k が
あるので $k\to\infty\ (R\to\infty)$ で 0 となる。したがって

$$\oint \frac{1}{i(k-ib)} \exp(ikx)\, dk = \lim_{R\to\infty} \int_{-R}^{+R} \frac{1}{i(k-ib)} \exp(ikx)\, dk = I$$

となる。ここで、被積分関数を

$$f(k) = \frac{1}{i(k-ib)} \exp(ikx)$$

と置くと、特異点 $k = ib$ に対応した留数は

$$\mathrm{Res}(ib) = \left[(k-ib)f(k)\right]_{k=ib} = \frac{1}{i} \exp(-bx)$$

となる。よって、図 3-1 の閉回路に沿った積分は留数定理から

$$\oint \frac{1}{i(k-ib)} \exp(ikx)\, dk = 2\pi i \frac{1}{i}\exp(-bx) = 2\pi \exp(-bx)$$

となる。これが I に一致するから

$$I = \int_{-\infty}^{+\infty} \frac{1}{ik+b} \exp(ikx)\, dk = 2\pi \exp(-bx)$$

となる。

　したがって、$\hat{L} = \dfrac{d}{dx} + b$ に対応したグリーン関数は

$$G(x) = \frac{1}{2\pi} \int_{-\infty}^{+\infty} \frac{1}{ik+b} \exp(ikx)\, dk = \exp(-bx)$$

と与えられる。また、$G(x,\xi) = G(x-\xi)$ は

$$G(x,\xi) = \exp\{-b(x-\xi)\}$$

となる。ところで、グリーン関数のフーリエ変換を求める際

$$\left(\frac{d}{dx} + b \right) G(x) = \delta(x)$$

という式において、フーリエ変換によって微分演算が ik、デルタ関数が 1 となることがわかっているので、フーリエ変換後の代数方程式として

$$(ik+b)\,\widetilde{G}(k) = 1$$

という関係がえられる。するとフーリエ変換 $\widetilde{G}(k)$ は

$$\widetilde{G}(k) = \frac{1}{ik+b}$$

とただちに与えられる。一方

$$\left(\frac{d}{dx} + b \right) u(x) = f(x)$$

という非同次の微分方程式において、非同次項 $f(x)$ のフーリエ変換 $\widetilde{f}(k)$ が与えられれば

$$(ik + b)\,\widetilde{u}(k) = \widetilde{f}(k) \qquad から \qquad \widetilde{u}(k) = \frac{\widetilde{f}(k)}{ik + b}$$

と計算できる。そのうえで、$\widetilde{u}(k)$ をフーリエ逆変換すれば、解 $u(x)$ が与えられることになる。

3. 2.　2 階微分方程式への応用

　2 階微分方程式の解法もそれほど面倒ではない。しかし、ある種の 2 階微分方程式に関しては理工系分野での応用範囲が広く、グリーン関数も活躍する。この節では、その例を紹介したい。

演習 3-3　微分演算子

$$\hat{L} = \frac{d^2}{dx^2} - \alpha^2 \qquad (\alpha > 0 \text{ の実数})$$

に対応したグリーン関数のフーリエ変換を求めよ。

　解）　グリーン関数は

$$\hat{L}\,[G(x)] = \delta(x)$$

を満足する。グリーン関数およびデルタ関数のフーリエ逆変換は

$$G(x) = \frac{1}{2\pi} \int_{-\infty}^{+\infty} \widetilde{G}(k) \exp(ikx)\,dk \qquad \delta(x) = \frac{1}{2\pi} \int_{-\infty}^{+\infty} \exp(ikx)\,dk$$

と与えられる。このとき

$$\frac{1}{2\pi} \left(\frac{d^2}{dx^2} - \alpha^2 \right) \int_{-\infty}^{+\infty} \widetilde{G}(k) \exp(ikx)\,dk = \frac{1}{2\pi} \int_{-\infty}^{+\infty} \exp(ikx)\,dk$$

を満足する $\widetilde{G}(k)$ を求めればよいことになる。ここで

$$\left(\frac{d^2}{dx^2} \right) \int_{-\infty}^{+\infty} \widetilde{G}(k) \exp(ikx)\,dk = \int_{-\infty}^{+\infty} \widetilde{G}(k) \frac{d^2[\exp\{ikx\}]}{dx^2}\,dk$$

$$= \int_{-\infty}^{+\infty} (ik)^2\, \widetilde{G}(k) \exp(ikx)\,dk = \int_{-\infty}^{+\infty} (-k^2)\, \widetilde{G}(k) \exp(ikx)\,dk$$

であるから

$$\left(\frac{d^2}{dx^2} - \alpha^2\right)\int_{-\infty}^{+\infty} \widetilde{G}(k)\exp(ikx)\,dk = \int_{-\infty}^{+\infty}(-k^2 - \alpha^2)\,\widetilde{G}(k)\exp(ikx)\,dk$$

となる。したがって $(-k^2 - \alpha^2)\widetilde{G}(k) = 1$ からグリーン関数のフーリエ変換は

$$\widetilde{G}(k) = -\frac{1}{k^2 + \alpha^2}$$

と与えられる。

よって、グリーン関数は

$$G(x) = -\frac{1}{2\pi}\int_{-\infty}^{+\infty}\frac{1}{k^2 + \alpha^2}\exp(ik\,x)\,dk$$

という積分によって与えられる。

演習 3-4　つぎの複素積分を計算せよ。

$$I = \int_{-\infty}^{+\infty}\frac{1}{k^2 + \alpha^2}\exp(ikx)\,dk$$

解）　まず、表記の積分範囲を次のように工夫する。

$$I = \lim_{R \to \infty}\int_{-R}^{+R}\frac{1}{k^2 + \alpha^2}\exp(ikx)\,dk$$

そのうえで、複素関数の留数定理を使うため、被積分関数を変形しよう。

$$\frac{1}{k^2 + \alpha^2} = \frac{1}{(k + i\alpha)(k - i\alpha)}$$

したがって、特異点は $k = \pm i\alpha\ (\alpha > 0)$ となることがわかる。被積分関数を

$$f(k) = \frac{1}{(k + i\alpha)(k - i\alpha)}\exp(ikx)$$

とおく。この際、実軸を含む積分路として図 3-2 の上半円 C_1 と下半円 C_2 を考える。

上半円 C_1 と実軸を含む閉回路における積分は

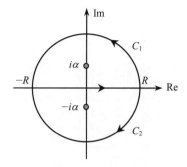

$$\oint \frac{1}{k^2 + \alpha^2} \exp(ikx)\, dk = \int_{-R}^{+R} \frac{1}{k^2 + \alpha^2} \exp(ikx)\, dk + \int_{C_1} \frac{1}{k^2 + \alpha^2} \exp(ikx)\, dk$$

のような和となる。ここで 2 項目は、分子は $\left|\exp(ikx)\right| = 1$ であり、分母に k^2 があるので、$R \to \infty$ で 0 となる。したがって、積分は

$$\oint \frac{1}{k^2 + \alpha^2} \exp(ikx)\, dk = \int_{-\infty}^{+\infty} \frac{1}{k^2 + \alpha^2} \exp(ikx)\, dk$$

となる。この閉回路に含まれる特異点は $k = i\alpha$ である。積分の方向は、図 3-2 における C_1 に沿った矢印方向、つまり反時計まわりである。このときの留数は

$$\mathrm{Res}(i\alpha) = \left[(k - i\alpha)f(k)\right]_{k=i\alpha} = \frac{1}{2\alpha i}\exp(-\alpha x)$$

となる。よって

$$\oint \frac{1}{k^2 + \alpha^2} \exp(ikx)\, dk = 2\pi i\, \mathrm{Res}(i\alpha)$$

から

$$I = 2\pi i\, \mathrm{Res}(i\alpha) = 2\pi i \left\{ \frac{1}{2\alpha i}\exp(-\alpha x) \right\} = \frac{\pi}{\alpha}\exp(-\alpha x)$$

と与えられる。

　一方、特異点 $k = -i\alpha$ を含む閉回路は下半円 C_2 と実軸を含む。この積分路において、実軸において $-R$ から $+R$ の向きの積分路は、時計まわりとなる。このと

きの積分値は留数定理から

$$2\pi i \,\mathrm{Res}(-i\alpha) = 2\pi i\left\{-\frac{1}{2\alpha i}\exp(\alpha x)\right\} = -\frac{\pi}{\alpha}\exp(\alpha x)$$

となる。ただし、この積分は、複素平面における順方向、すなわち、反時計方向に周回積分したときの値である。しかし、下半円 C_2 の場合、実軸の積分が $-R$ から $+R$ に向かう向きは時計まわりの逆方向であるから、実際の積分値は負の符号がつき

$$I = \frac{\pi}{\alpha}\exp(\alpha x)$$

となる。

　ここで、グリーン関数は

$$G(x) = -\frac{1}{2\pi}\int_{-\infty}^{+\infty}\frac{1}{k^2+\alpha^2}\exp(ik x)\,dk$$

という積分で与えられる、被積分関数には一位の極が 2 個あり

$$G(x) = -\frac{1}{2\alpha}\exp(-\alpha x)\qquad\qquad G(x) = -\frac{1}{2\alpha}\exp(\alpha x)$$

という 2 種類の解がえられることになる。

　この意味を考えてみよう。被積分関数の $\exp(ik x)$ という項に注目する。複素平面において $\exp(i\theta)$ は、図 3-3 に示すように半径 1 の単位円となる。このとき θ は位相に対応する。よって、$\exp(ik x)$ の $k x$ は偏角 θ（無次元）に対応する。

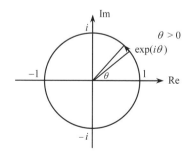

図 3-3　複素平面における単位円と位相。複素平面における反時計方向の回転は θ が増える過程 $(\theta > 0)$ となる。

ここで、複素積分を行う際に、図の順方向（反時計まわり）に沿った積分は、θ が増える方向である。そして図 3-2 における複素積分の経路 C_1 は、順方向（反時計まわり）の積分となり、経路 C_2 は逆方向（時計まわり）の積分となる。

　すると $kx>0$ の場合は、複素平面において偏角 θ が増える方向に相当し、回転でいえば、反時計まわりとなる。k は波数であるので順方向に進む波の場合 $k>0$ となる。すると経路 C_1 に沿った積分は $x>0$ の領域に対応し、その解が $\exp(-\alpha x)$ という項を含むことがわかる。一方、$\exp(\alpha x)$ を含む解は時計まわりの回転に対応しており、$x<0$ の領域に相当する。すなわち

$$G(x)=-\frac{1}{2\alpha}\exp(-\alpha x) \quad (x>0) \qquad G(x)=-\frac{1}{2\alpha}\exp(\alpha x) \quad (x<0)$$

ということを意味している。あるいは、これらをまとめて

$$G(x)=-\frac{1}{2\alpha}\exp(-\alpha|x|)$$

と表記することもある。さらに、$G(x,\xi)=G(x-\xi)$ を求めたい場合には

$$G(x,\xi)=-\frac{1}{2\alpha}\exp\{-\alpha(x-\xi)\} \qquad (x>\xi)$$

$$G(x,\xi)=-\frac{1}{2\alpha}\exp\{+\alpha(x-\xi)\} \qquad (x<\xi)$$

とすればよい。これらをまとめて

$$G(x,\xi)=-\frac{1}{2\alpha}\exp(-\alpha|x-\xi|)$$

と表記することもある。非同次方程式

$$\hat{L}\,u(x)=\frac{d^2 u(x)}{dx^2}-\alpha^2 u(x)=f(x)$$

が与えられたときの解 $u(x)$ は

$$u(x)=\int_{-\infty}^{+\infty}G(x,\xi)f(\xi)\,d\xi = -\int_{-\infty}^{+\infty}\frac{1}{2\alpha}\exp(i\alpha|x-\xi|)f(\xi)\,d\xi$$

と与えられることになる。

3.3. 1次元ヘルムホルツ方程式

　前節では、複素積分における特異点が複素領域にあったので、留数定理を利用して、比較的簡単にグリーン関数を求めることができた。ここでは、特異点が実数の場合の例を紹介する。微分演算子が

$$\hat{L} = \frac{d^2}{dx^2} + \alpha^2$$

であるとき、1次元の**ヘルムホルツ方程式** (Helmholtz equation) と呼んでいる。この型の微分方程式は、理工学分野で頻出するので重要である。また、3次元のヘルムホルツ方程式は

$$\hat{L} = \Delta + \alpha^2 = \frac{\partial^2}{\partial x^2} + \frac{\partial^2}{\partial y^2} + \frac{\partial^2}{\partial z^2} + \alpha^2$$

となり、偏微分方程式となる。このグリーン関数については第5章で紹介する。

演習 3-5　微分演算子 $\hat{L} = \dfrac{d^2}{dx^2} + \alpha^2$ （$\alpha > 0$ の実数） に対応したグリーン関数のフーリエ変換を求めよ。

　解）　グリーン関数は $\hat{L}[G(x)] = \delta(x)$ すなわち

$$\frac{d^2}{dx^2} G(x) + \alpha^2 G(x) = \delta(x)$$

を満足する。フーリエ変換 $\widetilde{G}(k)$ は、両辺のフーリエ変換をとることで

$$(ik)^2 \widetilde{G}(k) + \alpha^2 \widetilde{G}(k) = 1$$

という代数方程式を満足することになる。よって　$-(k^2 - \alpha^2)\widetilde{G}(k) = 1$　から

$$\widetilde{G}(k) = \frac{1}{\alpha^2 - k^2}$$

と与えられる。

したがって、グリーン関数は

$$G(x) = \frac{1}{2\pi} \int_{-\infty}^{+\infty} \frac{1}{\alpha^2 - k^2} \exp(ikx)\, dk = -\frac{1}{2\pi} \int_{-\infty}^{+\infty} \frac{1}{k^2 - \alpha^2} \exp(ikx)\, dk$$

という複素積分で与えられる。この積分項を

$$I = \int_{-\infty}^{+\infty} \frac{1}{k^2 - \alpha^2} \exp(ikx)\, dk = \lim_{R \to \infty} \int_{-R}^{+R} \frac{1}{k^2 - \alpha^2} \exp(ikx)\, dk$$

と変形する。ここで、留数定理を使うために被積分関数を変形すると

$$f(k) = \frac{1}{k^2 - \alpha^2} \exp(ikx) = \frac{1}{(k + \alpha)(k - \alpha)} \exp(ikx)$$

となる。したがって、特異点は $k = \pm\alpha$ となり、図 3-4 に示すように、実数軸上にあることがわかる。 実数軸上に無限大となる特異点が存在する場合、単純には、留数定理を適用して複素積分を計算することができない。

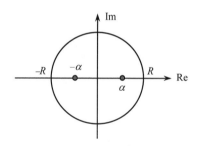

図 3-4　複素積分の特異点が実軸上にある。

　ここで、少し工夫を行う。図 3-5 に示すように複素領域に特異点 α を微小量 ε だけ移動させるのである。

　ここでは、$\alpha \to \alpha + i\varepsilon\,(\varepsilon > 0)$ と微小変位させることを考えよう。すると、特異点は、それぞれ図 3-5 に示すように

$$k = \alpha + i\varepsilon \quad と \quad k = -(\alpha + i\varepsilon) = -\alpha - i\varepsilon$$

へと移動するうえで、留数定理を利用して複素積分を計算する。そして、最後の計算結果において、微小量 ε が 0 となる極限 $\varepsilon \to 0$ をとるのである。ここで、図 3-5 のように上半円と実軸を含む閉回路 C_1 における反時計まわりの周回積分を実施しよう。

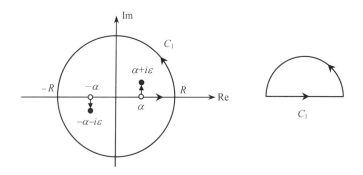

図 3-5　実軸上の特異点を複素領域に移動させたうえで、図のような閉回路 C_1 からなる積分路での反時計まわりの周回積分を考える。

$$I = \oint \frac{1}{k^2 - (\alpha + i\varepsilon)^2} \exp(ikx)\, dk$$

すると、この積分は

$$I = \int_{-R}^{+R} \frac{1}{k^2 - (\alpha + i\varepsilon)^2} \exp(ikx)\, dk + \int_{C} \frac{1}{k^2 - (\alpha + i\varepsilon)^2} \exp(ikx)\, dk$$

のような和となる。

　ここで 2 項目の積分は、分子は $|\exp(ikx)| = 1$ であり、分母に k^2 があるので、$k \to$ ∞ で 0 となる。したがって、積分は

$$I = \int_{-\infty}^{+\infty} \frac{1}{k^2 - (\alpha + i\varepsilon)^2} \exp(ikx)\, dk = \int_{-\infty}^{+\infty} \frac{1}{\{k + (\alpha + i\varepsilon)\}\{(k - (\alpha + i\varepsilon)\}} \exp(ikx)\, dk$$

となる。被積分関数を

$$f(k) = \frac{1}{\{k + (\alpha + i\varepsilon)\}\{(k - (\alpha + i\varepsilon)\}} \exp(ikx)$$

と置くと、この閉回路に含まれる特異点は $k = \alpha + i\varepsilon$ であるので、留数は

$$\mathrm{Res}(\alpha + i\varepsilon) = \left[\{k - (\alpha + i\varepsilon)\} f(k)\right]_{k=\alpha+i\varepsilon} = \frac{1}{2(\alpha + i\varepsilon)} \exp\{i(\alpha + i\varepsilon)x\}$$

$$= \frac{1}{2(\alpha + i\varepsilon)} \exp(i\alpha x)\exp(-\varepsilon x)$$

となる。よって

$$\oint \frac{1}{k^2 - \alpha^2} \exp(ikx)\,dk = 2\pi i \operatorname{Res}(\alpha + i\varepsilon)$$

から

$$I = 2\pi i \operatorname{Res}(\alpha + i\varepsilon) = 2\pi i \left\{ \frac{1}{2(\alpha + i\varepsilon)} \exp(i\alpha x)\exp(-\varepsilon x) \right\}$$

$$= \pi i \left\{ \frac{1}{\alpha + i\varepsilon} \exp(i\alpha x)\exp(-\varepsilon x) \right\}$$

と与えられる。ここで $\varepsilon \to 0$ の極限をとると $\exp(-\varepsilon x) \to \exp 0 = 1$ であるから

$$I = i\frac{\pi}{\alpha}\exp(i\alpha x)$$

となる。したがって

$$G(x) = -\frac{1}{2\pi} \int_{-\infty}^{+\infty} \frac{1}{k^2 - \alpha^2} \exp(ikx)\,dk = -\frac{1}{2\pi} I = -\frac{i}{2\alpha}\exp(i\alpha x)$$

と与えられる。

　ここで、もうひとつの極があるので、図 3-6 に示すように、下半円を含む閉回路 C_2 を積分路として選び、留数定理を適用する。

　この場合は、時計回りの周回積分となるので符号は反転することに注意すれば

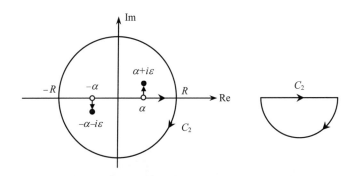

図 3-6　実軸上の特異点を複素領域に移動させたうえで、図のような閉回路 C_2 からなる積分路での時計まわりの周回積分を考える。

$$I = -\int_{-\infty}^{+\infty} \frac{1}{\{k + (\alpha + i\varepsilon)\}\{k - (\alpha + i\varepsilon)\}} \exp(ikx)\, dk$$

となる。この閉回路に含まれる特異点は $k = -(\alpha + i\varepsilon)$ であるので、留数は

$$\mathrm{Res}\{-(\alpha + i\varepsilon)\} = \left[\{k + (\alpha + i\varepsilon)\} f(k)\right]_{k=-(\alpha+i\varepsilon)} = \frac{1}{-2(\alpha + i\varepsilon)} \exp\{-i(\alpha + i\varepsilon)x\}$$

$$= -\frac{1}{2(\alpha + i\varepsilon)} \exp(-i\alpha x)\exp(\varepsilon x)$$

となる。よって

$$I = -2\pi i\,\mathrm{Res}\{-(\alpha + i\varepsilon)\}$$

から

$$I = -2\pi i\,\mathrm{Res}\{-(\alpha + i\varepsilon)\} = -2\pi i\left\{-\frac{1}{2(\alpha + i\varepsilon)} \exp(-i\alpha x)\exp(\varepsilon x)\right\}$$

$$= \pi i\left\{\frac{1}{\alpha + i\varepsilon} \exp(-i\alpha x)\exp(\varepsilon x)\right\}$$

と与えられる。ここで $\varepsilon \to 0$ の極限をとると $\exp(\varepsilon x) \to \exp 0 = 1$ であるから

$$I = i\frac{\pi}{\alpha} \exp(-i\alpha x)$$

となる。したがって

$$G(x) = -\frac{1}{2\pi} \int_{-\infty}^{+\infty} \frac{1}{k^2 - \alpha^2} \exp(ikx)\, dk = -\frac{i}{2\alpha} \exp(-i\alpha x)$$

と与えられる。したがって、1 次元のヘルムホルツ方程式のグリーン関数は

$$G(x) = -\frac{i}{2\alpha} \exp(\pm i\alpha x)$$

と与えられることになる。

　ここで符号の違いについて考えてみよう。複素積分を実行する際の被積分項の $\exp(ikx)$ に注目する。図 3-3 にすでに示したように、$\exp(i\theta)$ の θ は位相すなわち角度に相当する。ここで複素平面において $\theta > 0$ のときは、複素平面における反時計まわりの回転に相当し、$\theta < 0$ は時計まわりの回転に相当するのであった。積分路でいえば、C_1 が $\theta > 0$、C_2 が $\theta < 0$ に対応することになる。よって

$$G(x) = -\frac{i}{2\alpha}\exp(+i\alpha x) \quad kx > 0 \qquad G(x) = -\frac{i}{2\alpha}\exp(-i\alpha x) \quad kx < 0$$

という対応関係にある。ここで、k は波数であるが、正方向に進む波を考えれば、$k > 0$ であるので

$$G(x) = -\frac{i}{2\alpha}\exp(+i\alpha x) \quad x > 0 \qquad G(x) = -\frac{i}{2\alpha}\exp(-i\alpha x) \quad x < 0$$

となる。ここで、グリーン関数として $G(x,\xi) = G(x-\xi)$ を採用すれば

$$G(x,\xi) = -\frac{i}{2\alpha}\exp\{+i\alpha(x-\xi)\} \quad x > \xi \qquad G(x,\xi) = -\frac{i}{2\alpha}\exp\{-i\alpha(x-\xi)\} \quad x < \xi$$

となる。また

$$G(x,\xi) = -\frac{i}{2\alpha}\exp(i\alpha|x-\xi|)$$

とまとめることもできる。ここで、非同次方程式

$$\hat{L}\,u(x) = \frac{d^2u(x)}{dx^2} + \alpha^2 u(x) = f(x)$$

が与えられたときの解 $u(x)$ は

$$u(x) = \int_{-\infty}^{+\infty} G(x,\xi)f(\xi)\,d\xi = -\int_{-\infty}^{+\infty} \frac{i}{2\alpha}\exp(i\alpha|x-\xi|)f(\xi)\,d\xi$$

と与えられることになる。

3.4. 電気回路への応用

1 階微分方程式の場合、グリーン関数をわざわざ導入しなくとも、簡単に解ける場合が多い。ただし、パルス的な入力がある場合にはグリーン関数の手法が有効となる場合もある。それを紹介しよう。

3.4.1. LR 回路への応用

例として、図 3-7 に示すような電気回路を考えてみよう。

このままでは電流は流れないが、スイッチをオンすれば回路に電流が流れ、時間 t の関数 $I(t)$ となる。このとき、電気抵抗で生じる電圧は $RI(t)$ となる。また、

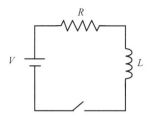

図 3-7　抵抗 R、インダクタンス L のコイルからなる回路

コイルで生じる電圧は $L\, dI(t)/dt$ となる。よって微分方程式は

$$L\frac{dI(t)}{dt} + RI(t) = V(t)$$

と与えられる。ただし、右辺の $V(t)$ は回路にかかる電圧である。この回路に対応した微分方程式の演算子は $\hat{L} = L\dfrac{d}{dt} + R$ となるのでグリーン関数 $G(t, \tau)$ は

$$\hat{L}\left[G(t,\tau)\right] = \delta(t-\tau) \quad \text{から} \quad L\frac{dG(t,\tau)}{dt} + RG(t,\tau) = \delta(t-\tau)$$

という方程式を満足する。実際には、$\tau = 0$ とおいて

$$L\frac{dG(t)}{dt} + RG(t) = \delta(t)$$

から $G(t)$ を求め、t に $t-\tau$ を代入すれば $G(t,\tau) = G(t-\tau)$ がえられる。

演習 3-6　LR 回路に対応したグリーン関数 $G(t)$ のフーリエ変換を求めよ。

　解)　この場合の、グリーン関数とデルタ関数のフーリエ逆変換は

$$G(t) = \frac{1}{2\pi}\int_{-\infty}^{+\infty} \widetilde{G}(\omega)\exp(i\omega t)\,d\omega \qquad \delta(t) = \frac{1}{2\pi}\int_{-\infty}^{+\infty} \exp(i\omega t)\,d\omega$$

また、グリーン関数が満たすべき方程式は

$$\hat{L}\left[G(t)\right] = L\frac{dG(t)}{dt} + RG(t) = \delta(t)$$

となる。したがって

$$\frac{1}{2\pi}\left(L\frac{d}{dt}+R\right)\int_{-\infty}^{+\infty}\widetilde{G}(\omega)\exp(i\omega t)\,d\omega = \frac{1}{2\pi}\int_{-\infty}^{+\infty}\exp(i\omega t)\,d\omega$$

を満足する $\widetilde{G}(\omega)$ を求めればよいことになる。左辺は

$$\frac{1}{2\pi}\int_{-\infty}^{+\infty}(iL\omega+R)\,\widetilde{G}(\omega)\exp(i\omega t)\,d\omega$$

と計算できるので

$$(iL\omega+R)\,\widetilde{G}(\omega)=1 \qquad\text{から}\qquad \widetilde{G}(\omega)=\frac{1}{iL\omega+R}$$

となる。よってグリーン関数は

$$G(t)=\frac{1}{2\pi}\int_{-\infty}^{+\infty}\frac{1}{iL\omega+R}\exp(i\omega t)\,d\omega$$

と与えられる。

したがって、右辺の複素積分によってグリーン関数がえられることになる。

演習 3-7 つぎの複素積分の値を求めよ。

$$I=\int_{-\infty}^{+\infty}\frac{1}{iL\omega+R}\exp(i\omega t)\,d\omega$$

解） 留数定理を使うために、被積分関数を変形しよう。

$$g(\omega)=\frac{1}{iL\omega+R}\exp(i\omega t)=\frac{1}{iL\left(\omega-i\dfrac{R}{L}\right)}\exp(i\omega t)$$

すると、この複素積分は $\omega=i(R/L)$ に特異点があるので、この点を含む閉回路に沿って積分すれば、留数定理により

$$I=2\pi i\left[\left(\omega-i\frac{R}{L}\right)g(\omega)\right]_{\omega=i(R/L)}=2\pi i\frac{1}{iL}\exp\left\{i\left(i\frac{R}{L}\right)t\right\}=2\pi\frac{1}{L}\exp\left\{\left(-\frac{R}{L}\right)t\right\}$$

となる。

したがって、グリーン関数は

$$G(t) = \frac{1}{2\pi} \int_{-\infty}^{+\infty} \frac{1}{iL\omega + R} \exp(i\omega t)\, d\omega = \frac{1}{L} \exp\left\{\left(-\frac{R}{L}\right)t\right\}$$

となる。また、$G(t,\tau) = G(t-\tau)$ は

$$G(t,\tau) = \frac{1}{L} \exp\left\{\left(-\frac{R}{L}\right)(t-\tau)\right\}$$

と与えられる。

演習 3-8　図 3-7 の LR 回路に瞬間的に電圧 V をパルス的に与えたとき、回路に流れる電流の時間依存性 $I(t)$ を求めよ。

　解）　瞬間的な電圧なので、デルタ関数を使って表記できる。すると、回路に流れる電流の時間依存性は、グリーン関数を使えば

$$I(t) = \int_{-\infty}^{+\infty} G(t,\tau)\, V\, \delta(\tau)\, d\tau$$

と与えられる。ただし、パルス電圧を与える時間を $\tau = 0$ とする。すると

$$I(t) = \int_{0}^{+\infty} \frac{1}{L} \exp\left\{\left(-\frac{R}{L}\right)(t-\tau)\right\} V\, \delta(\tau)\, d\tau$$

$$= \frac{V}{L} \exp\left\{\left(-\frac{R}{L}\right)t\right\} \int_{0}^{+\infty} \exp\left(\frac{R}{L}\tau\right) \delta(\tau)\, d\tau = \frac{V}{L} \exp\left\{\left(-\frac{R}{L}\right)t\right\}$$

となる。

　この結果から、回路にパルス的に電圧を与えると、電流の初期値は V/L となり、時間 t とともに急激に減衰することを示している。

3. 4. 2.　LCR 回路への応用

ここで、図 3-8 の LCR 回路への応用も示しておこう。

この回路における電圧は

$$V = IR + L\frac{dI}{dt} + \frac{1}{C}\int I\, dt$$

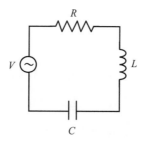

図 3-8 抵抗 R、インダクタンス L のコイル、容量 C のコンデンサからなる LCR 回路

と与えられる。右辺の項は、回路に電流 I が流れたときに、抵抗、コイル、コンデンサに生じる電圧に対応している。両辺を時間で微分すると

$$L\frac{d^2 I(t)}{dt^2} + R\frac{dI(t)}{dt} + \frac{1}{C}I(t) = \frac{dV(t)}{dt}$$

という非同次の微分方程式なる。これを変形すると

$$\frac{d^2 I(t)}{dt^2} + \frac{R}{L}\frac{dI(t)}{dt} + \frac{1}{LC}I(t) = \frac{1}{L}\frac{dV(t)}{dt}$$

さらに $R/L = a,\ 1/LC = b$ と置き換えると、この方程式の演算子は

$$\hat{L} = \frac{d^2}{dt^2} + a\frac{d}{dt} + b$$

となる。したがって、グリーン関数 $G(t)$ は $\hat{L}[G(t)] = \delta(t)$ を満足する。この両辺をフーリエ変換すると

$$(i\omega)^2 \widetilde{G}(\omega) + a(i\omega)\widetilde{G}(\omega) + b\widetilde{G}(\omega) = 1$$

となり $(-\omega^2 + ia\omega + b)\widetilde{G}(\omega) = 1$ から、グリーン関数のフーリエ変換は

$$\widetilde{G}(\omega) = \frac{1}{-\omega^2 + ia\omega + b}$$

と与えられる。したがって、グリーン関数は

$$G(t) = \frac{1}{2\pi}\int_{-\infty}^{+\infty} \widetilde{G}(\omega)\exp(i\omega t)\,d\omega = -\frac{1}{2\pi}\int_{-\infty}^{+\infty}\frac{1}{\omega^2 - ia\omega - b}\exp(i\omega t)\,d\omega$$

という積分によって与えられることになる。

演習 3-9　つぎの複素積分を実施せよ。

$$I_1 = \int_{-\infty}^{+\infty} \frac{1}{\omega^2 - ia\omega - b} \exp(i\omega t)\, d\omega$$

解）　特異点を求めよう。

$$\omega^2 - ia\omega - b = \left(\omega - \frac{a}{2}i\right)^2 + \frac{a^2}{4} - b = \left(\omega - \frac{a}{2}i\right)^2 - \left(\sqrt{b - \frac{a^2}{4}}\right)^2$$

ただし、$b - \dfrac{a^2}{4} > 0$ としている。すると因数分解できて

$$\omega^2 - ia\omega - b = \left(\omega - \frac{a}{2}i + \sqrt{b - \frac{a^2}{4}}\right)\left(\omega - \frac{a}{2}i - \sqrt{b - \frac{a^2}{4}}\right)$$

から、特異点は

$$\omega_1 = \frac{a}{2}i - \sqrt{b - \frac{a^2}{4}} \quad\text{ならびに}\quad \omega_2 = \frac{a}{2}i + \sqrt{b - \frac{a^2}{4}}$$

となる。このとき

$$\int_{-\infty}^{+\infty} \frac{1}{\omega^2 - ia\omega - b} \exp(i\omega t)\, d\omega = -i\int_{-\infty}^{+\infty} \frac{1}{(\omega - \omega_1)(\omega - \omega_2)} \exp(i\omega t)\, d\omega$$

となる。ここで

$$I_2 = \int_{-\infty}^{+\infty} \frac{1}{(\omega - \omega_1)(\omega - \omega_2)} \exp(i\omega t)\, d\omega$$

という積分の留数は、被積分関数を $f(\omega) = \dfrac{1}{(\omega - \omega_1)(\omega - \omega_2)} \exp(i\omega t)$ と置くと

$$\mathrm{Res}(\omega_1) = \left[(\omega - \omega_1)f(\omega)\right]_{\omega=\omega_1} = \left[\frac{\exp(i\omega t)}{\omega - \omega_2}\right]_{\omega=\omega_1} = \frac{\exp(i\omega_1 t)}{\omega_1 - \omega_2}$$

同様にして　$\mathrm{Res}(\omega_2) = \dfrac{\exp(i\omega_2 t)}{\omega_2 - \omega_1}$　となる。よって

$$I_2 = 2\pi i\,\mathrm{Res}(\omega_1) = 2\pi i\frac{\exp(i\omega_1 t)}{\omega_1 - \omega_2} \quad\text{あるいは}\quad I_2 = 2\pi i\,\mathrm{Res}(\omega_2) = 2\pi i\frac{\exp(i\omega_2 t)}{\omega_2 - \omega_1}$$

となる。したがって

$$I_1 = -i\int_{-\infty}^{+\infty} \frac{1}{(\omega-\omega_1)(\omega-\omega_2)}\exp(i\omega t)\,d\omega = -iI_2$$

から

$$I_1 = 2\pi\frac{\exp(i\omega_1 t)}{\omega_1-\omega_2} \quad \text{あるいは} \quad I_1 = 2\pi\frac{\exp(i\omega_2 t)}{\omega_2-\omega_1}$$

となる。ただし $\omega_1 = \dfrac{a}{2}i - \sqrt{b-\dfrac{a^2}{4}}$ および $\omega_2 = \dfrac{a}{2}i + \sqrt{b-\dfrac{a^2}{4}}$ である。

　グリーン関数は

$$G(t) = -\frac{1}{2\pi}\int_{-\infty}^{+\infty}\frac{1}{\omega^2 - ia\omega - b}\exp(i\omega t)\,d\omega = -\frac{1}{2\pi}I_1$$

から

$$G(t) = -\frac{\exp(i\omega_1 t)}{\omega_1-\omega_2} \quad \text{あるいは} \quad G(t) = -\frac{\exp(i\omega_2 t)}{\omega_2-\omega_1}$$

と与えられる。ここで $\omega_1 = \dfrac{a}{2}i - \sqrt{b-\dfrac{a^2}{4}}$, $\omega_2 = \dfrac{a}{2}i + \sqrt{b-\dfrac{a^2}{4}}$ より

$$\omega_1 - \omega_2 = -2\sqrt{b-\frac{a^2}{4}} = -\sqrt{4b-a^2} \qquad \omega_2 - \omega_1 = \sqrt{4b-a^2}$$

となるから

$$G(t) = \frac{1}{\sqrt{4b-a^2}}\exp\left\{i\left(\frac{a}{2}i - \sqrt{b-\frac{a^2}{4}}\right)t\right\} = \frac{1}{\sqrt{4b-a^2}}\exp\left(-\frac{a}{2}t\right)\exp\left(-i\sqrt{b-\frac{a^2}{4}}\,t\right)$$

あるいは

$$G(t) = -\frac{1}{\sqrt{4b-a^2}}\exp\left(-\frac{a}{2}t\right)\exp\left(+i\sqrt{b-\frac{a^2}{4}}\,t\right)$$

となる。$a = \dfrac{R}{L}$, $b = \dfrac{1}{LC}$ であったので

$$G(t) = \frac{1}{\sqrt{\dfrac{4}{LC} - \left(\dfrac{R}{L}\right)^2}} \exp\left(-\frac{R}{2L}t\right) \exp\left(-i\sqrt{\frac{1}{LC} - \left(\frac{R}{2L}\right)^2}\, t\right)$$

あるいは

$$G(t) = -\frac{1}{\sqrt{\dfrac{4}{LC} - \left(\dfrac{R}{L}\right)^2}} \exp\left(-\frac{R}{2L}t\right) \exp\left(+i\sqrt{\frac{1}{LC} - \left(\frac{R}{2L}\right)^2}\, t\right)$$

となる。

補遺 3-1　　留数定理

　複素関数 (complex function) には面白い性質がある。**正則関数** (regular analytic function) を**閉回路** (closed curve) に沿って積分すると、その値が 0 になるという性質である。　正則関数とは無限大になるような特異点を含まない普通の関数のことである。たとえば、$f(z)$ が正則関数とすると

$$\oint_C f(z)\,dz = 0$$

となる。一方

$$g(z) = \frac{f(z)}{z - \alpha}$$

という関数 $g(z)$ は、$z = \alpha$ が特異点となる。この際、この特異点を内部に含む閉回路 C に沿って、関数を積分すると、その値は 0 とはならずに

$$\oint_C g(z)\,dz = \oint_C \frac{f(z)}{z - \alpha}\,dz = 2\pi i\,\mathrm{Res}(\alpha)$$

となる。この際、$\mathrm{Res}\,(\alpha)$ を**留数** (residue) と呼ぶ。留数は

$$\mathrm{Res}(\alpha) = \big[(z - \alpha)g(z)\big]_{z=\alpha} = \left[(z - \alpha)\frac{f(z)}{z - \alpha}\right]_{z=\alpha} = f(\alpha)$$

と与えられる。よって、複素積分は

$$I = \oint_C g(z)\,dz = \oint_C \frac{f(z)}{z - \alpha}\,dz = 2\pi i\,f(\alpha)$$

と与えられる。これを**留数定理** (residue theorem) と呼んでいる。つぎに

$$g(z) = \frac{f(z)}{(z - \alpha)(z - \beta)}$$

という関数を考えよう。

この関数は、2 個の特異点 $z=\alpha$ と $z=\beta$ を有する。ここで、特異点 $z=\beta$ のみを含み、$z=\alpha$ を含まない閉回路 C に沿って、この関数の積分を行うものとしよう。この場合

$$I = \oint_C g(z)\,dz = \oint_C \frac{f(z)}{(z-\alpha)(z-\beta)}\,dz = 2\pi i\,\mathrm{Res}(\beta)$$

となる。この際の留数は

$$\mathrm{Res}(\beta) = \left[(z-\beta)g(z)\right]_{z=\beta} = \left[(z-\beta)\frac{f(z)}{(z-\alpha)(z-\beta)}\right]_{z=\beta} = \frac{f(\beta)}{\beta-\alpha}$$

となる。したがって、積分値は

$$I = 2\pi i\,\frac{f(\beta)}{\beta-\alpha}$$

と与えられる。一方、特異点 $z=\alpha$ のみを含み、$z=\beta$ を含まない閉回路 C に沿って、この関数の積分を行った場合は

$$\mathrm{Res}(\alpha) = \left[(z-\alpha)g(z)\right]_{z=\alpha} = \left[(z-\alpha)\frac{f(z)}{(z-\alpha)(z-\beta)}\right]_{z=\alpha} = \frac{f(\alpha)}{\alpha-\beta}$$

となり、積分値は

$$I = 2\pi i\,\frac{f(\alpha)}{\alpha-\beta}$$

となる。また、2 個の特異点を含む閉回路に沿って積分をおこなった場合には

$$I = 2\pi i\,\{\mathrm{Res}(\alpha) + \mathrm{Res}(\beta)\}$$

より

$$I = 2\pi i\left\{\frac{f(\alpha)}{\alpha-\beta} + \frac{f(\beta)}{\beta-\alpha}\right\}$$

となる。

第4章　ポアソン方程式

　グリーン関数による解法がもっとも威力を発揮するのは**ポアソン方程式**
(Poisson's equation) と呼ばれる非同次の微分方程式である。ポアソン方程式は、
空間に分布した電荷によって生じる電位を、**偏微分方程式** (partial differential
equation) によって表現したものである。3 次元空間での非同次方程式は

$$\hat{L}\,[u(\vec{r})] = f(\vec{r})$$

となる。$\vec{r} = (x,y,z)$ は位置ベクトルである。成分で書けば

$$\hat{L}\,[u(x,y,z)] = f(x,y,z)$$

となり、$u(\vec{r}) = u(x,y,z)$ と $f(\vec{r}) = f(x,y,z)$ は 3 変数の関数となる。また、微分演
算子 $\hat{L}$ は 3 変数に関する偏微分演算子となる。ただし、グリーン関数の考え方
は、1 変数の常微分方程式の場合とまったく変わらない。つまり、偏微分演算子
$\hat{L}$ に対応する 3 次元のグリーン関数は

$$\hat{L}\,[G(\vec{r},\vec{r}')] = \delta^3(\vec{r} - \vec{r}')$$

を満足する。ただし、右辺は 3 次元のデルタ関数であり

$$\delta^3(\vec{r} - \vec{r}') = \delta(x - x')\delta(y - y')\delta(z - z')$$

と与えられる。また、1 次元では x に対応する変数として ξ を使っているが、3
次元では $\vec{r}'$ としている。基本的な考えは変わらず、1 次元では点 ξ が x に与える
影響がグリーン関数となるが、3 次元では点 $\vec{r}'$ の刺激が、位置 $\vec{r}$ の点に与える影
響となる。ただし、1 次元の場合も、x ではなく x' を使うことも多い。
　このようなグリーン関数を求めたうえで

$$u(\vec{r}) = \int G(\vec{r}, r') \, f(\vec{r}') \, d^3\vec{r}$$

という積分によって、非同次方程式の解をえることができる。この場合の積分は
3 重積分となり、成分で書けば

$$u(x, y, z) = \iiint G(x, y, z; x', y', z') \, f(x', y', z') \, dx' dy' dz'$$

となる。積分範囲は、想定している条件によって決まるが、一般的な直交座標系
では $-\infty$ から $+\infty$ を採用する。

　実は、グリーン関数の名の由来となった数学者の**ジョージ・グリーン** (George
Green, 1793-1841) が、彼の編み出したグリーン関数をはじめて応用したのが、
このポアソン方程式の解法であったのである。

　電荷は、空間に**点電荷** (point charge) として分布し、ここから電場のもと（電
気力線）が生じているものと考える。この点電荷からの寄与を表現するのに、グ
リーン関数が適しているのである。そして、空間の任意の位置における電場は、
個々の点電荷からの寄与をグリーン関数を利用して積算、つまり積分したものと
なる。本章では、電磁気学の基礎を復習したあとに、グリーン関数によるポアソ
ン方程式の解法を紹介する。

4.1.　ガウスの法則

　誘電率 (permittivity) が ε [C/Vm] の空間に置かれた電荷 Q [C] から距離 r [m]
だけ離れた点における電場 E (electric field) [V/m] は

$$E = \frac{Q}{4\pi\varepsilon r^2}$$

と与えられる。ちなみに、誘電率の単位の中に含まれる [C/V] はファラッド
(Farad) という単位となり、[F] と表示する。これは、コンデンサーの静電容量に
対応する。したがって、誘電率の単位は [F/m] と与えられることも多い。

　右辺は**電荷** (electric charge) Q を原点から r だけ離れた点からなる球面の表面
積 $4\pi r^2$ で除したかたちをしている。**電荷密度** (electric charge density) ρ [C/m²] を
使えば $\rho = Q / 4\pi r^2$ から

$$E = \frac{Q}{4\pi\varepsilon r^2} = \frac{1}{\varepsilon}\frac{Q}{4\pi r^2} = \frac{\rho}{\varepsilon}$$

となる。距離が r_1 と r_2 の球面の電場を、それぞれ E_1 と E_2 とすると

$$E_1 = \frac{Q}{4\pi\varepsilon r_1^{\ 2}} = \frac{\rho_1}{\varepsilon} \qquad\qquad E_2 = \frac{Q}{4\pi\varepsilon r_2^{\ 2}} = \frac{\rho_2}{\varepsilon}$$

となる。

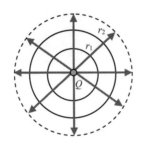

図 4-1 点電荷から発せられる電気力線と距離: 原点から距離 r の点の表面積は r^2 に比例して増えるので、電場は r^2 に反比例して弱くなる。これを逆 2 乗則と呼ぶ。

　これらの関係は、原点に位置した Q という電荷から決まった本数 (Q/ε) の**電気力線** (line of electric force) が空間に出ていて、その本数が変わらないと考えると理解しやすい[1]。つまり、ある決まった本数の電気力線が電荷から発生しているとすると、電気力線が通る面積 $(4\pi r^2)$ が増えれば、それだけ、単位面積あたりの電気力線の密度、すなわち、電場の強さが低下していくとみなせるからである。さらに、図 4-2 に示すように、ある空間の中に電荷が複数個ある場合、電場は、それぞれの電荷から発生する電場の総和となる。

図 4-2 閉じた空間内の電荷は積算が可能である。

---

[1] ただし、電気力線はあくまでも仮想の物理量である。

第 4 章　ポアソン方程式

　以上の考えをもとに、電場と電荷密度の関係を示す**ガウスの法則** (Gauss law) が導出されている。この法則をベクトル微分形で表現すると

$$\text{div}\,\vec{E} = \frac{\rho(\vec{r})}{\varepsilon}$$

となる。ここで、div は divergence の略で**微分演算子** (differential operator) の一種であり、ベクトルに作用して

$$\text{div}\,\vec{E} = \left(\begin{array}{ccc}\dfrac{\partial}{\partial x} & \dfrac{\partial}{\partial y} & \dfrac{\partial}{\partial z}\end{array}\right)\cdot\vec{E}$$

という内積を与える。電場ベクトル $\vec{E}$ として $\vec{E} = (E_x,\ E_y,\ E_z)$ を採用すれば

$$\text{div}\,\vec{E} = \left(\begin{array}{ccc}\dfrac{\partial}{\partial x} & \dfrac{\partial}{\partial y} & \dfrac{\partial}{\partial z}\end{array}\right)\begin{pmatrix}E_x\\E_y\\E_z\end{pmatrix} = \frac{\partial E_x}{\partial x} + \frac{\partial E_y}{\partial y} + \frac{\partial E_z}{\partial z}$$

となる。演算結果はスカラーとなる。ガウスの法則の微分形である

$$\text{div}\,\vec{E} = \frac{\rho(\vec{r})}{\varepsilon}$$

は、考えている閉空間に電荷がなければ $\text{div}\,\vec{E} = 0$ となり、電荷があれば $\text{div}\,\vec{E} = \rho(\vec{r})/\varepsilon$ ということを示しているのである。イメージを描けば図 4-3 のようになる。

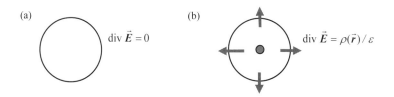

図 4-3　電場ベクトルと電荷と div のイメージ: (a) 湧き出し源なし;(b) 湧き出し源あり。電場の場合には、電荷が電気力線の湧き出し源となる。

　ちなみに div $\vec{E}$ は**ナブラベクトル** (nabla vector: ∇) を使って

$$\nabla \cdot \vec{E} = \rho(\vec{r})/\varepsilon$$

と表記される。つまり、div は ∇ ベクトルと他のベクトルとの内積である。成分表示すれば、ナブラベクトルは

$$\nabla = \left(\frac{\partial}{\partial x} \quad \frac{\partial}{\partial y} \quad \frac{\partial}{\partial z} \right)$$

となる。よって

$$\nabla \cdot \vec{E} = \left(\frac{\partial}{\partial x} \quad \frac{\partial}{\partial y} \quad \frac{\partial}{\partial z} \right) \begin{pmatrix} E_x \\ E_y \\ E_z \end{pmatrix} = \frac{\partial E_x}{\partial x} + \frac{\partial E_y}{\partial y} + \frac{\partial E_z}{\partial z} = \mathrm{div}\,\vec{E}$$

となり、$\mathrm{div}\,\vec{E} = \nabla \cdot \vec{E}$ が確かめられる。

4.2. ポアソン方程式

ここで、ガウスの法則 $\mathrm{div}\,\vec{E} = \dfrac{\rho(\vec{r})}{\varepsilon}$ に、つぎの電場ベクトル

$$\vec{E} = -\mathrm{grad}\,\phi(\vec{r}) = -\mathrm{grad}\,\phi(x,y,z) = -\left(\frac{\partial \phi(x,y,z)}{\partial x}, \frac{\partial \phi(x,y,z)}{\partial y}, \frac{\partial \phi(x,y,z)}{\partial z} \right)$$

を代入してみよう。

この式は、**電位** (electric potential)：$\phi(x, y, z)$ の勾配 (gradient) が電場を与えることを意味している。電場は、電位の高いところから低い方向に向くので、負の符号がついている。

演習 4-1　$\vec{E} = -\mathrm{grad}\,\phi(x,y,z)$ と与えられるとき、$\mathrm{div}\,\vec{E}$ を計算せよ。

解)　　$\mathrm{div}\,\vec{E} = -\dfrac{\partial}{\partial x}\left(\dfrac{\partial \phi(x,y,z)}{\partial x} \right) - \dfrac{\partial}{\partial y}\left(\dfrac{\partial \phi(x,y,z)}{\partial y} \right) - \dfrac{\partial}{\partial z}\left(\dfrac{\partial \phi(x,y,z)}{\partial z} \right)$

$$= -\left\{ \frac{\partial^2 \phi(x,y,z)}{\partial x^2} + \frac{\partial^2 \phi(x,y,z)}{\partial y^2} + \frac{\partial^2 \phi(x,y,z)}{\partial z^2} \right\}$$

となる。

したがって、ガウスの法則を、電場ではなく電位 $\phi(x, y, z)$ を使って書くと

$$\frac{\partial^2 \phi(x,y,z)}{\partial x^2} + \frac{\partial^2 \phi(x,y,z)}{\partial y^2} + \frac{\partial^2 \phi(x,y,z)}{\partial z^2} = -\frac{\rho(x,y,z)}{\varepsilon}$$

と与えられる。

　つまり、電位の分布が与えられれば、その空間の任意の位置の電荷密度を計算することができるのである。この式を**ポアソン方程式** (Poisson's equation) と呼んでいる。ちなみに、ポアソン方程式はナブラベクトル（∇）を使って

$$\nabla \cdot \nabla \phi(\vec{r}) = -\frac{\rho(\vec{r})}{\varepsilon}$$

とも表記される。

演習 4-2　ナブラベクトル　$\nabla = \begin{pmatrix} \dfrac{\partial}{\partial x} & \dfrac{\partial}{\partial y} & \dfrac{\partial}{\partial z} \end{pmatrix}$ の内積を求めよ。

　解）　　$\nabla \cdot \nabla = \begin{pmatrix} \dfrac{\partial}{\partial x} & \dfrac{\partial}{\partial y} & \dfrac{\partial}{\partial z} \end{pmatrix} \begin{pmatrix} \partial/\partial x \\ \partial/\partial y \\ \partial/\partial z \end{pmatrix} = \dfrac{\partial^2}{\partial x^2} + \dfrac{\partial^2}{\partial y^2} + \dfrac{\partial^2}{\partial z^2}$

となる。

　したがって

$$\nabla \cdot \nabla \phi(\vec{r}) = \left(\frac{\partial^2}{\partial x^2} + \frac{\partial^2}{\partial y^2} + \frac{\partial^2}{\partial z^2} \right) \phi(\vec{r}) = \frac{\partial^2 \phi(x,y,z)}{\partial x^2} + \frac{\partial^2 \phi(x,y,z)}{\partial y^2} + \frac{\partial^2 \phi(x,y,z)}{\partial z^2}$$

となる。さらに、ナブラベクトルの内積は

$$\nabla \cdot \nabla = \nabla^2 = \Delta$$

とも表記し、Δ を**ラプラス演算子** (Laplace operator) と呼んでいる。すなわち

$$\nabla \cdot \nabla \phi(\vec{r}) = -\frac{\rho(\vec{r})}{\varepsilon} \qquad \nabla^2 \phi(\vec{r}) = -\frac{\rho(\vec{r})}{\varepsilon} \qquad \Delta \phi(\vec{r}) = -\frac{\rho(\vec{r})}{\varepsilon}$$

はすべて、同じ式である。

　ポアソン方程式を使えば、空間の電位の位置依存性が与えられると、ある任意の位置の電荷密度を求めることができることになる。よって、電磁気学にとって、有用な方程式となる。

4.3. グリーン関数の導入

　それでは、ポアソン方程式

$$\Delta\phi(\vec{r}) = -\frac{\rho(\vec{r})}{\varepsilon} \qquad \frac{\partial^2\phi(x,y,z)}{\partial x^2} + \frac{\partial^2\phi(x,y,z)}{\partial y^2} + \frac{\partial^2\phi(x,y,z)}{\partial z^2} = -\frac{\rho(x,y,z)}{\varepsilon}$$

の解法を考えてみよう。 そのために、グリーン関数を適用する。 グリーン関数は、微分演算子を $\hat{L}$ とすると　$\hat{L}[G(\vec{r},\vec{r}')] = \delta^3(\vec{r}-\vec{r}')$ を満足する。ポアソン方程式における微分演算子は、ラプラシアン $\Delta = \nabla\cdot\nabla = \nabla^2$ であるから、グリーン関数の満たすべき条件は

$$\Delta[G(\vec{r},\vec{r}')] = \delta^3(\vec{r}-\vec{r}')$$

となる。そして、このグリーン関数を使うと、ポアソン方程式の解は

$$\phi(\vec{r}) = \int_{-\infty}^{+\infty} G(\vec{r},\vec{r}')\left(-\frac{\rho(\vec{r}')}{\varepsilon}\right)d^3\vec{r}'$$

と与えられることになる。

演習 4-3　　上記の解 $\phi(\vec{r})$ がポアソン方程式を満足することを確かめよ。

　解）　　ポアソン方程式に、上記の $\phi(\vec{r})$ を代入すると

$$\Delta\phi(\vec{r}) = \Delta\left\{\int_{-\infty}^{+\infty} G(\vec{r},\vec{r}')\left(-\frac{\rho(\vec{r}')}{\varepsilon}\right)d^3\vec{r}'\right\}$$

となる。ここで、ラプラス演算子Δは、$\vec{r}$ の関数のみに作用するので

$$\Delta\phi(\vec{r}) = \int_{-\infty}^{+\infty} \Delta[G(\vec{r},\vec{r}')]\left(-\frac{\rho(\vec{r}')}{\varepsilon}\right)d^3\vec{r}' = \int_{-\infty}^{+\infty}\{\delta^3(\vec{r}-\vec{r}')\}\left(-\frac{\rho(\vec{r}')}{\varepsilon}\right)d^3\vec{r}'$$

$$= -\int_{-\infty}^{+\infty} \delta^3(\vec{r} - \vec{r}')\left(\frac{\rho(\vec{r}')}{\varepsilon}\right) d^3\vec{r}'$$

となる。右辺の積分は、デルタ関数 $\delta^3(\vec{r} - \vec{r}')$ の性質から、値を持つのは $\vec{r}'=\vec{r}$ の
ときのみであるので

$$\int_{-\infty}^{+\infty} \delta^3(\vec{r} - \vec{r}')\left(\frac{\rho(\vec{r}')}{\varepsilon}\right) d^3\vec{r}' = \frac{\rho(\vec{r})}{\varepsilon}$$

となる。結局 $\Delta\phi(\vec{r}) = -\dfrac{\rho(\vec{r})}{\varepsilon}$ となり、解となることがわかる。

　このように、グリーン関数を利用すれば、ある微分演算子（たとえば、いまの
場合はラプラス演算子）に対応した非同次微分方程式の解をえることができる。
問題は、グリーン関数をいかに求めるかである。次節以降では、フーリエ変換を
利用してグリーン関数を求める手法を紹介する。

4.4.　フーリエ変換

　グリーン関数のフーリエ逆変換は

$$G(\vec{r}, \vec{r}') = \frac{1}{(2\pi)^3} \int_{-\infty}^{+\infty} \widetilde{G}(\vec{k}) \exp\{i\vec{k}\cdot(\vec{r} - \vec{r}')\} d^3\vec{k}$$

と与えられる。ただし、略記しているが、右辺の積分は、実際には 3 重積分とな
ることに注意されたい。また係数も、$1/2\pi$ ではなく $1/(2\pi)^3$ となる。これ以降も
$d^3\vec{k}$ に関する積分は、すべて 3 重積分である。

演習 4-4　グリーン関数の定義式 $\Delta[G(\vec{r}, \vec{r}')] = \delta^3(\vec{r} - \vec{r}')$ を利用して、ポアソン
方程式の $\widetilde{G}(\vec{k})$ を求めよ。

　解）　両辺のフーリエ逆変換は、それぞれ

$$G(\vec{r}, \vec{r}') = \frac{1}{(2\pi)^3} \int_{-\infty}^{+\infty} \widetilde{G}(\vec{k}) \exp\{i\vec{k}\cdot(\vec{r} - \vec{r}')\} d^3\vec{k}$$

$$\delta^3(\vec{r} - \vec{r}') = \frac{1}{(2\pi)^3} \int_{-\infty}^{+\infty} \exp\{i\vec{k} \cdot (\vec{r} - \vec{r}')\} \, d^3\vec{k}$$

である。これらを表記の定義式に代入すると

$$\frac{1}{(2\pi)^3} \Delta \left[\int_{-\infty}^{+\infty} \widetilde{G}(\vec{k}) \exp\{i\vec{k} \cdot (\vec{r} - \vec{r}')\} \, d^3\vec{k} \right] = \frac{1}{(2\pi)^3} \int_{-\infty}^{+\infty} \exp\{i\vec{k} \cdot (\vec{r} - \vec{r}')\} \, d^3\vec{k}$$

となる。ここで、左辺の、ラプラス演算子 Δ は、$\vec{k}$ ではなく、$\vec{r}$ の関数にのみ作用するので

$$\Delta \left[\exp\{i\vec{k} \cdot (\vec{r} - \vec{r}')\} \right] = (i\vec{k})^2 \exp\{i\vec{k} \cdot (\vec{r} - \vec{r}')\} = -k^2 \exp\{i\vec{k} \cdot (\vec{r} - \vec{r}')\}$$

となる。したがって

$$-\frac{1}{(2\pi)^3} \int_{-\infty}^{+\infty} k^2 \widetilde{G}(\vec{k}) \exp\{i\vec{k} \cdot (\vec{r} - \vec{r}')\} \, d^3\vec{k} = \frac{1}{(2\pi)^3} \int_{-\infty}^{+\infty} \exp\{i\vec{k} \cdot (\vec{r} - \vec{r}')\} \, d^3\vec{k}$$

となる。両辺の被積分関数を比較すると $-k^2 \widetilde{G}(\vec{k}) = 1$ となり、フーリエ変換は

$$\widetilde{G}(\vec{k}) = -\frac{1}{k^2}$$

となる。

　求めるグリーン関数は

$$G(\vec{r}, \vec{r}') = \frac{1}{(2\pi)^3} \int_{-\infty}^{+\infty} \widetilde{G}(\vec{k}) \exp\{i\vec{k} \cdot (\vec{r} - \vec{r}')\} \, d^3\vec{k} = -\frac{1}{(2\pi)^3} \int_{-\infty}^{+\infty} \frac{1}{k^2} \exp\{i\vec{k} \cdot (\vec{r} - \vec{r}')\} \, d^3\vec{k}$$

と与えられる。後は、この積分を実行すればよい。

4.5.　球座標による解法

　k 空間の積分は、直交座標では

$$\int_{-\infty}^{+\infty} d^3\vec{k} = \int_{-\infty}^{+\infty} dk_x \int_{-\infty}^{+\infty} dk_y \int_{-\infty}^{+\infty} dk_z$$

となるが、ここでは、図 4-4 を参照しながら、直交座標から、3 次元の極座標である**球座標** (spherical coordinates) の積分へと変えてみる。k が半径（原点からの距離で $\vec{k}$ の大きさ）、θ は**天頂角** (zenith angle) で、いわば地球の**緯度** (latitude)

に相当するが、緯度と異なり、天頂（地球の北極）からの角度で示すので、その範囲は 0 から π となる。ϕ は**方位角** (azimuth angle)であり、地球の**経度** (longitude)と同じであり、その範囲は 0 から 2π となる。

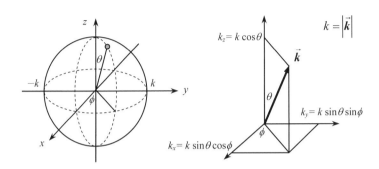

図 4-4　直交座標と極座標（球座標）の対応

また、球座標では k は原点からの距離であるので

$$k = \left|\vec{\boldsymbol{k}}\right| = \sqrt{{k_x}^2 + {k_y}^2 + {k_z}^2} \geq 0$$

から、積分範囲は　$0 \leq k \leq +\infty$　となり

$$\int_{-\infty}^{+\infty} d^3\vec{\boldsymbol{k}} = \int_0^{+\infty} k^2\,dk \int_0^\pi \sin\theta\,d\theta \int_0^{2\pi} d\phi$$

という対応となる。したがって

$$\int_{-\infty}^{+\infty} \frac{1}{k^2}\exp\{i\vec{\boldsymbol{k}}\cdot(\vec{\boldsymbol{r}}-\vec{\boldsymbol{r}}')\}\,d^3\vec{\boldsymbol{k}} = \int_0^{+\infty}\int_0^\pi \exp(ik\left|\vec{\boldsymbol{r}}-\vec{\boldsymbol{r}}'\right|\cos\theta)\sin\theta\,d\theta\,dk \int_0^{2\pi} d\phi$$

と変換できる。ただし

$$\vec{\boldsymbol{k}}\cdot(\vec{\boldsymbol{r}}-\vec{\boldsymbol{r}}') = \left|\vec{\boldsymbol{k}}\right|\left|\vec{\boldsymbol{r}}-\vec{\boldsymbol{r}}'\right|\cos\theta = k\left|\vec{\boldsymbol{r}}-\vec{\boldsymbol{r}}'\right|\cos\theta$$

としている。これは、図 4-5 において、ベクトル $\vec{\boldsymbol{r}}-\vec{\boldsymbol{r}}'$ が z 軸方向を向いているとしたものである。$\vec{\boldsymbol{k}}$ ベクトルが全方向を向くことを想定しているので、位置ベクトルを、このように仮定しても一般性は失われない（図 4-5 参照）。

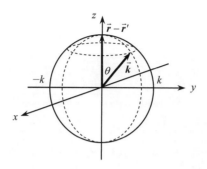

図 4-5 $\vec{r}-\vec{r}'$ が z 軸に平行とした場合の $\vec{k}\cdot(\vec{r}-\vec{r}')$ は $k|\vec{r}-\vec{r}'|\cos\theta$ となる。さらに、このように $\vec{r}-\vec{r}'$ を選んでも、k 空間の全領域における積分の結果は変わらない。

それでは、実際に積分を実行していこう。まず、被積分関数は、変数 ϕ を含まないので $\displaystyle\int_0^{2\pi} d\phi = 2\pi$ となる。つぎに

$$\int_0^{+\infty}\int_0^{\pi} \exp(ik|\vec{r}-\vec{r}'|\cos\theta)\sin\theta\,d\theta\,dk$$

を計算してみよう。

演習 4-5 積分 $\displaystyle\int_0^{\pi} \exp(ik|\vec{r}-\vec{r}'|\cos\theta)\sin\theta\,d\theta$ を計算せよ。

解）$\cos\theta = t$ と置くと、$-\sin\theta\,d\theta = dt$ となり、積分範囲は $0 \le \theta \le \pi$ から $1 \ge t \ge -1$ へと変化する。よって

$$\int_0^{\pi} \exp(ik|\vec{r}-\vec{r}'|\cos\theta)\sin\theta\,d\theta = -\int_1^{-1} \exp(ik|\vec{r}-\vec{r}'|\,t)\,dt$$

$$= \int_{-1}^{1} \exp(ik|\vec{r}-\vec{r}'|\,t)\,dt = \frac{\exp(ik|\vec{r}-\vec{r}'|) - \exp(-ik|\vec{r}-\vec{r}'|)}{ik|\vec{r}-\vec{r}'|}$$

となる。ここで、オイラーの公式から

$$\exp(i\theta) - \exp(-i\theta) = 2i\sin\theta$$

となるので

$$\frac{\exp(ik|\vec{r}-\vec{r}'|) - \exp(-ik|\vec{r}-\vec{r}'|)}{ik|\vec{r}-\vec{r}'|} = \frac{2\sin(k|\vec{r}-\vec{r}'|)}{k|\vec{r}-\vec{r}'|}$$

となる。

演習 4-6　つぎの積分を計算せよ。

$$G(\vec{r},\vec{r}') = -\frac{1}{(2\pi)^3}\int_{-\infty}^{+\infty}\frac{1}{k^2}\exp\{i\vec{k}\cdot(\vec{r}-\vec{r}')\}\,d^3\vec{k}$$

解）　演習 4-5 の結果から

$$\int_0^{+\infty}\int_0^{\pi}\exp(ik|\vec{r}-\vec{r}'|\cos\theta)\sin\theta\,d\theta\,dk = \int_0^{+\infty}\frac{2\sin(k|\vec{r}-\vec{r}'|)}{k|\vec{r}-\vec{r}'|}\,dk$$

ここで、ディリクレ積分（補遺 2-1 参照）より

$$\int_0^{+\infty}\frac{\sin k}{k}\,dk = \frac{\pi}{2}\quad \text{と与えられるから}\quad \int_0^{+\infty}\frac{\sin(ak)}{ak}\,dk = \frac{\pi}{2a}\quad \text{より}$$

$$\int_0^{+\infty}\frac{2\sin(k|\vec{r}-\vec{r}'|)}{k|\vec{r}-\vec{r}'|}\,dk = \frac{\pi}{|\vec{r}-\vec{r}'|}$$

となる。したがって

$$G(\vec{r},\vec{r}') = -\frac{1}{(2\pi)^3}\int_0^{+\infty}\int_0^{\pi}\exp(ik|\vec{r}-\vec{r}'|\cos\theta)\sin\theta\,d\theta\,dk\int_0^{2\pi}d\phi$$

$$= -\frac{1}{8\pi^3}\frac{\pi}{|\vec{r}-\vec{r}'|}\cdot 2\pi = -\frac{1}{4\pi}\frac{1}{|\vec{r}-\vec{r}'|}$$

となる。

結局、3 次元のポアソン方程式のグリーン関数は

$$G(\vec{r},\vec{r}') = -\frac{1}{4\pi}\frac{1}{|\vec{r}-\vec{r}'|}$$

と与えられることになる。

4.6. ポアソン方程式の解

グリーン関数がえられたので、ポアソン方程式の解は

$$\phi(\vec{r}) = \int_{-\infty}^{+\infty} G(\vec{r}, \vec{r}') \left(-\frac{\rho(\vec{r}')}{\varepsilon} \right) d^3\vec{r}' = \frac{1}{4\pi\varepsilon} \int_{-\infty}^{+\infty} \frac{\rho(\vec{r}')}{|\vec{r} - \vec{r}'|} d^3\vec{r}'$$

という積分によって与えられる。これが、空間に分布した電荷から、ある測定点での電位を与える式となる。この方程式を、x, y, z 成分で表記すると

$$\phi(x, y, z) = \frac{1}{4\pi\varepsilon} \int_{-\infty}^{+\infty} \int_{-\infty}^{+\infty} \int_{-\infty}^{+\infty} \frac{\rho(x', y', z')}{\sqrt{(x-x')^2 + (y-y')^2 + (z-z')^2}} \, dx' \, dy' \, dz'$$

という 3 重積分となる。

図 4-6 に、ポアソン方程式の解が意味するところを示している。われわれが求

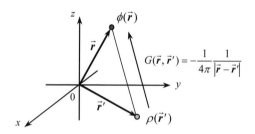

図 4-6 位置ベクトル $\vec{r}$ の点における電位 $\phi(\vec{r})$ は、位置ベクトル $\vec{r}'$ の点における電荷 $\rho(\vec{r}')$ の影響を受ける。その程度が、グリーン関数 $G(\vec{r}, \vec{r}')$ である。

めたいのは、位置ベクトル $\vec{r} = (x, y, z)$ の点における電位 $\phi(\vec{r})$ である。この電位は、位置ベクトル $\vec{r}' = (x', y', z')$ の点における電荷 $\rho(\vec{r}')$ の影響を受ける。そして、その効果は、その距離 $|\vec{r} - \vec{r}'|$ に反比例して小さくなることを意味している。さらに、一般には、電荷 $\rho(\vec{r}')$ は 1 個だけではなく、数多く分布しているはずであるから、いろいろな位置ベクトル $\vec{r}' = (x', y', z')$ に散在する電荷の効果をすべて積算する、すなわち積分する必要がある。えられた解は、このことを意味しているのである。

　　ただし、電磁気学の応用にあたっては、ここで終わりではない。えられた解である積分

$$\phi(\vec{r}) = \frac{1}{4\pi\varepsilon} \int_{-\infty}^{+\infty} \frac{\rho(\vec{r}')}{\left|\vec{r}-\vec{r}'\right|}\, d^3\vec{r}'$$

を計算しなければ、物理量の電位をえられないからである。

　　一般的には、電荷は全空間に分布している。そして、その電荷分布が不均一とすると、実は、表記の積分を解析的に実行することは不可能となるのである。

　　逆にいえば、電位 ϕ を与える表記の積分を解析的に行うことができるのは、限定された条件下となり、多くの場合は、適当な近似が必要となる。それを紹介していこう。

　　たとえば、電荷の分布が、原点を中心として、半径が a の球内に限られているとしよう。この場合、電位を与える式は

$$\phi(\vec{r}) = \frac{1}{4\pi\varepsilon} \int_{-a}^{a}\int_{-a}^{a}\int_{-a}^{a} \frac{\rho(\vec{r}')}{\left|\vec{r}-\vec{r}'\right|}\, dx'\,dy'\,dz'$$

$$\phi(x,y,z) = \frac{1}{4\pi\varepsilon} \int_{-a}^{a}\int_{-a}^{a}\int_{-a}^{a} \frac{\rho(x',y',z')}{\sqrt{(x-x')^2+(y-y')^2+(z-z')^2}}\, dx'\,dy'\,dz'$$

という積分となる。

　　このとき、電位の測定点 $\vec{r}=(x,y,z)$ は、この球内の点でも、球外の点でもよい。ここで、図 4-7 に示すように、$+q$ の電荷が 9 個、この球内に存在するとしよう。

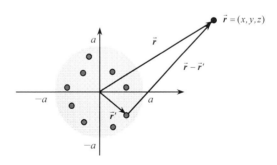

図 4-7　原点から半径 a の球内にのみ電荷がある。この図の場合は、$+q$ の電荷が 9 個存在している。この領域から離れた位置における電位は、それぞれの電荷の寄与を積算すればよい。

この場合には、それぞれの電荷からの点 $\vec{r} = (x, y, z)$ への寄与を積算すればよい。

ただし、実際には、数多くの電荷が存在するうえ、電荷分布が単純ではない場合に、この積分の計算は難しい。実は、この積分が解析的に求められるのは、電荷分布が球対称の場合である。つまり、極座標で書いたときに $\rho(r', \theta', \phi') = f(r')$ となる場合には、解析的な計算が可能となる[2]。

4.7. 解析的計算

極座標 (polar coordinate) では、θ は天頂角 (zenith angle) であり、地球の緯度に相当するが、その範囲は 0 から π となる。また、ϕ は方位角 (azimuth angle) であり、ちょうど、地球の経度に相当し、その範囲は 0 から 2π となる。

図 4-8 に、いま想定している 3 次元空間の関係を示した。求めたいのは、原点

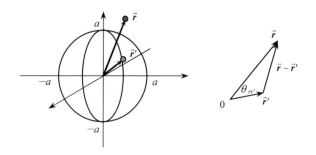

図 4-8 原点から半径 a の球内に電荷が存在し、その分布が球対称と仮定する。

から $\vec{r} = (x, y, z)$ の位置にある点の電荷である。ここで、位置ベクトル $\vec{r}$ と $\vec{r}'$ のなす角を $\theta_{rr'}$ としよう。この角度は、一般には、天頂角とは異なるが、図 4-9 に示すように、$\vec{r}$ 方向が z 軸となるような座標を選ぶと、$\vec{r}$ と $\vec{r}'$ のなす角 θ' が、まさに天頂角となる。さらに、方位角 ϕ 方向は、z 軸に関して対称となる。

---

[2] もちろん、コンピュータによる数値計算を用いれば、分布が球対称でない場合でも電位を求めることは可能である。

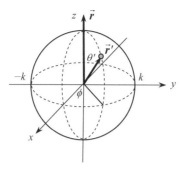

図 4-9　位置ベクトル $\vec{r}$ 方向と z 軸が平行になるように、座標系を選ぶと、$\vec{r}$ と $\vec{r}'$ のなす角 θ' が天頂角となる。

演習 4-7　直交座標の積分

$$\phi(\vec{r}) = \frac{1}{4\pi\varepsilon}\int_{-a}^{a}\int_{-a}^{a}\int_{-a}^{a}\frac{\rho(\vec{r}')}{|\vec{r}-\vec{r}'|}\,dx'\,dy'\,dz'$$

を極座標の積分に変換せよ。

　　解）　　3 重積分の直交座標系の $dx\,dy\,dz$ から極座標に変えると

$$(r')^2\,dr'\sin\theta'\,d\theta'\,d\phi'$$

となり、積分範囲は、$0 \le r' \le a$,　$0 \le \theta' \le \pi$,　$0 \le \phi' \le 2\pi$ となるので

$$\phi(\vec{r}) = \frac{1}{4\pi\varepsilon}\int_{0}^{a}\int_{0}^{\pi}\int_{0}^{2\pi}\frac{f(r')}{|\vec{r}-\vec{r}'|}(r')^2\,dr'\sin\theta'\,d\theta'\,d\phi'$$

となる。

　　ここで、$r = |\vec{r}|$,　$r' = |\vec{r}'|$ と置けば、内積は　$\vec{r}\cdot\vec{r}' = rr'\cos\theta'$ と与えられるので

$$|\vec{r}-\vec{r}'| = \sqrt{r^2 + (r')^2 - 2rr'\cos\theta'}$$

$$\phi(\vec{r}) = \frac{1}{4\pi\varepsilon}\int_{0}^{a}dr'\int_{0}^{\pi}\frac{(r')^2 f(r')}{\sqrt{r^2 + (r')^2 - 2rr'\cos\theta'}}\sin\theta'\,d\theta'\int_{0}^{2\pi}d\phi'$$

$$= \frac{1}{2\varepsilon} \int_0^a dr' \int_0^\pi \frac{(r')^2 f(r')}{\sqrt{r^2 + (r')^2 - 2rr'\cos\theta'}} \sin\theta' d\theta'$$

となる。

演習 4-8 積分 $\displaystyle\int_0^\pi \frac{(r')^2 f(r')}{\sqrt{r^2 + (r')^2 - 2rr'\cos\theta'}} \sin\theta' d\theta'$ を計算せよ。

解) $r^2 + (r')^2 - 2rr'\cos\theta' = t$ と置くと $2rr'\sin\theta' d\theta' = dt$ であるから

$$\int \frac{(r')^2 f(r')}{\sqrt{r^2 + (r')^2 - 2rr'\cos\theta'}} \sin\theta' d\theta' = \int \frac{(r')^2 f(r')}{2rr'\sqrt{t}} dt = \frac{(r')^2 f(r')}{2rr'} \int \frac{dt}{\sqrt{t}}$$

$$= \frac{r' f(r')}{2r} \int t^{-\frac{1}{2}} dt = \frac{r' f(r')}{r} t^{\frac{1}{2}}$$

$\theta' = 0$ のとき $t = r^2 + (r')^2 - 2rr'$, $\theta' = \pi$ のとき $t = r^2 + (r')^2 + 2rr'$ となるので

$$\int_0^\pi \frac{(r')^2 f(r')}{\sqrt{r^2 + (r')^2 - 2rr'\cos\theta'}} \sin\theta' d\theta'$$

$$= \frac{r' f(r')}{r} \left(\sqrt{r^2 + (r')^2 + 2rr'} - \sqrt{r^2 + (r')^2 - 2rr'} \right)$$

$$= \frac{r' f(r')}{r} [\{r + (r')\} - \{r - (r')\}] = \frac{2(r')^2 f(r')}{r}$$

となる。

したがって

$$\int_0^a dr' \int_0^\pi \frac{(r')^2 f(r')}{\sqrt{r^2 + (r')^2 - 2rr'\cos\theta'}} \sin\theta' d\theta' = \frac{2}{r} \int_0^a f(r')(r')^2 dr'$$

となり

$$\phi(\vec{r}) = \frac{1}{4\pi\varepsilon} \int_0^{+a} dr' \int_0^\pi \frac{(r')^2 f(r')}{\sqrt{r^2 + (r')^2 - 2rr'\cos\theta'}} \sin\theta' d\theta' \int_0^{2\pi} d\phi'$$

$$= \frac{1}{\varepsilon r} \int_0^a f(r')(r')^2 dr'$$

となる。このように、電荷分布が球対称であり、その距離依存性 $f(r')$ がわかれ

ば、電位を与える積分が実行できることになる。

演習 4-9 電荷分布の距離依存性が $f(r')=q\exp(-r'^3)$ と与えられるとき、電位を求めよ。

解）
$$\int_0^a f(r')(r')^2\,dr' = \int_0^a q\exp(-r'^3)r'^2\,dr'$$

となる。ここで $u=r'^3$ という変数変換をしよう。すると $du=3r'^2\,dr'$，$0 \le u \le a^3$ となるので

$$\int_0^a q\exp(-r'^3)r'^2\,dr' = \frac{q}{3}\int_0^{a^3}\exp(-u)\,du = -\frac{q}{3}\big[\exp(-u)\big]_0^{a^3} = \frac{q}{3}\{1-\exp(-a^3)\}$$

となる。したがって

$$\phi(\vec{r}) = \frac{q}{3\varepsilon r}\{1-\exp(-a^3)\} = \frac{q}{3\varepsilon|\vec{r}|}\{1-\exp(-a^3)\}$$

と与えられる。

また、半径 a の球内に存在する電荷の総和を Q とすると $Q=\displaystyle\int_0^a f(r')(r')^2\,dr'$

となるが、電位を測定する点が十分遠方にある場合には

$$\phi(\vec{r}) = \frac{Q}{4\pi\varepsilon r} = \frac{Q}{4\pi\varepsilon|\vec{r}|}$$

と与えられる。これは、まさに、原点に電荷 Q を置いたときの、距離 r の点における電位である。つまり、電荷の存在する範囲が、それほど大きくない場合には、十分な距離 r 離れた点での電位は、全電荷が原点にあるという近似が有効であることを示している。

それでは、電荷の存在する半径 a の球から、それほど離れていない点における電位は、どうなるのであろうか。実は、この場合は、いまの単純な近似が成立しなくなる。このとき、利用されるのが、**多重極展開** (multipole expansion) である。多重極展開については、 拙著『なるほどベクトルポテンシャル』（海鳴社）を参照されたい。

第5章 偏微分方程式への応用

グリーン関数の応用が重要となるのは、変数が 2 個以上の**偏微分方程式** (partial differential equation) の解法である。その代表例として、前章において、ポアソン方程式への応用を紹介した。本章では、より一般的な偏微分方程式に対するグリーン関数の導出を紹介する。

まず、偏微分方程式において整理しておこう。物理や工学分野において重要となる 2 階線型偏微分方程式には、主として、つぎのものが挙げられる。

5.1. 偏微分方程式の種類

5.1.1. ポアソン方程式

ポアソン方程式については、前章で、電荷分布と電位という観点から導出し、グリーン関数による解法についても紹介している。この方程式は、3 次元では

$$\Delta\phi(\vec{r}) = -\rho(\vec{r})/\varepsilon$$

$$\Delta\phi(x,y,z) = \frac{\partial^2\phi(x,y,z)}{\partial x^2} + \frac{\partial^2\phi(x,y,z)}{\partial y^2} + \frac{\partial^2\phi(x,y,z)}{\partial z^2} = -\rho(x,y,z)/\varepsilon$$

となり、2 次元では

$$\frac{\partial^2\phi(x,y)}{\partial x^2} + \frac{\partial^2\phi(x,y)}{\partial y^2} = -\rho(x,y)/\varepsilon$$

また、1 次元では

$$\frac{d^2\phi(x)}{dx^2} = -\rho(x)/\varepsilon$$

となる。右辺の非同次項がなければ、ラプラス方程式となる。

グリーン関数を求めるための基礎となる微分演算子も示しておこう。ここでは、3 次元と 1 次元の場合の微分演算子を示す。3 次元の場合は

$$\hat{L} = \Delta = \frac{\partial^2}{\partial x^2} + \frac{\partial^2}{\partial y^2} + \frac{\partial^2}{\partial z^2}$$

となってラプラス演算子となる。1 次元の場合には

$$\hat{L} = \frac{d^2}{dx^2}$$

となり、2 階導関数となり偏微分方程式ではなく常微分方程式となる。

5.1.2. ヘルムホルツ方程式

　ヘルムホルツ方程式も理工系では頻出する方程式である。 弦の振動などの物理現象に対応するが、時間に依存しないシュレーディンガー方程式が、この方程式である。この方程式は 3 次元では

$$\Delta u(\vec{r}) + \alpha^2 u(\vec{r}) = 0$$

$$\frac{\partial^2 u(x,y,z)}{\partial x^2} + \frac{\partial^2 u(x,y,z)}{\partial y^2} + \frac{\partial^2 u(x,y,z)}{\partial z^2} + \alpha^2 u(x,y,z) = 0$$

となり、2 次元では

$$\frac{\partial^2 u(x,y)}{\partial x^2} + \frac{\partial^2 u(x,y)}{\partial y^2} + \alpha^2 u(x,y) = 0$$

1 次元では

$$\frac{d^2 u(x)}{dx^2} + \alpha^2 u(x) = 0$$

となる。ヘルムホルツ方程式の微分演算子は、3 次元では

$$\hat{L} = \Delta + \alpha^2 = \frac{\partial^2}{\partial x^2} + \frac{\partial^2}{\partial y^2} + \frac{\partial^2}{\partial z^2} + \alpha^2$$

となる。1 次元では

$$\hat{L} = \frac{d^2}{dx^2} + \alpha^2$$

となって、常微分方程式となる。一方、ヘルムホルツ方程式にかたちは似ているが α^2 の前の符号が負となっている

$$\hat{L} = \Delta - \alpha^2 \qquad \hat{L} = \frac{d^2}{dx^2} - \alpha^2$$

という方程式も登場する。α^2 の前の符号が異なるだけであるが、グリーン関数のかたちは異なる。

5. 1. 3.　熱伝導方程式（拡散方程式）

熱伝導方程式 (thermal equation) は、**拡散方程式** (diffusion equation) とも呼ばれ、熱伝導だけでなく物質の拡散も表現するため、理工系分野では頻出する方程式であり、その解法もよく知られている。D を**拡散係数** (diffusion coefficient) とすると、3 次元では

$$\frac{\partial u(\vec{r},t)}{\partial t} = D\,\Delta u(\vec{r},t)$$

成分で示せば

$$\frac{\partial u(x,y,z,t)}{\partial t} = D\left(\frac{\partial^2 u(x,y,z,t)}{\partial x^2} + \frac{\partial^2 u(x,y,z,t)}{\partial y^2} + \frac{\partial^2 u(x,y,z,t)}{\partial z^2}\right)$$

となる。2 次元では

$$\frac{\partial u(x,y,t)}{\partial t} = D\left(\frac{\partial^2 u(x,y,t)}{\partial x^2} + \frac{\partial^2 u(x,y,t)}{\partial y^2}\right)$$

1 次元では

$$\frac{\partial u(x,t)}{\partial t} = D\frac{\partial^2 u(x,t)}{\partial x^2}$$

となる。熱伝導方程式の微分演算子は、3 次元では

$$\hat{L} = \frac{\partial}{\partial t} - D\Delta = \frac{\partial}{\partial t} - D\left(\frac{\partial^2}{\partial x^2} + \frac{\partial^2}{\partial y^2} + \frac{\partial^2}{\partial z^2}\right)$$

となり、1 次元では

$$\hat{L} = \frac{\partial}{\partial t} - D\frac{\partial^2}{\partial x^2}$$

となる。

5. 1. 4.　波動方程式

　一般的な波の空間的な振動と時間的な振動を示す方程式が波動方程式である。この方程式は、3 次元では

$$\frac{\partial^2 u(\vec{r},t)}{\partial t^2} = c^2 \Delta u(\vec{r},t)$$

となり、成分で示すと

$$\frac{\partial^2 u(x,y,z,t)}{\partial t^2} = c^2 \left(\frac{\partial^2 u(x,y,z,t)}{\partial x^2} + \frac{\partial^2 u(x,y,z,t)}{\partial y^2} + \frac{\partial^2 u(x,y,z,t)}{\partial z^2} \right)$$

となる。2 次元では

$$\frac{\partial^2 u(x,y,t)}{\partial t^2} = c^2 \left(\frac{\partial^2 u(x,y,t)}{\partial x^2} + \frac{\partial^2 u(x,y,t)}{\partial y^2} \right)$$

となり、1 次元では

$$\frac{\partial^2 u(x,t)}{\partial t^2} = c^2 \frac{\partial^2 u(x,t)}{\partial x^2}$$

と与えられる。波動方程式の微分演算子は、3 次元では

$$\hat{L} = \frac{\partial^2}{\partial t^2} - c^2 \Delta \qquad \hat{L} = \frac{\partial^2}{\partial t^2} - c^2 \left(\frac{\partial^2}{\partial x^2} + \frac{\partial^2}{\partial y^2} + \frac{\partial^2}{\partial z^2} \right)$$

となる。1 次元では

$$\hat{L} = \frac{\partial^2}{\partial t^2} - c^2 \frac{\partial^2}{\partial x^2}$$

である。それでは、これら偏微分方程式のグリーン関数を利用した解法を実際に行ってみよう。

5.2.　ヘルムホルツ方程式の解法

5.2.1.　グリーン関数の導出

3 次元のヘルムホルツ方程式 (Helmholtz equation) は

$$\Delta u(\vec{r}) + \alpha^2 u(\vec{r}) = 0 \qquad (\Delta + \alpha^2)u(\vec{r}) = 0$$

というかたちをした方程式であり、その微分演算子は $\hat{L} = \Delta + \alpha^2$ である。よって、ヘルムホルツ方程式に対応するグリーン関数 $G(\vec{r}, \vec{r}')$ は

$$\hat{L}[G(\vec{r}, \vec{r}')] = \delta^3(\vec{r} - \vec{r}') \qquad (\Delta + \alpha^2)[G(\vec{r}, \vec{r}')] = \delta^3(\vec{r} - \vec{r}')$$

という式を満足する。ここからは、$\vec{r}'$ が原点として

$$(\Delta + \alpha^2)[G(\vec{r})] = \delta^3(\vec{r})$$

と簡単化しよう。この方程式を満足する $G(\vec{r})$ がえられれば、$\vec{r}$ の位置に $\vec{r} - \vec{r}'$ を代入することで $G(\vec{r} - \vec{r}') = G(\vec{r}, \vec{r}')$ もえられる。

グリーン関数およびデルタ関数のフーリエ逆変換は

$$G(\vec{r}) = \frac{1}{(2\pi)^3} \int_{-\infty}^{+\infty} \widetilde{G}(\vec{k}) \exp(i\vec{k} \cdot \vec{r}) \, d^3\vec{k} \qquad \delta^3(\vec{r}) = \frac{1}{(2\pi)^3} \int_{-\infty}^{+\infty} \exp(i\vec{k} \cdot \vec{r}) \, d^3\vec{k}$$

となる。ただし、これら積分は、本来は、3 重積分であることに注意されたい。

$$G(x,y,z) = \frac{1}{(2\pi)^3} \int_{-\infty}^{+\infty}\int_{-\infty}^{+\infty}\int_{-\infty}^{+\infty} \widetilde{G}(k_x, k_y, k_z) \exp\{i(k_x x + k_y y + k_z z)\} \, dx\, dy\, dz$$

演習 5-1　ヘルムホルツ方程式のグリーン関数は
$$(\Delta + \alpha^2)[G(\vec{r})] = \delta^3(\vec{r})$$

という関係を満足する。このとき、$G(\vec{r})$ のフーリエ変換 $\widetilde{G}(\vec{k})$ を求めよ。

解）　グリーン関数およびデルタ関数のフーリエ逆変換は

$$G(\vec{r}) = \frac{1}{(2\pi)^3} \int_{-\infty}^{+\infty} \widetilde{G}(\vec{k}) \exp(i\vec{k} \cdot \vec{r}) \, d^3\vec{k} \qquad \delta^3(\vec{r}) = \frac{1}{(2\pi)^3} \int_{-\infty}^{+\infty} \exp(i\vec{k} \cdot \vec{r}) \, d^3\vec{k}$$

である。これらを与式に代入すると

$$\frac{1}{(2\pi)^3}(\Delta + \alpha^2)\int_{-\infty}^{+\infty} \widetilde{G}(\vec{k}) \exp(i\vec{k} \cdot \vec{r}) \, d^3\vec{k} = \frac{1}{(2\pi)^3} \int_{-\infty}^{+\infty} \exp(i\vec{k} \cdot \vec{r}) \, d^3\vec{k}$$

となる。ここで、Δ は $\vec{r}$ の関数のみに作用するので

$$\Delta\left\{\int_{-\infty}^{+\infty} \widetilde{G}(\vec{k}) \exp(i\vec{k} \cdot \vec{r}) \, d^3\vec{k}\right\} = \int_{-\infty}^{+\infty} \widetilde{G}(\vec{k}) \, \Delta\{\exp(i\vec{k} \cdot \vec{r})\} \, d^3\vec{k}$$

となる。また　$\exp(i\vec{k} \cdot \vec{r}) = \exp(ik_x x + ik_y y + ik_z z)$　であり

$$\frac{\partial^2}{\partial x^2}\exp(i\vec{k} \cdot \vec{r}) = (ik_x)^2 \exp(ik_x x + ik_y y + ik_z z) = -k_x^2 \exp(ik_x x + ik_y y + ik_z z)$$

より

$$\Delta\{\exp(i\vec{k}\cdot\vec{r})\} = -(k_x{}^2 + k_y{}^2 + k_z{}^2)\exp(i\vec{k}\cdot\vec{r}) = -\left|\vec{k}\right|^2\exp(i\vec{k}\cdot\vec{r}) = -k^2\exp(i\vec{k}\cdot\vec{r})$$

となる。したがって

$$(\Delta + \alpha^2)\int_{-\infty}^{+\infty}\widetilde{G}(\vec{k})\exp(i\vec{k}\cdot\vec{r})\,d^3\vec{k} = \int_{-\infty}^{+\infty}(\alpha^2 - k^2)\widetilde{G}(\vec{k})\exp(i\vec{k}\cdot\vec{r})\,d^3\vec{k}$$

から、グリーン関数のフーリエ変換は

$$(\alpha^2 - k^2)\widetilde{G}(\vec{k}) = 1 \qquad \text{から} \qquad \widetilde{G}(\vec{k}) = \frac{1}{\alpha^2 - k^2}$$

と与えられる。

　したがって、ヘルムホルツ方程式の演算子

$$\hat{L} = \Delta + \alpha^2$$

に対応したグリーン関数は

$$G(\vec{r}) = \frac{1}{(2\pi)^3}\int_{-\infty}^{+\infty}\frac{1}{\alpha^2 - k^2}\exp(i\vec{k}\cdot\vec{r})\,d^3\vec{k}$$

となる。

　グリーン関数のフーリエ変換を求める手法として、ここでは定義式を利用して計算したが、実は簡単な導出方法がある。第 1 章で紹介したように、フーリエ変換の効用は、微分演算が、簡単な代数計算になることを紹介した。これを利用するのである。グリーン関数は

$$(\Delta + \alpha^2)[G(\vec{r})] = \delta^3(\vec{r})$$

という式を満足するが、実は、フーリエ変換後は、微分演算は ik、また第 2 章で紹介したようにデルタ関数のフーリエ変換は 1 となることがわかっている。したがって、フーリエ変換後は

$$\{(ik)^2 + \alpha^2\}\widetilde{G}(\vec{k}) = 1$$

という代数方程式となり、

$$(-k^2 + \alpha^2)\widetilde{G}(\vec{k}) = 1 \quad \text{から} \qquad \widetilde{G}(\vec{k}) = \frac{1}{\alpha^2 - k^2}$$

となって、グリーン関数のフーリエ変換がただちにえられるのである。

5.2.2. 直交座標から球座標への変換

3次元のヘルムホルツ方程式のグリーン関数は

$$G(\vec{r}) = \frac{1}{(2\pi)^3} \int_{-\infty}^{+\infty} \frac{1}{\alpha^2 - k^2} \exp(i\vec{k} \cdot \vec{r}) \, d^3\vec{k}$$

と与えられる。これは、3次元 k 空間の全領域に対応した積分であり

$$\int_{-\infty}^{+\infty} d^3\vec{k} = \int_{-\infty}^{+\infty} dk_x \int_{-\infty}^{+\infty} dk_y \int_{-\infty}^{+\infty} dk_z$$

という3重積分である。実は、このままでは計算が煩雑であるので、第3章で紹介したように、直交座標の積分から、3次元の極座標である球座標の積分に変える必要がある。このとき

$$\int_{-\infty}^{+\infty} d^3\vec{k} = \int_{0}^{+\infty} k^2 dk \int_{0}^{\pi} \sin\theta \, d\theta \int_{0}^{2\pi} d\phi$$

という関係にあり、それぞれの座標系における体積要素の対応は

$$dx \, dy \, dz = k^2 \sin\theta \, dk \, d\theta \, d\phi$$

となるのであった。

さらに $\vec{r}$ が z 軸に平行となるように選ぶ。この場合でも一般性は失われないことも第3章で紹介している。この場合、図 5-1 に示すように

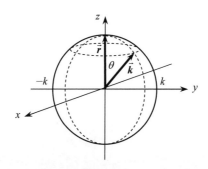

図 5-1　$\vec{r}$ が z 軸に平行となる場合の $\vec{k} \cdot \vec{r}$ は $kr\cos\theta$ となる。さらに、このように $\vec{r}$ を選んでも、k 空間の全領域における積分の結果は変わらない。

$$\vec{k} \cdot \vec{r} = k\,r\,\cos\theta$$

と与えられる。ただし $\left|\vec{k}\right| = k$, $\left|\vec{r}\right| = r$ という関係にある。よって

$$\int_{-\infty}^{+\infty} \frac{1}{\alpha^2 - k^2} \exp(i\vec{k} \cdot \vec{r})\, d^3\vec{k} = \int_{0}^{+\infty} \int_{0}^{\pi} \frac{k^2}{\alpha^2 - k^2} \exp(ikr\cos\theta) \sin\theta\, d\theta\, dk \int_{0}^{2\pi} d\phi$$

となる。被積分関数は ϕ を含まないので $\int_{0}^{2\pi} d\phi = 2\pi$ となる。つぎに

$$\int_{0}^{+\infty} \int_{0}^{\pi} k^2 \exp(ikr\cos\theta) \sin\theta\, d\theta\, dk$$

を計算していこう。まず、θ に関する積分は

$$\int_{0}^{\pi} \exp(ikr\cos\theta) \sin\theta\, d\theta$$

となる。ここで、$\cos\theta = t$ と置くと $-\sin\theta\, d\theta = dt$ となり積分範囲は $0 \le \theta \le \pi$ から $1 \le t \le -1$ へと変わるので

$$\int_{0}^{\pi} \exp(ikr\cos\theta) \sin\theta\, d\theta = -\int_{1}^{-1} \exp(ikrt)\, dt = \int_{-1}^{1} \exp(ikrt)\, dt$$

$$= \left[\frac{\exp(ikrt)}{ikr} \right]_{-1}^{1} = \frac{\exp(ikr) - \exp(-ikr)}{ikr}$$

となる。よって

$$\int_{0}^{+\infty} \int_{0}^{\pi} \frac{k^2}{\alpha^2 - k^2} \exp(ikr\cos\theta) \sin\theta\, d\theta\, dk = \int_{0}^{+\infty} \frac{k^2}{\alpha^2 - k^2} \frac{\exp(ikr) - \exp(-ikr)}{ikr}\, dk$$

したがって

$$G(\vec{r}) = \frac{1}{(2\pi)^3} \int_{-\infty}^{+\infty} \frac{1}{\alpha^2 - k^2} \exp(i\vec{k} \cdot \vec{r})\, d^3\vec{k} = \frac{2\pi}{(2\pi)^3} \int_{0}^{+\infty} \frac{k}{\alpha^2 - k^2} \frac{\exp(ikr) - \exp(-ikr)}{ir}\, dk$$

$$= \frac{1}{4\pi^2 r i} \int_{0}^{+\infty} \frac{k\{\exp(ikr) - \exp(-ikr)\}}{\alpha^2 - k^2}\, dk$$

となる。

ここで、$|\vec{k}| = k$, $|\vec{r}| = r$ という関係にあり、$G(\vec{r})$ は 3 次元空間のグリーン関数

であるが、k と r の関数となっている。

演習 5-2　つぎの式が成立することを確かめよ。

$$\int_0^{+\infty} \frac{k\{\exp(ikr) - \exp(-ikr)\}}{\alpha^2 - k^2}\, dk = \int_{-\infty}^{+\infty} \frac{k\exp(ikr)}{\alpha^2 - k^2}\, dk$$

　解）　積分　$\displaystyle\int_0^{+\infty} \frac{-k\exp(-ikr)}{\alpha^2 - k^2}\, dk$　において、$t = -k$ と変数変換する。

　すると　$dt = -dk$　であり、積分範囲は $0 \to +\infty$ は、$0 \to -\infty$ へと変わる。よって

$$\int_0^{+\infty} \frac{-k\exp(-ikr)}{\alpha^2 - k^2}\, dk = \int_0^{-\infty} \frac{t\exp(itr)}{\alpha^2 - (-t)^2}\, (-dt) = \int_{-\infty}^{0} \frac{t\exp(itr)}{\alpha^2 - t^2}\, dt$$

となる。積分変数は任意であるから t を k に変えて

$$\int_0^{+\infty} \frac{-k\exp(-ikr)}{\alpha^2 - k^2}\, dk = \int_{-\infty}^{0} \frac{k\exp(ikr)}{\alpha^2 - k^2}\, dk$$

したがって

$$\int_0^{+\infty} \frac{k\{\exp(ikr) - \exp(-ikr)\}}{\alpha^2 - k^2}\, dk = \int_0^{+\infty} \frac{k\exp(ikr)}{\alpha^2 - k^2}\, dk + \int_{-\infty}^{0} \frac{k\exp(ikr)}{\alpha^2 - k^2}\, dk$$

$$= \int_{-\infty}^{+\infty} \frac{k\exp(ikr)}{\alpha^2 - k^2}\, dk$$

となる。

　よって、グリーン関数は

$$G(\vec{r}) = \frac{1}{4\pi^2 ri} \int_{-\infty}^{+\infty} \frac{k\exp(ikr)}{\alpha^2 - k^2}\, dk$$

という積分によって与えられることになる。

演習 5-3　グリーン関数が　$G(\vec{r}) = -\dfrac{1}{4\pi^2 ri}\displaystyle\int_{-\infty}^{+\infty} \dfrac{k\exp(-ikr)}{\alpha^2 - k^2}\,dk$　という積分によっても与えられることを確かめよ。

解）　$k=-t$　という変数変換をすると

$$G(\vec{r}) = \frac{1}{4\pi^2 ri}\int_{+\infty}^{-\infty} \frac{(-t)\exp\{(i(-t)r)\}}{\alpha^2 - (-t)^2}\,(-dt) = \frac{1}{4\pi^2 ri}\int_{+\infty}^{-\infty} \frac{t\exp(-itr)}{\alpha^2 - t^2}\,dt$$

$$= -\frac{1}{4\pi^2 ri}\int_{-\infty}^{+\infty} \frac{t\exp(-itr)}{\alpha^2 - t^2}\,dt$$

となるの、変数を t から k に変えれば

$$G(\vec{r}) = -\frac{1}{4\pi^2 ri}\int_{-\infty}^{+\infty} \frac{k\exp(-ikr)}{\alpha^2 - k^2}\,dk$$

となる。

ところで

$$\int_{0}^{+\infty} \frac{k\{\exp(ikr)-\exp(-ikr)\}}{\alpha^2 - k^2}\,dk$$

という積分において、オイラーの公式 $\exp(ikr)-\exp(-ikr)=2i\sin(kr)$ から

$$G(\vec{r}) = \frac{1}{4\pi^2 ri}\int_{0}^{+\infty} \frac{k\{\exp(ikr)-\exp(-ikr)\}}{\alpha^2 - k^2}\,dk = \frac{1}{2\pi^2 r}\int_{0}^{+\infty} \frac{k\sin(kr)}{\alpha^2 - k^2}\,dk$$

という表現もある。さらに

$$\frac{1}{2}G(\vec{r}) = \frac{1}{8\pi^2 ri}\int_{-\infty}^{+\infty} \frac{k\exp(ikr)}{\alpha^2 - k^2}\,dk \qquad \frac{1}{2}G(\vec{r}) = -\frac{1}{8\pi^2 ri}\int_{-\infty}^{+\infty} \frac{k\exp(-ikr)}{\alpha^2 - k^2}\,dk$$

として、これら式を足し合わせれば

$$G(\vec{r}) = \frac{1}{8\pi^2 ri}\int_{-\infty}^{+\infty} \frac{k\{\exp(ikr)-\exp(-ikr)\}}{\alpha^2 - k^2}\,dk$$

という関係もえられ、オイラーの公式を適用すれば

$$G(\vec{r}) = \frac{1}{4\pi^2 r}\int_{-\infty}^{+\infty} \frac{k\sin(kr)}{\alpha^2 - k^2}\,dk$$

と変形することもできる。

すでに、第 2 章で紹介したように基本的グリーン関数である主要解には任意性がある。よって、同じ微分方程式であっても、グリーン関数を求める式には、いろいろなかたちがあるが、適当な初期条件や境界条件を与えれば、グリーン関数はひとつに定まることになる。

5.2.3. グリーン関数の導出

3 次元のヘルムホルツ方程式のグリーン関数を求める。ここでは

$$G(\vec{r}) = \frac{1}{4\pi^2 ri} \int_{-\infty}^{+\infty} \frac{k \exp(ikr)}{\alpha^2 - k^2}\, dk$$

という表式を採用する。$G(\vec{r})$ は複素積分となっている。その計算をするために、留数定理を使う。ここで

$$G(\vec{r}) = \frac{1}{4\pi^2 ri} \int_{-\infty}^{+\infty} \frac{k \exp(ikr)}{\alpha^2 - k^2}\, dk = -\frac{1}{4\pi^2 ri} \int_{-\infty}^{+\infty} \frac{k \exp(ikr)}{k^2 - \alpha^2}\, dk$$

$$= -\frac{1}{4\pi^2 ri} \int_{-\infty}^{+\infty} \frac{k \exp(ikr)}{(k+\alpha)(k-\alpha)}\, dk$$

のように被積分関数を変形する。よって、$k = \pm\alpha$ が特異点となる。この複素積分を実行するために図 5-2 に示す積分路を考えてみよう。

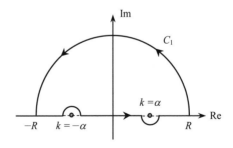

図 5-2 複素積分するための積分路; $k = \alpha$ を内部に含む円弧 C_1 と実軸からなる閉回路であり $k = -\alpha$ は含まない。

ここで、積分路として円弧 C_1 と実軸に囲まれた閉回路を選ぶ。ただし、$k = \alpha$ を含むような回路とする。この場合 $R \to \infty$ の極限が上記の積分となるが、閉回路

に沿った積分は、その中の特異点 $k=\alpha$ でのみ値を有する。このとき

$$I_1 = \lim_{R\to\infty}\left\{\int_{C_1}\frac{k\exp(ikr)}{k^2-\alpha^2}dk + \int_{-R}^{+R}\frac{k\exp(ikr)}{k^2-\alpha^2}dk\right\}$$

となるが、円弧に沿った積分は、$\exp(ikr)$ の大きさが 1 であり、分子は k、分母には k^2 があるので

$$\lim_{R\to\infty}\left\{\int_{C_1}\frac{k\exp(ikr)}{k^2-\alpha^2}dk\right\} = 0$$

である。よって

$$I_1 = \lim_{R\to\infty}\left\{\int_{-R}^{+R}\frac{k\exp(ikr)}{k^2-\alpha^2}dk\right\} = \int_{-\infty}^{+\infty}\frac{k\exp(ikr)}{k^2-\alpha^2}dk$$

となる。

演習 5-4　図 5-2 に示した閉回路に沿った次の積分を求めよ。

$$\oint_{C_1+R}\frac{k\exp(ikr)}{(k+\alpha)(k-\alpha)}dk$$

解）　閉回路の複素積分は、留数定理により求められる。

$$f(k)=\frac{k\exp(ikr)}{(k+\alpha)(k-\alpha)}$$

と置くと、$k=\alpha$ に対応した留数は　$\mathrm{Res}(\alpha)=\left[(k-\alpha)f(k)\right]_{k=\alpha}$ となる。I_1 は、閉回路の積分値となるので

$$I_1 = 2\pi i\,\mathrm{Res}(\alpha) = 2\pi i\frac{\alpha\exp(i\alpha r)}{(\alpha+\alpha)} = \pi i\exp(i\alpha r)$$

となる。

このとき、グリーン関数は

$$G(\vec{r}) = -\frac{1}{4\pi^2 ri}\int_{-\infty}^{+\infty}\frac{k\exp(ikr)}{(k+\alpha)(k-\alpha)}dk = -\frac{1}{4\pi^2 ri}I_1 = -\frac{\exp(i\alpha r)}{4\pi r}$$

と与えられる。実は、図 5-2 に示した閉回路では、$k=\alpha$ のみの特異点を含んでい

るが、これは、第3章で紹介した特異点を実軸から $\alpha \to \alpha + i\varepsilon\,(\varepsilon > 0)$ のように複素領域に微小量 ε だけ変位させた操作に相当する（図5-3参照）。

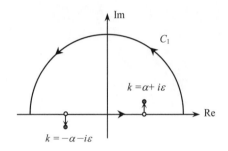

図 5-3 実軸上にある特異点を、$\alpha \to \alpha + i\varepsilon\,(\varepsilon > 0)$ のように複素領域に微小量 ε だけ変位させる操作

　この際、特異点 $k = \alpha + i\varepsilon$ は回路内に含まれ、複素積分に寄与するが、もうひとつの特異点の $k = -\alpha$ は、$k = -(\alpha + i\varepsilon) = -\alpha - i\varepsilon$ となって、閉回路の外となる。そのうえで $\varepsilon \to 0$ の極限をとれば、同じ解がえられる。

　つぎに積分路として $k = -\alpha$ を特異点に含む閉回路（図5-4）を選んでみよう。

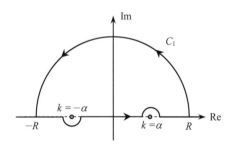

図 5-4 複素積分を行うための積分路：$k = -\alpha$ を内部に含む円弧 C_1 と実軸からなる閉回路であり $k = \alpha$ は含まない。

　この回路では、特異点の $k = \alpha$ は積分路の外となるので、積分には寄与しない。これは、$\alpha \to \alpha - i\varepsilon$ と微小変位させた操作と等価となる。ここで、特異点

$k = -\alpha$ に対応した留数は

$$\mathrm{Res}(-\alpha) = \left[(k+\alpha)f(k)\right]_{k=-\alpha}$$

となり、積分値は

$$I_2 = 2\pi i\,\mathrm{Res}(-\alpha) = 2\pi i\frac{-\alpha\{\exp(-i\alpha r)\}}{-(\alpha+\alpha)} = \pi i\,\exp(-i\alpha r)$$

となる。このとき、グリーン関数は

$$G(\vec{r}) = -\frac{1}{4\pi^2 ri}\int_{-\infty}^{+\infty}\frac{k\exp(ikr)}{(k+\alpha)(k-\alpha)}\,dk = -\frac{1}{4\pi^2 ri}I_2 = -\frac{\exp(-i\alpha r)}{4\pi r}$$

と与えられる。

　図 5-4 の積分回路を選定して複素積分を行うことは、図 5-5 における微小変位 $\alpha \to \alpha - i\varepsilon$ を施した操作と等価である。

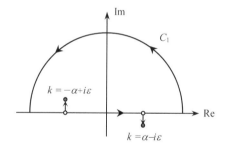

図 5-5　実軸上にある特異点を、$\alpha \to \alpha - i\varepsilon\,(\varepsilon > 0)$ のように複素領域に微小量 ε だけ変位させる操作

　したがって、3 次元のヘルムホルツ方程式のグリーン関数は

$$G(\vec{r}) = -\frac{\exp(\pm i\alpha r)}{4\pi r} = -\frac{\exp(\pm i\alpha|\vec{r}|)}{4\pi|\vec{r}|}$$

となる。ここで $\alpha > 0$ を考えている。そして、r が原点からの距離とすると、α は波数に対応する。このとき、図 5-6 に示すように、＋のグリーン関数は r の正方向に進む波、あるいは球面波とすれば外向き波に相当する。一方、－は逆方向に戻る波、すなわち内向き波に対応すると考えられる。

　これらのグリーン関数を区別するために

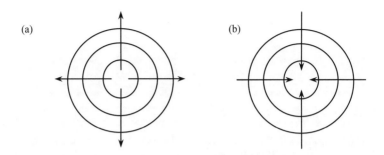

図 5-6 3 次元のヘルムホルツ方程式のグリーン関数の＋ならびに－は、球面波で考えれば、それぞれ (a) 外向き波；(b) 内向き波に対応している。

$$G^{\pm}(\vec{r}) = -\frac{\exp(\pm i\alpha r)}{4\pi r} = -\frac{\exp(\pm i\alpha|\vec{r}|)}{4\pi|\vec{r}|}$$

などと±を付して表記する場合もある。また、より一般的には、$\vec{r}$ の位置に $\vec{r}-\vec{r}'$ を代入して

$$G^{\pm}(\vec{r},\vec{r}') = G^{\pm}(\vec{r}-\vec{r}') = -\frac{\exp(\pm i\alpha|\vec{r}-\vec{r}'|)}{4\pi|\vec{r}-\vec{r}'|}$$

と置く場合もある。ここで、重要な事項をまとめておこう。3 次元ヘルムホルツ方程式の演算子

$$\hat{L} = \Delta + \alpha^2$$

に対応したグリーン関数は

$$G(\vec{r}) = \frac{1}{(2\pi)^3}\int_{-\infty}^{+\infty}\frac{1}{\alpha^2-k^2}\exp(i\vec{k}\cdot\vec{r})\,d^3\vec{k}$$

という積分によって与えられる。この積分を直交座標から球座標に変換すると

$$G(\vec{r}) = \frac{1}{4\pi^2|\vec{r}|i}\int_{-\infty}^{+\infty}\frac{k\exp(ik|\vec{r}|)}{\alpha^2-k^2}\,dk = \frac{1}{4\pi^2 ri}\int_{-\infty}^{+\infty}\frac{k\exp(ikr)}{\alpha^2-k^2}\,dk$$

となる。留数定理を利用してグリーン関数を計算すると、2 個の極の存在によって、2 種類のグリーン関数がえられ、それぞれ

$$G^+(\vec{r}) = -\frac{\exp(+i\alpha r)}{4\pi r} = -\frac{\exp(+i\alpha|\vec{r}|)}{4\pi|\vec{r}|}$$

$$G^-(\vec{r}) = -\frac{\exp(-i\alpha r)}{4\pi r} = -\frac{\exp(-i\alpha|\vec{r}|)}{4\pi|\vec{r}|}$$

となる。これが、3 次元のヘルムホルツ方程式のグリーン関数である。ところで、本章では、グリーン関数として

$$(\Delta + \alpha^2)[G(\vec{r})] = \delta^3(\vec{r})$$

を採用したが、デルタ関数の前の符号を

$$(\Delta + \alpha^2)[G(\vec{r})] = -\delta^3(\vec{r})$$

のように負とする場合も多い。その際のグリーン関数は

$$G^\pm(\vec{r}) = \frac{\exp(\pm i\alpha r)}{4\pi r} = \frac{\exp(\pm i\alpha|\vec{r}|)}{4\pi|\vec{r}|}$$

となる。

演習 5-5　ヘルムホルツ方程式のグリーン関数をもとに、ポアソン方程式のグリーン関数を求めよ。

解）　ポアソン方程式の演算子は

$$\hat{L} = \Delta$$

である。これは、ヘルムホルツ方程式の演算において $\alpha = 0$ と置いたものである。したがって

$$G(\vec{r} - \vec{r}') = -\frac{\exp(\pm i\alpha|\vec{r} - \vec{r}'|)}{4\pi|\vec{r} - \vec{r}'|}$$

において、$\alpha = 0$ を代入すると

$$G(\vec{r} - \vec{r}') = -\frac{1}{4\pi|\vec{r} - \vec{r}'|}$$

となる。

このグリーン関数は、第 4 章で求めたポアソン方程式のグリーン関数と一致している。

5. 3. 拡散方程式の解法

1 次元の物質の拡散を考える。媒質中の拡散物質の濃度は、位置と時間の関数となるので $f(x, t)$ となる。この濃度分布は、つぎの**拡散方程式** (diffusion equation) に従うことが知られている。この方程式は、第 1 章で紹介したように、熱伝導においても成立する方程式であり、熱伝導方程式とも呼ばれている。

$$\frac{\partial f(x,t)}{\partial t} = D\frac{\partial^2 f(x,t)}{\partial x^2}$$

ただし、D は拡散係数 (diffusion coefficient) であり、この関係は**フィックの法則** (Fick's law) として知られている。熱伝導方程式については、第 1 章でフーリエ変換とコンボルーション定理を利用して解法している。ここでは、グリーン関数を利用して解を求める。この微分演算子は

$$\hat{L} = D\frac{\partial^2}{\partial x^2} - \frac{\partial}{\partial t}$$

となる。この演算子に対応したグリーン関数は

$$\hat{L}\left[G(x,t;\xi,\tau)\right] = D\frac{\partial^2 G(x,t;\xi,\tau)}{\partial x^2} - \frac{\partial G(x,t;\xi,\tau)}{\partial t} = \delta(x-\xi)\delta(t-\tau)$$

と与えられる。ここでは、デルタ関数の前の符号として正を採用している。

いままで登場したグリーン関数は、位置だけに対応したものであるが、ここでは、位置 x と時間 t の異なる変数に対応している。位置変数の場合と比して少々複雑ではあるが、基本的な考えは変わらないので、このまま進めていこう[1]。

ここで、両辺のフーリエ逆変換を考える。いまの場合は、位置と時間に関するフーリエ変換なので、x–k ならびに t–ω 変換の両方を考える必要がある。よってグリーン関数のフーリエ逆変換は

---

[1] もちろん、x あるいは t のどちらかの変数のみに着目して解法する方法もある。

$$G(x,t\,;\xi,\tau) = \frac{1}{(2\pi)^2}\int_{-\infty}^{+\infty}\int_{-\infty}^{+\infty}\widetilde{G}(k,\omega)\exp\{ik(x-\xi)\}\exp\{i\omega(t-\tau)\}\,dk\,d\omega$$

となる。右辺が k ならびに ω に関する 2 重積分となることに注意されたい。

また、デルタ関数も、x,t に対応して

$$\delta(x-\xi)=\frac{1}{2\pi}\int_{-\infty}^{+\infty}\exp\{ik(x-\xi)\}\,dk \qquad \delta(t-\tau)=\frac{1}{2\pi}\int_{-\infty}^{+\infty}\exp\{i\omega(t-\tau)\}\,d\omega$$

となる。これらデルタ関数の積は

$$\delta(x-\xi)\delta(t-\tau)=\frac{1}{(2\pi)^2}\int_{-\infty}^{+\infty}\int_{-\infty}^{+\infty}\exp\{ik(x-\xi)\}\exp\{i\omega(t-\tau)\}\,dk\,d\omega$$

となる。

演習 5-6　$\hat{L}\big[G(x,t\,;\xi,\tau)\big]$ を計算せよ。

解）　$\hat{L}\big[G(x,t\,;\xi,\tau)\big]=\dfrac{D}{(2\pi)^2}\dfrac{\partial^2}{\partial x^2}\displaystyle\int_{-\infty}^{+\infty}\int_{-\infty}^{+\infty}\widetilde{G}(k,\omega)\exp\{ik(x-\xi)\}\exp\{i\omega(t-\tau)\}\,dk\,d\omega$

$$-\frac{1}{(2\pi)^2}\frac{\partial}{\partial t}\int_{-\infty}^{+\infty}\int_{-\infty}^{+\infty}\widetilde{G}(k,\omega)\exp\{ik(x-\xi)\}\exp\{i\omega(t-\tau)\}\,dk\,d\omega$$

となるが、最初の 2 階微分は x の関数のみに作用し、つぎの微分は t の関数のみに作用するので

$$\hat{L}\big[G(x,t\,;\xi,\tau)\big]=\frac{D}{(2\pi)^2}\int_{-\infty}^{+\infty}\int_{-\infty}^{+\infty}\widetilde{G}(k,\omega)\frac{\partial^2\big[\exp\{ik(x-\xi)\}\big]}{\partial x^2}\exp\{i\omega(t-\tau)\}\,dk\,d\omega$$

$$-\frac{1}{(2\pi)^2}\int_{-\infty}^{+\infty}\int_{-\infty}^{+\infty}\widetilde{G}(k,\omega)\exp\{ik(x-\xi)\}\frac{\partial\big[\exp\{i\omega(t-\tau)\}\big]}{\partial t}\,dk\,d\omega$$

ここで

$$\frac{\partial^2\big[\exp\{ik(x-\xi)\}\big]}{\partial x^2}=(ik)^2\exp\{ik(x-\xi)\}\;=-k^2\exp\{ik(x-\xi)\}$$

$$\frac{\partial\big[\exp\{i\omega(t-\tau)\}\big]}{\partial t}=i\omega\exp\{i\omega(t-\tau)\}$$

であるから

$$\hat{L}\left[G(x,t\,;\xi,\tau)\right]=$$

$$-\frac{1}{(2\pi)^2}\int_{-\infty}^{+\infty}\int_{-\infty}^{+\infty}(Dk^2+i\omega)\widetilde{G}(k,\omega)\exp\{ik(x-\xi)\}\exp\{i\omega(t-\tau)\}\,dk\,d\omega$$

となる。

ここで、グリーン関数は

$$\hat{L}\left[G(x,t\,;\,\xi,\tau)\right]=\delta(x-\xi)\delta(t-\tau)$$

という式を満足する。右辺は

$$\delta(x-\xi)\delta(t-\tau)=\frac{1}{(2\pi)^2}\int_{-\infty}^{+\infty}\int_{-\infty}^{+\infty}\exp\{ik(x-\xi)\}\exp\{i\omega(t-\tau)\}\,dk\,d\omega$$

であったから、両辺の比較から $-(Dk^2+i\omega)\,\widetilde{G}(k,\omega)=1$ となり

$$\widetilde{G}(k,\omega)=-\frac{1}{Dk^2+i\omega}$$

となる。したがって、グリーン関数は

$$G(x,t\,;\xi,\tau)=-\frac{1}{(2\pi)^2}\int_{-\infty}^{+\infty}\int_{-\infty}^{+\infty}\frac{1}{Dk^2+i\omega}\exp\{ik(x-\xi)\}\exp\{i\omega(t-\tau)\}\,dk\,d\omega$$

と与えられる。ここで、積分順序を整理して、つぎのように変形する。

$$G(x,t\,;\xi,\tau)=-\frac{1}{(2\pi)^2}\int_{-\infty}^{+\infty}\exp\{ik(x-\xi)\}\left\{\int_{-\infty}^{+\infty}\frac{1}{Dk^2+i\omega}\exp\{i\omega(t-\tau)\}\,d\omega\right\}dk$$

そのうえで、まず $\displaystyle\int_{-\infty}^{+\infty}\frac{1}{Dk^2+i\omega}\exp\{i\omega(t-\tau)\}\,d\omega$ という積分を行う。

演習 5-7 上記の複素積分を計算せよ。

解） まず、つぎのように変形する。

$$-i\int_{-\infty}^{+\infty}\frac{1}{\omega-iDk^2}\exp\{i\omega(t-\tau)\}\,d\omega$$

この複素積分では $\omega = iDk^2$ が特異点となるので、留数定理を使うと

$$\int_{-\infty}^{+\infty} \frac{1}{\omega - iDk^2} \exp\{i\omega(t-\tau)\}\, d\omega = 2\pi i \exp\{i(iDk^2)(t-\tau)\}$$

$$= 2\pi i \exp\{-(Dk^2)(t-\tau)\}$$

したがって

$$\int_{-\infty}^{+\infty} \frac{1}{Dk^2 + i\omega} \exp\{i\omega(t-\tau)\}\, d\omega = (-i)2\pi i \exp\{-(Dk^2)(t-\tau)\}$$

$$= 2\pi \exp\{-(Dk^2)(t-\tau)\}$$

となる。

この結果から、グリーン関数は

$$G(x,t\,;\,\xi,\tau) = -\frac{1}{(2\pi)^2} \int_{-\infty}^{+\infty} \exp\{ik(x-\xi)\}\left\{ \int_{-\infty}^{+\infty} \frac{1}{Dk^2 + i\omega} \exp\{i\omega(t-\tau)\}\, d\omega \right\} dk$$

$$= -\frac{1}{2\pi} \int_{-\infty}^{+\infty} \exp\{ik(x-\xi)\}\exp\{-(Dk^2)(t-\tau)\}\, dk$$

となる。

演習 5-8　表記の被積分関数に、変数変換 $i(x-\xi) = a$，$D(t-\tau) = b$ を施せ。

解）
$$\exp\{ik(x-\xi)\}\exp\{-(Dk^2)(t-\tau)\} = \exp(ak)\exp(-bk^2)$$
$$= \exp(-bk^2 + ak)$$

と変形できる。

演習 5-9　$\exp(-bk^2 + ak)$ の（　）内を平方化し、積分を施せ。

解）
$$-bk^2 + ak = -b\left(k - \frac{a}{2b}\right)^2 + \frac{a^2}{4b}$$

となる。すると

$$\exp\{ik(x-\xi)\}\exp\{-(Dk^2)(t-\tau)\} = \exp\left\{-b\left(k-\frac{a}{2b}\right)^2+\frac{a^2}{4b}\right\}$$

$$= \exp\left(\frac{a^2}{4b}\right)\exp\left\{-b\left(k-\frac{a}{2b}\right)^2\right\}$$

と変形できる。さらに $u = k-\dfrac{a}{2b}$ と変数変換すると $du = dk$ であるので

$$\int_{-\infty}^{+\infty}\exp\{ik(x-\xi)\}\exp\{-(Dk^2)(t-\tau)\}\,dk$$

$$= \exp\left(\frac{a^2}{4b}\right)\int_{-\infty}^{+\infty}\exp\left\{-b\left(k-\frac{a}{2b}\right)^2\right\}dk = \exp\left(\frac{a^2}{4b}\right)\int_{-\infty}^{+\infty}\exp(-bu^2)\,du$$

となる。ガウス積分から $\displaystyle\int_{-\infty}^{+\infty}\exp(-bu^2)\,du = \sqrt{\dfrac{\pi}{b}}$ であるので、グリーン関数は

$$G(x,t\,;\,\xi,\tau) = -\frac{1}{2\pi}\sqrt{\frac{\pi}{b}}\exp\left(\frac{a^2}{4b}\right)$$

と与えられる。

ここで、$a = i(x-\xi)$ および $b = D(t-\tau)$ であったので x と t の関数に戻すと

$$G(x,t\,;\,\xi,\tau) = -\frac{1}{2\sqrt{\pi D(t-\tau)}}\exp\left(-\frac{(x-\xi)^2}{4D(t-\tau)}\right)$$

となる。また、始点を $\xi=0,\ \tau=0$ とすると

$$G(x,t) = -\frac{1}{2\sqrt{\pi Dt}}\exp\left(-\frac{x^2}{4Dt}\right)$$

となる。第 2 章で導出したのが、このグリーン関数である。

5.4. 波動方程式の解法

1 次元の波動方程式は

$$\frac{\partial^2 u\,(x,t)}{\partial t^2} = c^2\,\frac{\partial^2 u\,(x,t)}{\partial x^2}$$

と与えられる。ここで、c は波の移動速度である。その微分演算子は

$$\hat{L} = \frac{\partial^2}{\partial x^2} - \frac{1}{c^2}\frac{\partial^2}{\partial t^2}$$

となる。よって、この演算子に対応したグリーン関数は

$$\hat{L}\left[G(x,t\,;\xi,\tau)\right] = \frac{\partial^2 G(x,t;\xi,\tau)}{\partial x^2} - \frac{1}{c^2}\frac{\partial^2 G(x,t;\xi,\tau)}{\partial t^2} = \delta(x-\xi)\delta(t-\tau)$$

と与えられる。ここで、一般性を失わずに、$\xi = 0$, $\tau = 0$ と置いて

$$\hat{L}\left[G(x,t)\right] = \frac{\partial^2 G(x,t)}{\partial x^2} - \frac{1}{c^2}\frac{\partial^2 G(x,t)}{\partial t^2} = \delta(x)\delta(t)$$

という式を考える。この場合、$G\,(x, t)$ を求めた後、x に $x-\xi$ を、t に $t-\tau$ を代入すれば $G\,(x-\xi, t-\tau)$ がえられる。

　ここで、フーリエ逆変換は $\omega \to t$ と $k \to x$ の 2 種類があるので

$$G(x,t) = \frac{1}{(2\pi)^2}\int_{-\infty}^{+\infty}\int_{-\infty}^{+\infty}\widetilde{G}(k,\omega)\exp(i\omega t)\exp(ikx)\,d\omega\,dk$$

となるが、ここでは、まず $\omega \to t$ のフーリエ逆変換を利用する。すると

$$G(x,t) = \frac{1}{2\pi}\int_{-\infty}^{+\infty}\widetilde{G}(x,\omega)\exp(i\omega t)\,d\omega$$

となる。

演習 5-10　$G(x, t)$ のフーリエ逆変換をもとに

$$\frac{\partial^2 G(x,t)}{\partial x^2}\quad\text{ならびに}\quad\frac{\partial^2 G(x,t)}{\partial t^2}\quad\text{を計算せよ。}$$

解）

$$\frac{\partial^2 G(x,t)}{\partial x^2} = \frac{\partial^2}{\partial x^2}\left\{\frac{1}{2\pi}\int_{-\infty}^{+\infty}\widetilde{G}(x,\omega)\exp(i\omega t)\,d\omega\right\} = \frac{1}{2\pi}\int_{-\infty}^{+\infty}\frac{\partial^2\widetilde{G}(x,\omega)}{\partial x^2}\exp(i\omega t)\,d\omega$$

$$\frac{\partial^2 G(x,t)}{\partial t^2} = \frac{\partial^2}{\partial t^2}\left\{\frac{1}{2\pi}\int_{-\infty}^{+\infty}\widetilde{G}(x,\omega)\exp(i\omega t)\,d\omega\right\} = \frac{1}{2\pi}\int_{-\infty}^{+\infty}\widetilde{G}(x,\omega)\frac{\partial^2\{\exp(i\omega t)\}}{\partial t^2}\,d\omega$$

$$= -\frac{\omega^2}{2\pi} \int_{-\infty}^{+\infty} \widetilde{G}(x,\omega) \exp(i\omega t)\, d\omega$$

となる。

ここで、時間 t に関するデルタ関数は

$$\delta(t) = \frac{1}{2\pi} \int_{-\infty}^{+\infty} \exp(i\omega t)\, d\omega$$

となる。

演習 5-11　$\omega \rightarrow t$ のフーリエ逆変換を利用して微分方程式

$$\frac{\partial^2 G(x,t)}{\partial x^2} - \frac{1}{c^2} \frac{\partial^2 G(x,t)}{\partial t^2} = \delta(x)\delta(t) \quad \text{を変形せよ。}$$

解）　求めたフーリエ逆変換を与式に代入すると

$$\frac{1}{2\pi} \int_{-\infty}^{+\infty} \frac{\partial^2 \widetilde{G}(x,\omega)}{\partial x^2} \exp(i\omega t)\, d\omega + \frac{\omega^2}{2\pi c^2} \int_{-\infty}^{+\infty} \widetilde{G}(x,\omega) \exp(i\omega t)\, d\omega$$

$$= \delta(x) \frac{1}{2\pi} \int_{-\infty}^{+\infty} \exp(i\omega t)\, d\omega$$

となる。まとめると

$$\int_{-\infty}^{+\infty} \left\{ \frac{\partial^2 \widetilde{G}(x,\omega)}{\partial x^2} + \frac{\omega^2}{c^2} \widetilde{G}(x,\omega) \right\} \exp(i\omega t)\, d\omega = \int_{-\infty}^{+\infty} \delta(x) \exp(i\omega t)\, d\omega$$

となる。両辺の被積分項が等しいとすると

$$\frac{\partial^2 \widetilde{G}(x,\omega)}{\partial x^2} + \frac{\omega^2}{c^2} \widetilde{G}(x,\omega) = \delta(x)$$

という微分方程式がえられる。

これは、ヘルムホルツ型の偏微分方程式であり、そのグリーン関数が満足する式に他ならない。

　実は、多くの偏微分方程式は、適当な処理によって、ヘルムホルツ型に変形できることが知られている。そして、この型に変形できれば、すでに紹介したヘルムホルツ方程式の解法によって解を求めることができるのである。

第6章 遅延と先進グリーン関数

　本章では、グリーン関数の電磁気学への応用を紹介しながら、電磁気学で登場する**遅延グリーン関数** (retarded Green's function) と**先進グリーン関数** (advanced Green's function) について説明する。

　電磁気学の主役は磁場 (magnetic field: H) と電場 (electric field: E) である。しかし、電位すなわち **静電ポテンシャル** (electrostatic potential: ϕ) ならびに**ベクトルポテンシャル** (vector potential: $\vec{A}$) を使って構築することも可能であり、これらポテンシャルの組を**電磁ポテンシャル** (electromagnetic potential) と呼んでいる[1]。時間変化を含むマックスウェル方程式を電磁ポテンシャルで表現すると

$$\Delta \phi(\vec{r}, t) - \frac{\partial^2 \phi(\vec{r}, t)}{c^2 \partial t^2} = -\frac{\rho(\vec{r}, t)}{\varepsilon}$$

$$\Delta \vec{A}(\vec{r}, t) - \frac{\partial^2 \vec{A}(\vec{r}, t)}{c^2 \partial t^2} = -\mu \vec{J}(\vec{r}, t)$$

となる。ただし、c は光速である。

　これらの式は、非同次の波動方程式である。非同次項は、それぞれ電荷（密度）ρ ならびに電流（要素）$\vec{J}$ となっている。これは、電荷が静電ポテンシャルの発生源であり、電流がベクトルポテンシャルの発生源であることを意味している。

　また、これらの式は同じ型の偏微分方程式であるので、両者のグリーン関数は

$$\Delta G(\vec{r}, t) - \frac{\partial^2 G(\vec{r}, t)}{c^2 \partial t^2} = \delta(\vec{r})\delta(t)$$

と同じ式を満足する。そして、グリーン関数を使えば、それぞれの解は

$$\phi(\vec{r}, t) = \iint G(\vec{r}, t)\left(-\frac{\rho(\vec{r}, t)}{\varepsilon}\right) d\vec{r}\, dt$$

---

[1] 拙著『なるほどベクトルポテンシャル』(海鳴社) を参照されたい。

$$\vec{A}(\vec{r},t) = \iint G(\vec{r},t)\{-\mu \vec{J}(\vec{r},t)\}\, d\vec{r}\, dt$$

と与えられる。

　また、これらの方程式には時間変化が入っており、もともと波動方程式のかたちをしているのであるから、電磁波を表現する式とも考えられる[2]。

　これらの方程式は同じかたちをしているので、どちらかを解法すればよいことになる。本章では、静電ポテンシャルに関する方程式

$$\Delta \phi(\vec{r},t) - \frac{\partial^2 \phi(\vec{r},t)}{c^2 \partial t^2} = -\frac{\rho(\vec{r},t)}{\varepsilon}$$

の解法を紹介する。成分表示すれば

$$\frac{\partial^2}{\partial x^2}\phi(x,y,z,t) + \frac{\partial^2}{\partial y^2}\phi(x,y,z,t) + \frac{\partial^2}{\partial z^2}\phi(x,y,z,t) - \frac{\partial^2 \phi(x,y,z,t)}{c^2 \partial t^2} = -\frac{\rho(x,y,z,t)}{\varepsilon}$$

となる。

6.1.　フーリエ変換

　グリーン関数を求める際に、フーリエ変換として $\vec{r} \to \vec{k}$ 変換と $t \to \omega$ 変換を同時に進める手法もあるが、ここでは、変数 t と ω 間のフーリエ変換ならびにフーリエ逆変換を利用して変形を行う。一応、これらの変換を整理すれば $\phi(x,t)$ の $t \to \omega$ のフーリエ変換は、3次元空間では

$$\widetilde{\phi}(\vec{r},\omega) = \int_{-\infty}^{+\infty} \phi(\vec{r},t)\exp(-i\omega t)\, dt$$

となる。また、$\omega \to t$ のフーリエ逆変換は

$$\phi(\vec{r},t) = \frac{1}{2\pi} \int_{-\infty}^{+\infty} \widetilde{\phi}(\vec{r},\omega)\exp(i\omega t)\, d\omega$$

となる。

---

[2] 拙著『なるほどベクトルポテンシャル』（海鳴社）を参照されたい。

演習 6-1　つぎの偏微分方程式に $\omega \to t$ のフーリエ逆変換を施し、あらたな偏微分方程式を導出せよ。

$$\Delta\phi(\vec{r},t) - \frac{1}{c^2}\frac{\partial^2\phi(\vec{r},t)}{\partial t^2} = -\frac{1}{\varepsilon}\rho(\vec{r},t)$$

解）　$\phi(\vec{r},t)$ の $\omega \to t$ フーリエ逆変換は

$$\phi(\vec{r},t) = \frac{1}{2\pi}\int_{-\infty}^{+\infty}\widetilde{\phi}(\vec{r},\omega)\exp(i\omega t)\,d\omega$$

となる。ここで Δ は、位置の関数のみに作用するので

$$\Delta\phi(\vec{r},t) = \frac{1}{2\pi}\int_{-\infty}^{+\infty}\{\Delta\widetilde{\phi}(\vec{r},\omega)\}\exp(i\omega t)\,d\omega$$

となる。つぎに

$$\frac{\partial^2\phi(\vec{r},t)}{\partial t^2} = = -\frac{\omega^2}{2\pi}\int_{-\infty}^{+\infty}\widetilde{\phi}(\vec{r},\omega)\exp(i\omega t)\,d\omega$$

となる。右辺の電荷に関する $\omega \to t$ フーリエ逆変換は

$$\rho(\vec{r},t) = \frac{1}{2\pi}\int_{-\infty}^{+\infty}\widetilde{\rho}(\vec{r},\omega)\exp(i\omega t)\,d\omega$$

となる。以上の結果を表記の微分方程式に代入すると

$$\frac{1}{2\pi}\int_{-\infty}^{+\infty}\{\Delta\widetilde{\phi}(\vec{r},\omega)\}\exp(i\omega t)\,d\omega + \frac{\omega^2}{c^2}\frac{1}{2\pi}\int_{-\infty}^{+\infty}\widetilde{\phi}(\vec{r},\omega)\exp(i\omega t)\,d\omega$$

$$= -\frac{1}{\varepsilon}\frac{1}{2\pi}\int_{-\infty}^{+\infty}\widetilde{\rho}(\vec{r},\omega)\exp(i\omega t)\,d\omega$$

となり、整理すると、新たな偏微分方程式

$$\Delta\widetilde{\phi}(\vec{r},\omega) + \frac{\omega^2}{c^2}\widetilde{\phi}(\vec{r},\omega) = -\frac{1}{\varepsilon}\widetilde{\rho}(\vec{r},\omega)$$

がえられる。

この偏微分方程式は、非同次のヘルムホルツ方程式となっている。

99999

6.2.　グリーン関数の導出

偏微分方程式

$$\Delta\widetilde{\phi}(\vec{r},\omega)+\frac{\omega^2}{c^2}\widetilde{\phi}(\vec{r},\omega)=-\frac{1}{\varepsilon}\widetilde{\rho}(\vec{r},\omega)$$

を解法するために、グリーン関数を利用する。まず、微分演算子は

$$\hat{L}=\Delta+\frac{\omega^2}{c^2}=\Delta+\alpha^2$$

であり、3 次元のヘルムホルツ方程式に対応している。ただし、$\alpha=\omega/c$ と置いている。求めるグリーン関数 $G(\vec{r},\vec{r}')$ は

$$\Delta G(\vec{r},\vec{r}')+\frac{\omega^2}{c^2}G(\vec{r},\vec{r}')=\delta^3(\vec{r}-\vec{r}')$$

という関係を満足する。このとき

$$\widetilde{\phi}(\vec{r},\omega)=\int_{-\infty}^{+\infty}G(\vec{r},\vec{r}')\left\{-\frac{\widetilde{\rho}(\vec{r}',\omega)}{\varepsilon}\right\}d^3\vec{r}$$

と与えられる。

　また、電荷の影響、すなわちグリーン関数は、起点となる電荷の位置 $\vec{r}'$ と、電位を測定する位置 $\vec{r}$ との間の距離 $\vec{r}-\vec{r}'$ の関数となるので

$$\Delta G(\vec{r}-\vec{r}')+\frac{\omega^2}{c^2}G(\vec{r}-\vec{r}')=\delta^3(\vec{r}-\vec{r}')$$

としてよい。ここで、一般性を失わずに、$\vec{r}'=0$ と置いてよいので、グリーン関数が満たすべき式として

$$\Delta G(\vec{r})+\frac{\omega^2}{c^2}G(\vec{r})=\delta^3(\vec{r})$$

を考える。このグリーン関数を求めると、第 5 章で示したように

$$G(\vec{r})=-\frac{1}{4\pi|\vec{r}|}\exp\left(\pm i\frac{\omega}{c}|\vec{r}|\right)$$

と与えられるのであった。さらに符号の±を区別するためにグリーン関数にも±を付して

$$G^{\pm}(\vec{r}) = -\frac{1}{4\pi|\vec{r}|}\exp\left(\pm i\frac{\omega}{c}|\vec{r}|\right)$$

とする。

　この2種類のグリーン関数は、すでに第5章で紹介したように、＋が外向きの球面波、－が内向きの球面波に対応する。さらに、電荷の位置 $\vec{r}'$ を入れると、グリーン関数は、それぞれ

$$G^{+}(\vec{r} - \vec{r}') = -\frac{1}{4\pi|\vec{r} - \vec{r}'|}\exp\left(+i\frac{\omega}{c}|\vec{r} - \vec{r}'|\right)$$

$$G^{-}(\vec{r} - \vec{r}') = -\frac{1}{4\pi|\vec{r} - \vec{r}'|}\exp\left(-i\frac{\omega}{c}|\vec{r} - \vec{r}'|\right)$$

となる。ここで

$$\widetilde{\phi}(\vec{r},\omega) = \int_{-\infty}^{+\infty} G(\vec{r} - \vec{r}')\left\{-\frac{\widetilde{\rho}(\vec{r}',\omega)}{\varepsilon}\right\}d^3\vec{r}'$$

という関係にあるので、静電ポテンシャルは

$$\widetilde{\phi}^{\pm}(\vec{r},\omega) = \frac{1}{4\pi\varepsilon}\int_{-\infty}^{+\infty}\frac{1}{|\vec{r} - \vec{r}'|}\exp\left(\pm i\frac{\omega}{c}|\vec{r} - \vec{r}'|\right)\widetilde{\rho}(\vec{r}',\omega)\,d^3\vec{r}'$$

と与えられる。

演習 6-2　$\widetilde{\phi}^{+}(\vec{r},\omega)$ にフーリエ逆変換を施すことにより、静電ポテンシャル $\phi^{+}(\vec{r},t)$ を求めよ。

　解）　求める静電ポテンシャル $\phi^{+}(\vec{r},t)$ は

$$\phi^{+}(\vec{r},t) = \frac{1}{2\pi}\int_{-\infty}^{+\infty}\widetilde{\phi}^{+}(\vec{r},\omega)\exp(i\omega t)\,d\omega$$

となる。ここで

$$\widetilde{\phi}^{+}(\vec{r},\omega) = \frac{1}{4\pi\varepsilon}\int_{-\infty}^{+\infty}\frac{1}{|\vec{r} - \vec{r}'|}\exp\left(+i\frac{\omega}{c}|\vec{r} - \vec{r}'|\right)\widetilde{\rho}(\vec{r}',\omega)\,d^3\vec{r}'$$

であるから

$$\phi^+(\vec{r},t)=\frac{1}{8\pi^2\varepsilon}\int_{-\infty}^{+\infty}\int_{-\infty}^{+\infty}\frac{1}{|\vec{r}-\vec{r}'|}\exp\left(+i\frac{\omega}{c}|\vec{r}-\vec{r}'|\right)\widetilde{\rho}(\vec{r}',\omega)\exp(i\omega t)\,d\omega\,d^3\vec{r}'$$

右辺を、積分変数 ω と r で整理すると

$$\phi^+(\vec{r},t)=\frac{1}{8\pi^2\varepsilon}\int_{-\infty}^{+\infty}\frac{1}{|\vec{r}-\vec{r}'|}\left[\int_{-\infty}^{+\infty}\widetilde{\rho}(\vec{r}',\omega)\exp\left\{i\omega\left(t+\frac{|\vec{r}-\vec{r}'|}{c}\right)\right\}d\omega\right]d^3\vec{r}'$$

となる。ここで

$$\rho(\vec{r}',t)=\frac{1}{2\pi}\int_{-\infty}^{+\infty}\widetilde{\rho}(\vec{r}',\omega)\exp(i\omega t)\,d\omega$$

という $\omega\to t$ のフーリエ逆変換を思い出そう。この式の時間項 t に

$$t+\frac{|\vec{r}-\vec{r}'|}{c}$$

を代入すれば

$$\rho\left(\vec{r}',\,t+\frac{|\vec{r}-\vec{r}'|}{c}\right)=\frac{1}{2\pi}\int_{-\infty}^{+\infty}\widetilde{\rho}(\vec{r}',\omega)\exp\left\{i\omega\left(t+\frac{|\vec{r}-\vec{r}'|}{c}\right)\right\}d\omega$$

となる。

　この式は、まさに、いま求めた式の ω に関する積分項の [　] に対応するから

$$\phi^+(\vec{r},t)=\frac{1}{4\pi\varepsilon}\int\frac{\rho(\vec{r}',t+|\vec{r}-\vec{r}'|/c)}{|\vec{r}-\vec{r}'|}\,d^3\vec{r}'$$

となる。

　一方、グリーン関数として

$$G^-(\vec{r}-\vec{r}')=-\frac{1}{4\pi|\vec{r}-\vec{r}'|}\exp\left(-i\frac{\omega}{c}|\vec{r}-\vec{r}'|\right)$$

を選べば

$$\phi^-(\vec{r},t)=\frac{1}{2\pi}\int_{-\infty}^{+\infty}\widetilde{\phi}^-(\vec{r},\omega)\exp(i\omega t)\,d\omega$$

となる。ここで

$$\widetilde{\phi}^{-}(\vec{r},\omega) = \frac{1}{4\pi\varepsilon} \int_{-\infty}^{+\infty} \frac{1}{|\vec{r}-\vec{r}'|} \exp\left(-i\frac{\omega}{c}|\vec{r}-\vec{r}'|\right) \widetilde{\rho}(\vec{r}',\omega) \, d^3\vec{r}'$$

であるから

$$\phi^{-}(\vec{r},t) = \frac{1}{8\pi^2\varepsilon} \int_{-\infty}^{+\infty} \int_{-\infty}^{+\infty} \frac{1}{|\vec{r}-\vec{r}'|} \exp\left(-i\frac{\omega}{c}|\vec{r}-\vec{r}'|\right) \widetilde{\rho}(\vec{r}',\omega) \exp(i\omega t) \, d\omega \, d^3\vec{r}'$$

右辺を整理すると

$$\phi^{-}(\vec{r},t) = \frac{1}{8\pi^2\varepsilon} \int_{-\infty}^{+\infty} \frac{1}{|\vec{r}-\vec{r}'|} \left[\int_{-\infty}^{+\infty} \widetilde{\rho}(\vec{r}',\omega) \exp\left\{i\omega\left(t - \frac{|\vec{r}-\vec{r}'|}{c}\right)\right\} d\omega \right] d^3\vec{r}'$$

となる。ここで

$$\rho(\vec{r}',t) = \frac{1}{2\pi} \int_{-\infty}^{+\infty} \widetilde{\rho}(\vec{r}',\omega) \exp(i\omega t) \, d\omega$$

という $\omega \to t$ のフーリエ逆変換の t に

$$t - \frac{|\vec{r}-\vec{r}'|}{c}$$

を代入すれば

$$\rho\left(\vec{r}', \, t - \frac{|\vec{r}-\vec{r}'|}{c}\right) = \frac{1}{2\pi} \int_{-\infty}^{+\infty} \widetilde{\rho}(\vec{r}',\omega) \exp\left\{i\omega\left(t - \frac{|\vec{r}-\vec{r}'|}{c}\right)\right\} d\omega$$

となる。

この式は、まさに、いま求めた式の ω に関する積分項に対応するから

$$\phi^{-}(\vec{r},t) = \frac{1}{4\pi\varepsilon} \int \frac{\rho(\vec{r}', t - |\vec{r}-\vec{r}'|/c)}{|\vec{r}-\vec{r}'|} \, d^3\vec{r}'$$

となる。

6.3. 遅延ポテンシャルと先進ポテンシャル

いま求めたように、静電ポテンシャルとしては

$$\phi^{-}(\vec{r},t) = \frac{1}{4\pi\varepsilon} \int \frac{\rho(\vec{r}', t - |\vec{r}-\vec{r}'|/c)}{|\vec{r}-\vec{r}'|} \, d^3\vec{r}'$$

$$\phi^+(\vec{r},t) = \frac{1}{4\pi\varepsilon} \int \frac{\rho(\vec{r}',t+\left|\vec{r}-\vec{r}'\right|/c)}{\left|\vec{r}-\vec{r}'\right|} d^3\vec{r}'$$

のふたつの解がえられる。

　ここで、これらの解は、それぞれ**遅延ポテンシャル** (retarded potential) と**先進ポテンシャル** (advanced potential) と呼ばれる。その理由を考えてみよう。

　まず、遅延ポテンシャルは

$$\phi^-(\vec{r},t) = \frac{1}{4\pi\varepsilon} \int \frac{\rho(\vec{r}',t-\left|\vec{r}-\vec{r}'\right|/c)}{\left|\vec{r}-\vec{r}'\right|} d^3\vec{r}' = \frac{1}{4\pi\varepsilon} \int \frac{\rho(\vec{r}',t')}{\left|\vec{r}-\vec{r}'\right|} d^3\vec{r}'$$

と置くと

$$t' = t - \frac{\left|\vec{r}-\vec{r}'\right|}{c}$$

となるが、これは、電磁波においては、静電ポテンシャルの測定点の時間 t は、その原因となる点の電位の変化が光速 c で伝わるが、その距離 $\left|\vec{r}-\vec{r}'\right|$ を伝播するのに要する時間 $\left|\vec{r}-\vec{r}'\right|/c$ だけ前の現象ということになる。あるいは、この時間だけ遅れて伝わるということができる。このため、遅延ポテンシャルと呼んでいる。

　それでは、先進ポテンシャルとは、いったいどういうものなのだろうか。この場合

$$t' = t + \frac{\left|\vec{r}-\vec{r}'\right|}{c}$$

となるので、原因が未来にあるという変わった現象となる。このため、一般には遅延ポテンシャルのみを取り扱う。あえていえば、未来の現象を所与のものとすると、現時点の電位はこうでならなければいけないという値を与えているものとみなせるのである。

　ところで、遅延ポテンシャルと先進ポテンシャルに対応したグリーン関数は、

$$G^-(\vec{r}-\vec{r}') = -\frac{1}{4\pi\left|\vec{r}-\vec{r}'\right|} \exp\left(-i\frac{\omega}{c}\left|\vec{r}-\vec{r}'\right|\right)$$

$$G^+(\vec{r}-\vec{r}') = -\frac{1}{4\pi\left|\vec{r}-\vec{r}'\right|} \exp\left(+i\frac{\omega}{c}\left|\vec{r}-\vec{r}'\right|\right)$$

となるが、これらが、すでに紹介した**遅延グリーン関数** (retarded Green's function) ならびに、**先進グリーン関数** (advanced Green's function) である。これらグリーン関数に時間依存項である $\exp(i\omega t)$ が作用したとき

$$G^{\pm}(\vec{r}-\vec{r}')\exp(i\omega t) = -\frac{1}{4\pi|\vec{r}-\vec{r}'|}\exp\left\{i\omega\left(t\pm\frac{|\vec{r}-\vec{r}'|}{c}\right)\right\}$$

となり、遅延と先進の違いが生じるのである。よって、本質的には $G(r)$ において生じる $\pm$ のグリーン関数の差異がその原因である。

　ところで、これらグリーン関数はベクトルポテンシャルの場合にも適用できる。また、ベクトルポテンシャルの遅延ならびに先進ポテンシャルは、静電ポテンシャルとのアナロジーから

$$\vec{A}^{-}(\vec{r},t) = \frac{\mu}{4\pi}\int\frac{\vec{J}(\vec{r}',t-|\vec{r}-\vec{r}'|/c)}{|\vec{r}-\vec{r}'|}d^3\vec{r}'$$

$$\vec{A}^{+}(\vec{r},t) = \frac{\mu}{4\pi}\int\frac{\vec{J}(\vec{r}',t+|\vec{r}-\vec{r}'|/c)}{|\vec{r}-\vec{r}'|}d^3\vec{r}'$$

と与えられる。

6.4. 遅延と先進の差異

　遅延と先進グリーン関数の違いが生じるのは、グリーン関数を求める際

$$G(r) = \frac{1}{4\pi^2 r i}\int_{-\infty}^{+\infty}\frac{k\exp(ikr)}{\left(\frac{\omega}{c}\right)^2 - k^2}dk = -\frac{1}{4\pi^2 r i}\int_{-\infty}^{+\infty}\frac{k\exp(ikr)}{k^2 - \left(\frac{\omega}{c}\right)^2}dk$$

の複素積分の計算における極の選び方による。ただし、この表記では $r=|\vec{r}-\vec{r}'|$ としている。この複素積分項は

$$I = \int_{-\infty}^{+\infty}\frac{k\exp(ikr)}{k^2 - \left(\frac{\omega}{c}\right)^2}dk = \lim_{k\to\infty}\oint_C\frac{k\exp(ikr)}{\left(k+\frac{\omega}{c}\right)\left(k-\frac{\omega}{c}\right)}dk$$

と変形できる。このように、$k=\omega/c$ ならびに $k=-\omega/c$ の2個の特異点が存在する。そして、積分する際に、どちらの極を採用するかによって結果が異なる。

この結果、2個のグリーン関数がえられるのである。

　実は、この積分において、極は実軸上に存在している。このため、実数の積分において特異点が存在することになり、厳密には、留数定理を単純に適用できる保証はないのである[3]。このため、この問題を解消するため、一般には、つぎのような工夫をしている。

$$I = I(\varepsilon \to 0) = \lim_{k \to \infty} \oint_C \frac{k \exp(ikr)}{\left\{ k + \left(\dfrac{\omega}{c} + i\varepsilon \right) \right\}\left\{ k - \left(\dfrac{\omega}{c} + i\varepsilon \right) \right\}} \, dk$$

　この手法については、第3章ですでに紹介している。ε を微少量として、$i\varepsilon$ を特異点である ω/c に付加する方法である。そのうえで、複素積分を実行し、最後に $\varepsilon \to 0$ とすればよい。このとき、極は

$$k = \frac{\omega}{c} + i\varepsilon \qquad k = -\left(\frac{\omega}{c} + i\varepsilon \right) = -\frac{\omega}{c} - i\varepsilon$$

となって、図 6-1 に示すように実軸上からずれて、複素平面に移動する。

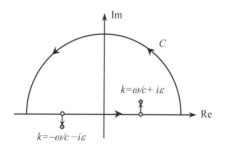

図 6-1　$i\varepsilon$ だけ極を与える特異点を実軸からずらす。ここで、積分路 C として図のような上半円をとると、極は $k = \omega/c + i\varepsilon$ のみとなる。

　こうすれば、留数定理を使うことができる。ここで、符号の異なる特異点 $k = (\omega/c) \pm i\varepsilon$ に対応して異なるグリーン関数がえられることになる。

---

[3] この場合は、留数定理をそのまま適用できる。

演習 6-3　特異点 $k = (\omega/c) + i\varepsilon$ に対応したグリーン関数を求めよ。

解）　留数定理を適用するため

$$f(k) = \frac{k \exp(ikr)}{\left\{ k + \left(\dfrac{\omega}{c} + i\varepsilon \right) \right\}\left\{ k - \left(\dfrac{\omega}{c} + i\varepsilon \right) \right\}}$$

と置く。すると、特異点 $k = (\omega/c) + i\varepsilon$ に対応した留数は

$$\mathrm{Res}\left(\frac{\omega}{c} + i\varepsilon \right) = \left[\left\{ k - \left(\frac{\omega}{c} + i\varepsilon \right) \right\} f(k) \right]_{k = \frac{\omega}{c} + i\varepsilon}$$

となり、積分値は

$$I = 2\pi i\, \mathrm{Res}\left(\frac{\omega}{c} + i\varepsilon \right) = 2\pi i\, \frac{\left(\dfrac{\omega}{c} + i\varepsilon \right) \exp\left\{ i\left(\dfrac{\omega}{c} + i\varepsilon \right)r \right\}}{2\left(\dfrac{\omega}{c} + i\varepsilon \right)} = \pi i \exp\left\{ i\left(\frac{\omega}{c} + i\varepsilon \right)r \right\}$$

となる。ここで $\varepsilon \to 0$ とすると

$$G^{+}(r) = -\frac{1}{4\pi r} \exp\left(i\frac{\omega}{c} r \right)$$

となる。

　これが、特異点 $k = (\omega/c) + i\varepsilon$ に対応したグリーン関数であり、先進グリーン関数である。一方、特異点 ω/c に $-i\varepsilon$ を付加する方法もある。この特異点は

$$k = \frac{\omega}{c} - i\varepsilon \qquad k = -\left(\frac{\omega}{c} - i\varepsilon \right) = -\frac{\omega}{c} + i\varepsilon$$

となって、それぞれ実軸上からはずれ、複素領域に移動するが、図 6-1 に示した場合と異なり、図 6-2 に示したような配置となる。そして、積分路 C を再び、図のような上半円にとると、極は $k = -(\omega/c) + i\varepsilon$ のみとなるように実軸上からずれて、複素空間に移動する。このとき、複素積分は

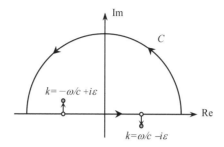

図 6-2　$i\varepsilon$ だけ極を与える特異点を実軸からずらす。ここで、積分路 C として図のような上半円をとると、積分路内にある極は $k = -\omega/c + i\varepsilon$ のみとなる。

$$I = I(\varepsilon \to 0) = \lim_{k \to \infty} \oint_C \frac{k \exp(ikr)}{\left\{k + \left(-\dfrac{\omega}{c} + i\varepsilon\right)\right\}\left\{k - \left(-\dfrac{\omega}{c} + i\varepsilon\right)\right\}} \, dk$$

となる。ここで、特異点 $k = -(\omega/c) + i\varepsilon$ に留数定理を適用しよう。

$$f(k) = \frac{k \exp(ikr)}{\left\{k + \left(-\dfrac{\omega}{c} + i\varepsilon\right)\right\}\left\{k - \left(-\dfrac{\omega}{c} + i\varepsilon\right)\right\}}$$

として

$$\mathrm{Res}\left(-\frac{\omega}{c} + i\varepsilon\right) = \left[\left\{k - \left(-\frac{\omega}{c} + i\varepsilon\right)\right\} f(k)\right]_{k = -\frac{\omega}{c} + i\varepsilon}$$

となり、積分値は

$$I = 2\pi i\, \mathrm{Res}\left(-\frac{\omega}{c} + i\varepsilon\right) = 2\pi i \frac{\left(-\dfrac{\omega}{c} + i\varepsilon\right) \exp\left\{i\left(-\dfrac{\omega}{c} + i\varepsilon\right)r\right\}}{2\left(-\dfrac{\omega}{c} + i\varepsilon\right)} = \pi i \exp\left\{-i\left(\frac{\omega}{c} - i\varepsilon\right)r\right\}$$

となる。ここで $\varepsilon \to 0$ とすると

$$G^-(r) = -\frac{1}{4\pi r} \exp\left(-i\frac{\omega}{c}r\right)$$

となる。これが遅延グリーン関数である。

ここで、積分の分母に注目する。先進グリーン関数では

$$\left\{k+\left(\frac{\omega}{c}+i\varepsilon\right)\right\}\left\{k-\left(\frac{\omega}{c}+i\varepsilon\right)\right\}$$

となっている。これを計算すると

$$\left\{k+\left(\frac{\omega}{c}+i\varepsilon\right)\right\}\left\{k-\left(\frac{\omega}{c}+i\varepsilon\right)\right\}=k^2-\left(\frac{\omega}{c}+i\varepsilon\right)^2=k^2-\left(\frac{\omega}{c}\right)^2-i\frac{2\omega\varepsilon}{c}+\varepsilon^2$$

となる。ε は微小量であるから、2乗の項を無視すると

$$\left\{k+\left(\frac{\omega}{c}+i\varepsilon\right)\right\}\left\{k-\left(\frac{\omega}{c}+i\varepsilon\right)\right\}=k^2-\left(\frac{\omega}{c}\right)^2-i\frac{2\omega\varepsilon}{c}$$

となるが

$$\frac{2\omega\varepsilon}{c}=\varpi$$

と置きなおすと、先進グリーン関数は

$$G^+(r)=-\frac{1}{4\pi^2 r i}\int_{-\infty}^{+\infty}\frac{k\,\exp(ikr)}{k^2-\left(\frac{\omega}{c}\right)^2-i\varpi}\,dk=\frac{1}{4\pi^2 r i}\int_{-\infty}^{+\infty}\frac{k\,\exp(ikr)}{\left(\frac{\omega}{c}\right)^2-k^2+i\varpi}\,dk$$

と置くことができる。まったく同様にして、遅延グリーン関数は

$$G^-(r)=\frac{1}{4\pi^2 r i}\int_{-\infty}^{+\infty}\frac{k\,\exp(ikr)}{\left(\frac{\omega}{c}\right)^2-k^2-i\varpi}\,dk$$

となる。あるいは $\alpha=\omega/c$ と置き、さらに先進と遅延をまとめて

$$G^\pm(r)=\frac{1}{4\pi^2 r i}\int_{-\infty}^{+\infty}\frac{k\,\exp(ikr)}{\alpha^2-k^2\pm i\varpi}\,dk$$

と表記する場合もある。

第7章　クライン-ゴルドン方程式

　本章では、湯川秀樹博士[1]がノーベル賞を受賞するきっかけとなった中間子が従うクライン-ゴルドン (Klein-Gordon) 方程式を紹介し、そのグリーン関数を導出する。この方程式は、相対性理論に従う粒子を量子力学で扱うために導入されたものである。

　量子力学では、エネルギーが重要となるので、まず相対論的粒子のエネルギーを求めてみよう。

7.1.　相対論的粒子のエネルギー

　アインシュタインの相対性理論によれば、運動物体のエネルギーは

$$E^2 = p^2 c^2 + m_0{}^2 c^4$$

と与えられる。E はエネルギー、p は運動量、m_0 は静止質量、c は光速である。また

$$E = m_0 c^2$$

は質量とエネルギーが等価であることを示す式と呼ばれている。相対論によれば、速度 v で動く物体の質量 m は重くなり

$$m = \frac{m_0}{\sqrt{1-(v/c)^2}}$$

と与えられる。たとえば、光速の半分の速度である $v = 0.5c$ で運動する物体では

$$m = \frac{m_0}{\sqrt{1-(0.5)^2}} = \frac{1}{\sqrt{0.75}} m_0 \cong 1.15 m_0$$

---

[1] 日本で最初にノーベル賞を受賞した湯川秀樹博士。当時は、相対論と量子力学の統合が世界的な話題となっており、クライン-ゴルドン方程式が注目を集めていた。

となって質量は 1.15 倍となる。この効果を取り入れると、運動量 p とエネルギー E は

$$p = mv = \frac{m_0 v}{\sqrt{1-(v/c)^2}} \qquad E = mc^2 = \frac{m_0 c^2}{\sqrt{1-(v/c)^2}}$$

となる。

演習 7-1 つぎの式の値を計算せよ。

$$p^2 - \frac{E^2}{c^2}$$

解）

$$p^2 - \frac{E^2}{c^2} = \frac{m_0{}^2 v^2 - m_0{}^2 c^2}{1-(v/c)^2} = \frac{m_0{}^2 (v^2-c^2)}{c^2-v^2} c^2 = -m_0{}^2 c^2$$

となる。

したがって

$$p^2 - \frac{E^2}{c^2} + m_0{}^2 c^2 = 0$$

と置けるので、c^2 を乗じて式を変形すれば、冒頭で紹介した式

$$E^2 = p^2 c^2 + m_0{}^2 c^4$$

がえられる。

7.2. クライン-ゴルドン方程式

このように相対論のもとでの運動物体のエネルギーの表式がえられたので、これをもとに相対論的な波動方程式をつくってみよう。

量子力学のルールに従うと、古典力学のエネルギーと運動量は演算子となり、それぞれ

$$E \to i\hbar\frac{\partial}{\partial t} \qquad p \to \frac{\hbar}{i}\frac{\partial}{\partial x}$$

となるのであった。

演習 7-2　相対論のエネルギーを与える式

$$E^2 = p^2 c^2 + m_0{}^2 c^4$$

をもとに、波動方程式を導出せよ。

解)　表記の式に $E = i\hbar(\partial/\partial t)$, $p = (\hbar/i)\partial/\partial x$ として、波動方程式をつくると

$$-\hbar^2\frac{\partial^2}{\partial t^2}\varphi(x,t) = c^2\left(-\hbar^2\frac{\partial^2}{\partial x^2} + m_0{}^2 c^2\right)\varphi(x,t)$$

となり、整理すると

$$-\frac{1}{c^2}\frac{\partial^2}{\partial t^2}\varphi(x,t) = \left[-\frac{\partial^2}{\partial x^2} + \left(\frac{m_0 c}{\hbar}\right)^2\right]\varphi(x,t)$$

となる。

これが**クライン-ゴルドン方程式** (Klein-Gordon equation) である。3 次元では

$$-\frac{1}{c^2}\frac{\partial^2}{\partial t^2}\varphi(\vec{r},t) = \left[-\Delta + \left(\frac{m_0 c}{\hbar}\right)^2\right]\varphi(\vec{r},t)$$

となるが、基本は 1 次元でも変わらないので、1 次元のまま話を進めていく。
Klein-Gordon 方程式は

$$\left(-\frac{1}{c^2}\frac{\partial^2}{\partial t^2} + \frac{\partial^2}{\partial x^2} - \kappa^2\right)\varphi(x,t) = 0$$

と変形できる。ただし

$$\kappa = \frac{m_0 c}{\hbar} \quad (\geq 0)$$

と置いている。

7.3. 波動方程式

Klein–Gordon 方程式において $\kappa = 0$ の場合を考えよう。

$$\left(\frac{\partial^2}{\partial x^2} - \frac{1}{c^2}\frac{\partial^2}{\partial t^2}\right)\varphi(x,t) = 0$$

これは、質量が $m_0 = 0$ の場合に相当するので、質量のない光の波動方程式であると主張する人もいる。実は、この式は、有名な波動方程式であり、c は波の速度であるから、それが光速ということは、確かに整合性はとれている。

ただし、$m_0 = 0$ であれば、そもそも、最初の前提で $p = 0$ かつ $m_0 c^2 = 0$ となるから $E = 0$ となるはずである。ここが矛盾点である。一方で

$$E^2 = p^2 c^2 + m_0^{\ 2} c^4$$

において $m_0 = 0$ として

$$E^2 = p^2 c^2 \qquad p^2 - \frac{E^2}{c^2} = 0$$

としたうえで、量子化の手法である

$$E \to i\hbar\frac{\partial}{\partial t} \qquad p \to \frac{\hbar}{i}\frac{\partial}{\partial x}$$

を使えば、上記の波動方程式ができるのである。面白いことに、あるところでは矛盾が生じるが、結果の整合性はとれている。

さらに、$E^2 = p^2 c^2$ から $E = pc$ として、質量のない光の運動量は $p = E/c$ という主張もある。

演習 7-3　$p = E/c$ という関係を利用して、光の波数 k ならびに波長 λ と光の運動量 p との関係を示せ。

解）　光のエネルギーは、その角周波数を ω とすると

$$E = \hbar\omega$$

と与えられる。すると、その運動量は

$$p = \frac{E}{c} = \frac{\hbar\omega}{c} = \hbar k = \frac{\hbar}{\lambda}$$

となる。

実は、これら表式の $\hbar k$ や $\hbar/\lambda$ は、質量のない光の運動量 p として一般に使われている。ここで、波動方程式

$$\left(\frac{\partial^2}{\partial x^2} - \frac{1}{c^2}\frac{\partial^2}{\partial t^2}\right)\varphi(x,t) = 0$$

に戻ってみよう。この解の一般式はよく知られていて

$$\varphi(x,t) = A\exp(ikx - i\omega t)$$

という波の式となる。ただし、A は振動の振幅である。

演習 7-4　波動方程式の解が $\varphi(x,t) = A\exp(ikx - i\omega t)$ と与えられることを確かめよ。

解）

$$\frac{\partial\varphi(x,t)}{\partial x} = ik\,A\exp(ikx - i\omega t)$$

$$\frac{\partial^2\varphi(x,t)}{\partial x^2} = (ik)^2 A\exp(ikx - i\omega t) = -k^2 A\exp(ikx - i\omega t)$$

ならびに

$$\frac{\partial\varphi(x,t)}{\partial t} = -i\omega\,A\exp(ikx - i\omega t)$$

$$\frac{\partial^2\varphi(x,t)}{\partial t^2} = (-i\omega)^2 A\exp(ikx - i\omega t) = -\omega^2 A\exp(ikx - i\omega t)$$

であり

$$\omega = ck$$

であるから

$$\left(\frac{\partial^2}{\partial x^2} - \frac{1}{c^2}\frac{\partial^2}{\partial t^2}\right)\varphi(x,t) = 0$$

が成立することがわかる。

よく知られているように

$$\varphi(x,t) = A\exp(ikx - i\omega t)$$

は、空間的かつ時間的に振動する波であり、光だけでなく、量子力学におけるミクロ粒子の波動関数としても使われる。ただし、われわれが解法すべきは

$$\left(\frac{\partial^2}{\partial x^2} - \frac{1}{c^2}\frac{\partial^2}{\partial t^2} - \kappa^2\right)\varphi(x,t) = 0$$

という Klein–Gordon 方程式である。

ここでは、この式の解法にフーリエ変換を適用してみよう。波動関数 $\varphi(x, t)$ に $k \to x$ のフーリエ逆変換を施すと

$$\varphi(x,t) = \frac{1}{2\pi}\int \widetilde{\varphi}(k,t)\exp(ikx)\,dk$$

となる。

演習 7-5　上記のフーリエ逆変換を利用して、Klein–Gordon 方程式を変形せよ。

解）

$$\frac{\partial^2\varphi(x,t)}{\partial x^2} = \frac{1}{2\pi}\int \widetilde{\varphi}(k,t)\frac{\partial^2\{\exp(ikx)\}}{\partial x^2}\,dk = -\frac{1}{2\pi}\int k^2\widetilde{\varphi}(k,t)\exp(ikx)\,dk$$

ならびに

$$\frac{\partial^2\varphi(x,t)}{\partial t^2} = \frac{1}{2\pi}\int \frac{\partial^2\widetilde{\varphi}(k,t)}{\partial t^2}\exp(ikx)\,dk$$

となる。これらを Klein–Gordon 方程式

$$\left(\frac{\partial^2}{\partial x^2} - \frac{1}{c^2}\frac{\partial^2}{\partial t^2} - \kappa^2\right)\varphi(x,t) = 0$$

に代入して整理すると

$$\left(-\frac{1}{c^2}\frac{\partial^2}{\partial t^2}-k^2-\kappa^2\right)\widetilde{\varphi}(k,t)=0$$

となり

$$\frac{\partial^2}{\partial t^2}\widetilde{\varphi}(k,t)=-c^2(k^2+\kappa^2)\widetilde{\varphi}(k,t)$$

という微分方程式となる。

ここで　$\omega_k^{\,2}=c^2(k^2+\kappa^2)$　と置くと

$$\frac{\partial^2}{\partial t^2}\widetilde{\varphi}(k,t)=-\omega_k^{\,2}\widetilde{\varphi}(k,t)$$

という方程式がえられる[2]。

これは、まさに調和振動子の運動方程式であり、その一般解は

$$\widetilde{\varphi}(k,t)=A(k)\exp(-\omega_k t)+B(k)\exp(i\omega_k t)$$

と与えられる。その振動の角周波数ω_kは

$$\omega_k=c\sqrt{k^2+\kappa^2}$$

となる。通常の調和振動子では　$\kappa=0$　であり、$\omega=ck$　であるが、相対論的粒子の振動では、κが補正項として付されることになる。κは波数と同じ単位を持ち

$$\kappa=\frac{mc}{\hbar}$$

と与えられるが、その逆数は、波長となり

$$\kappa^{-1}=\frac{\hbar}{mc}$$

と与えられる。これは、質量mの粒子の**コンプトン波長** (Compton wavelength) である。

---

[2] この式は、変数tに注目すれば1次元のヘルムホルツ方程式である。

解） 　Klein–Gordon 方程式

$$\left(\frac{\partial^2}{\partial x^2} - \frac{1}{c^2}\frac{\partial^2}{\partial t^2} - \kappa^2 \right)\varphi(x,t) = 0$$

に

$$\frac{\partial^2 \varphi(x,t)}{\partial x^2} = \frac{1}{2\pi} \int \frac{\partial^2 \widetilde{\varphi}(x,\omega)}{\partial x^2} \exp(i\omega t)\, d\omega$$

ならびに

$$\frac{\partial^2 \varphi(x,t)}{\partial t^2} = \frac{1}{2\pi} \int \widetilde{\varphi}(x,\omega)\frac{\partial^2\{\exp(i\omega t)\}}{\partial t^2}\, d\omega = -\frac{1}{2\pi} \int \omega^2 \widetilde{\varphi}(x,\omega) \exp(i\omega t)\, d\omega$$

を代入して

$$\frac{\partial^2}{\partial x^2} \widetilde{\varphi}(x,\omega) = \left\{ -\left(\frac{\omega}{c}\right)^2 + \kappa^2 \right\}\widetilde{\varphi}(x,\omega)$$

となる。

　これは、変数 x にだけ注目すれば、1 次元のヘルムホルツ方程式である。ここからは、湯川が原子核内の相対論的粒子の波動関数を求めた手法を紹介する。原子核を取り扱うので、3 次元方程式となる。さらに、定常状態を考え時間変化がないものとしよう。

　すると方程式は

$$(\Delta - \kappa^2)\varphi(\vec{r}) = \left[\Delta - \left(\frac{mc}{\hbar}\right)^2 \right]\varphi(\vec{r}) = 0$$

となる。これは、3 次元のヘルムホルツ方程式に似ているが、本来の方程式は

$\hat{L} = \Delta + \alpha^2$ という演算子であり、ここでは符号が異なり

$$\hat{L} = \Delta - \alpha^2$$

となっていることに注意しよう。これによって、グリーン関数のかたちが変わる。

演習 7-7　フーリエ変換を利用して

$$(\Delta - \alpha^2)G(\vec{r}) = -\delta(\vec{r})$$

を満足するグリーン関数 $G(\vec{r})$ の、フーリエ変換 $\widetilde{G}(\vec{k})$ を求めよ。

解)　フーリエ逆変換は

$$G(\vec{r}) = \frac{1}{(2\pi)^3}\int_{-\infty}^{+\infty} \widetilde{G}(\vec{k})\exp(i\vec{k}\cdot\vec{r})d^3\vec{k} \qquad \delta(\vec{r}) = \frac{1}{(2\pi)^3}\int_{-\infty}^{+\infty}\exp(i\vec{k}\cdot\vec{r})d^3\vec{k}$$

である。ここで

$$(\Delta - \alpha^2)G(\vec{r}) = \frac{1}{(2\pi)^3}\int_{-\infty}^{+\infty}(-k^2-\alpha^2)\widetilde{G}(\vec{k})\exp(i\vec{k}\cdot\vec{r})d^3\vec{k}$$

であるから

$$(\Delta - \alpha^2)G(\vec{r}) = -\delta(\vec{r})$$

に代入すると

$$\frac{1}{(2\pi)^3}\int_{-\infty}^{+\infty}(-k^2-\alpha^2)\widetilde{G}(\vec{k})\exp(i\vec{k}\cdot\vec{r})d^3\vec{k} = -\frac{1}{(2\pi)^3}\int_{-\infty}^{+\infty}\exp(i\vec{k}\cdot\vec{r})d^3\vec{k}$$

となる。両辺を比較すると

$$(-k^2-\alpha^2)\widetilde{G}(\vec{k}) = -1$$

という関係にあるから、結局

$$\widetilde{G}(\vec{k}) = \frac{1}{k^2+\alpha^2}$$

と与えられる。

したがって、グリーン関数は

$$G(\vec{r}) = \frac{1}{(2\pi)^3}\int_{-\infty}^{+\infty}\frac{1}{k^2+\alpha^2}\exp(i\vec{k}\cdot\vec{r})d^3\vec{k}$$

となる。これを第5章にならって、直交座標から極座標に変換して計算すると

$$G(\vec{\mathbf{r}}) = \frac{1}{4\pi^2 ri} \int_{-\infty}^{+\infty} \frac{k}{k^2 + \alpha^2} \exp(ikr)\, dk$$

という積分となる。ただし、$r = |\vec{r}|$ ならびに $k = |\vec{k}|$ であり、上記の積分は k に関する1次元の積分となっている。

演習 7-8　つぎの複素積分を計算せよ。

$$I = \int_{-\infty}^{+\infty} \frac{k}{k^2 + \alpha^2} \exp(ikr)\, dk$$

解)　$f(k) = \dfrac{k}{k^2 + \alpha^2} \exp(ikr)$　と置くと

$$f(k) = \frac{k}{(k + i\alpha)(k - i\alpha)} \exp(ikr)$$

となるので、特異点は $k = \pm i\alpha$ となり、留数定理が使える。積分路としては図7-1を選べばよい。

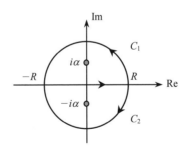

図7-1　複素積分のための積分路

C_1 に沿った積分は、留数定理から

$$\mathrm{Res}(i\alpha) = \left[(k - i\alpha) f(k) \right]_{k=i\alpha} = \frac{\alpha i}{2\alpha i} \exp(-\alpha r) = \frac{1}{2} \exp(-\alpha r)$$

となる。よって

$$I = 2\pi i \, \text{Res}(i\alpha) = \pi i \exp(-\alpha r)$$

となる。

したがって、グリーン関数は

$$G(\vec{r}) = \frac{1}{4\pi^2 r i}\int_{-\infty}^{+\infty} \frac{k}{k^2+\alpha^2}\exp(ikr)\,dk \ = \frac{1}{4\pi r}\exp(-\alpha r)$$

となる。もうひとつの極の結果は

$$G(\vec{r}) = \frac{1}{4\pi^2 r i}\int_{-\infty}^{+\infty} \frac{k}{k^2+\alpha^2}\exp(ikr)\,dk \ = \frac{1}{4\pi r}\exp(\alpha r)$$

となるが、その場合 $\exp(\alpha r)$ の項によって距離とともに発散するため、原子核内の粒子には適さない。したがって、物理的な意味のあるグリーン関数は

$$G(\vec{r}) = \frac{1}{4\pi r}\exp(-\alpha r)$$

となる。

7.4.　湯川ポテンシャル

冒頭でも説明したように、湯川は Klein-Gordon 方程式を解法すれば、相対論的粒子の運動が解析できると考えた。そのうえで、この方程式を利用すれば、原子核の状態が解析できると考えたのである。

定常状態を考え、時間項を無視すると

$$(\Delta - \kappa^2)\varphi(\vec{r}) = \left[\Delta - \left(\frac{mc}{\hbar}\right)^2\right]\varphi(\vec{r}) = 0$$

という式がえられる。

前節では、微分方程式 $(\Delta - \alpha^2)\varphi(\vec{r}) = 0$ の発散しないグリーン関数として $G(\vec{r}) = (1/4\pi r)\exp(-\alpha r)$ をえた。よって、Klein-Gordon 方程式のグリーン関数は

$$\alpha = \frac{mc}{\hbar}$$

を代入して

$$G_{\mathrm{KG}}(\vec{r}) = \frac{1}{4\pi r} \exp\left(-\frac{mc}{\hbar} r \right)$$

と与えられる。

　グリーン関数は、2 点間に働く相互作用の指標でもあるから、2 点間 $\vec{r}$ と $\vec{r}'$ の相互作用として示すと

$$G_{\mathrm{KG}}(\vec{r}, \vec{r}') = \frac{1}{4\pi|\vec{r} - \vec{r}'|} \exp\left(-\frac{mc}{\hbar}|\vec{r} - \vec{r}'| \right)$$

となる。最初の項の

$$\frac{1}{4\pi|\vec{r} - \vec{r}'|}$$

は、電荷間のクーロン相互作用に相当する。この相互作用は、距離とともにゆっくり減衰していく。

　一方、相対論的粒子 (Klein-Gordon 場の粒子) の場合には、$\kappa = mc/\hbar$ の影響で

$$\exp\left(-\frac{mc}{\hbar}|\vec{r} - \vec{r}'| \right)$$

の項が付加されている。

　この項によって、相互作用が距離とともに急激に減衰することがわかる。そして、相互作用距離は、ほぼコンプトン波長程度であり、近距離相互作用であることもわかる。

　この結果から、湯川は、原子核内には、近接効果を及ぼす相対論的粒子が存在すると考え、その粒子を**中間子** (meson) と命名したのである。1935 年のことである。その後、1947 年に宇宙線のなかに中間子が発見され、湯川の理論的予想が実験的に確かめられたのである。この功績により、1949 年にノーベル物理学賞を受賞する。

　現在では、この減衰項に対応したポテンシャルを、**湯川ポテンシャル** (Yukawa potential) と呼んでいる。

第8章　スツルム–リウビル型微分方程式

　本章では、グリーン関数の応用として重要な**スツルム–リウビル** (Sturm–Liouville) **型微分方程式**について説明する。実は、量子力学で登場する**シュレーディンガー方程式** (Schrödinger equation) が、このかたちをしており、量子力学への応用においても重要な位置を占めるからである。

8.1.　随伴演算子

　線形2階常微分方程式の一般形は

$$p(x)\frac{d^2y}{dx^2} + q(x)\frac{dy}{dx} + r(x)y = 0$$

となる。$y = u(x)$ とすれば

$$p(x)\frac{d^2u(x)}{dx^2} + q(x)\frac{du(x)}{dx} + r(x)u(x) = 0$$

となる。この方程式の**演算子** (operator) は

$$\hat{L} = p(x)\frac{d^2}{dx^2} + q(x)\frac{d}{dx} + r(x)$$

となる。この演算子に対し

$$\hat{L}^+ = \frac{d^2}{dx^2}p(x) - \frac{d}{dx}q(x) + r(x)$$

という演算子を**随伴演算子** (adjoint operator) と呼んでいる。随伴演算子は、関数の内積を使って定義できる。

　いま、関数 $f(x)$ と $g(x)$ の内積を、ディラック表記で $\langle f|g\rangle$ とする。ここで

$$\left\langle \hat{L}\,f\,\middle|\,g\right\rangle = \left\langle f\,\middle|\,\hat{L}^+\,g\right\rangle$$

という関係が成立するとき、$\hat{L}^+$ のことを $\hat{L}$ の **随伴演算子** (adjoint operator) と呼ぶのである。これは、量子力学における **共役演算子** (conjugate operator) のことである。そこで、関数の内積について復習しておこう。

8.2. 関数の内積

関数は、一種のベクトルとみなすことができる。たとえば、x が x_1, x_2, x_3 という離散的な値をとるとき、関数 $f(x)$ と $g(x)$ をベクトルとみなせば

$$f(x) = \begin{pmatrix} f(x_1) \\ f(x_2) \\ f(x_3) \end{pmatrix} \qquad g(x) = \begin{pmatrix} g(x_1) \\ g(x_2) \\ g(x_3) \end{pmatrix}$$

という成分を有するベクトルとなる。このとき、関数間の内積は

$$f(x) \cdot g(x) = \begin{pmatrix} f(x_1) & f(x_2) & f(x_3) \end{pmatrix} \begin{pmatrix} g(x_1) \\ g(x_2) \\ g(x_3) \end{pmatrix}$$

$$= f(x_1) g(x_1) + f(x_2) g(x_2) + f(x_3) g(x_3)$$

となる。一般には、関数は無限の数の成分からなるベクトルとなる。このとき、離散的なベクトルにおいて分割数を限りなく小さくした極限となり、内積は

$$f(x) \cdot g(x) = \int f(x) g(x) \, dx$$

という積分で与えられることになる。ただし、右辺の積分範囲は、関数の定義域となり、$a \le x \le b$ で定義された関数の場合は

$$f(x) \cdot g(x) = \int_a^b f(x) g(x) \, dx$$

となる。定義域が全領域の関数では

$$f(x) \cdot g(x) = \int_{-\infty}^{+\infty} f(x) g(x) \, dx$$

となる。関数の内積は、ディラック表記を使うと

$$f(x) \cdot g(x) = \langle f | g \rangle$$

と表現できる。$\langle f|$ をブラベクトル (bra vector) と呼び、$|g\rangle$ をケットベクトル (ket vector) と呼ぶ。これら名称は、括弧の英語である bracket に由来する。

このとき、関数の絶対値の 2 乗は

$$|f|^2 = f(x) \cdot f(x) = \langle f|f \rangle = \int f^2(x)\, dx$$

となるが、量子力学などで、複素関数を扱う場合には

$$|f|^2 = \langle f|f \rangle = \int f^*(x) f(x)\, dx$$

のように複素共役との積をとる必要がある。成分が複素数のとき、ケットベクトルとブラベクトルは

$$|f\rangle = \begin{pmatrix} f_1 \\ f_2 \\ f_3 \end{pmatrix} \qquad \langle f| = \begin{pmatrix} f_1^* & f_2^* & f_3^* \end{pmatrix}$$

という関係にある。$*$ は複素共役である。

ここで、関数の内積と演算子の関係を説明する。いま、区間 $[a,\ b]$ で定義されている関数 $f(x)$ と $g(x)$ を考えると、その内積は

$$\langle f|g \rangle = f(x) \cdot g(x) = \int_a^b f(x)\, g(x)\, dx$$

と与えられる。ここで、微分演算子として　$\hat{L} = d/dx$　を考え

$$\langle \hat{L}\, f|g \rangle$$

という内積を計算してみよう。すると

$$\langle \hat{L}\, f|g \rangle = \int_a^b \frac{df(x)}{dx}\, g(x)\, dx$$

となる。ここで、**部分積分** (integration by parts) を利用すると

$$\int_a^b \frac{df(x)}{dx}\, g(x)\, dx = \left[f(x)\, g(x) \right]_a^b - \int_a^b f(x)\, \frac{dg(x)}{dx}\, dx$$

となり

$$\langle \hat{L}\, f|g \rangle = \left[f(x)\, g(x) \right]_a^b - \langle f|\hat{L}\, g \rangle$$

という関係がえられる。ここで、**境界条件** (boundary conditions) として、$f(a) = 0$, $f(b) = 0$ を選べば

$$\left\langle \hat{L} f \middle| g \right\rangle = - \left\langle f \middle| \hat{L} g \right\rangle$$

という関係がえられる。よって $\hat{L}^+ = -d/dx$ という演算子を考えれば、$f(a) = 0$, $f(b) = 0$ という境界条件のもとで

$$\left\langle \hat{L} f \middle| g \right\rangle = \left\langle f \middle| \hat{L}^+ g \right\rangle$$

という関係が成立する。

演習 8-1　区間 $[a, b]$ で定義されている関数 $f(x)$ において演算子 $\hat{L} = d/dx$ に対応した $\left\langle \hat{L} f \middle| f \right\rangle$ という内積を計算せよ。

解)
$$\left\langle \hat{L} f \middle| f \right\rangle = \int_a^b \frac{d f(x)}{dx} f(x) \, dx$$

となる。部分積分を利用すると

$$\int_a^b \frac{d f(x)}{dx} f(x) \, dx = \left[f(x) f(x) \right]_a^b - \int_a^b f(x) \frac{d f(x)}{dx} \, dx$$

となり

$$\left\langle \hat{L} f \middle| f \right\rangle = \{ f^2(b) - f^2(a) \} - \left\langle f \middle| \hat{L} f \right\rangle$$

となる。

この際、たとえば境界条件が $f(a) = f(b)$ であれば

$$\left\langle \hat{L} f \middle| g \right\rangle = - \left\langle f \middle| \hat{L} f \right\rangle$$

となる。

演習 8-2　区間 $[a, b]$ で定義されている関数 $f(x)$ および $g(x)$ において微分演算子が $\hat{L} = \dfrac{d^2}{dx^2}$ のとき $\left\langle \hat{L} f \middle| g \right\rangle$ という内積と $\left\langle f \middle| \hat{L} g \right\rangle$ の関係を求めよ。

　解）　まず

$$\left\langle \hat{L} f \middle| g \right\rangle = \int_a^b \frac{d^2 f(x)}{dx^2}\, g(x)\, dx = \int_a^b f''(x)\, g(x)\, dx$$

となる。部分積分を利用すると

$$\int_a^b f''(x)\, g(x)\, dx = \left[f'(x) g(x) \right]_a^b - \int_a^b f'(x)\, g'(x)\, dx$$

となり

$$\int_a^b f''(x)\, g(x)\, dx = \{ f'(b) g(b) - f'(a) g(a) \} - \int_a^b f'(x)\, g'(x)\, dx$$

となる。ふたたび、部分積分を利用すると

$$\int_a^b f'(x)\, g'(x)\, dx = \left[f(x) g'(x) \right]_a^b - \int_a^b f(x)\, g''(x)\, dx$$

$$= \{ f(b) g'(b) - f(a) g'(a) \} - \int_a^b f(x)\, g''(x)\, dx$$

ここで、最後の項は

$$\int_a^b f(x)\, g''(x)\, dx = \left\langle f \middle| \hat{L} g \right\rangle$$

となる。よって

$$\left\langle \hat{L} f \middle| g \right\rangle = \left[\{ f'(b) g(b) - f'(a) g(a) \} - \{ f(b) g'(b) - f(a) g'(a) \} \right] + \left\langle f \middle| \hat{L} g \right\rangle$$

となる。上式の [　] の部分は、**境界条件** (boundary conditions) によって決定される項であるから [boundary term] （境界項）としてまとめて書くと

$$\left\langle \hat{L} f \middle| g \right\rangle = [\text{boundary term}] + \left\langle f \middle| \hat{L} g \right\rangle$$

となる。ここで、適当な境界条件下で、この境界項が 0 となれば

$$\langle \hat{L} f | g \rangle = \langle f | \hat{L} g \rangle$$

が成立する。これは

$$\hat{L} = \hat{L}^+$$

を意味し、演算子が、自身の随伴演算子となっている。このような演算子を**自己随伴演算子** (self-adjoint operator) と呼んでいる。これは、量子力学における**エルミート演算子** (Hermitian operator) のことである。

8. 3. 自己随伴性

一般の 2 階微分演算子

$$\hat{L} = p(x)\frac{d^2}{dx^2} + q(x)\frac{d}{dx} + r(x)$$

に対して

$$\hat{L}^+ = \frac{d^2}{dx^2} p(x) - \frac{d}{dx} q(x) + r(x)$$

という微分演算子が随伴関係にあることを紹介した。適当な境界条件下では

$$\langle \hat{L} f | g \rangle = \langle f | \hat{L}^+ g \rangle$$

という関係が成立する。これを随伴関係と呼んでいる。随伴（伴にしたがう）と呼ぶのは、上記の内積関係をみると演算子 $\hat{L}^+$ が、あたかも $\hat{L}$ の伴侶のような関係になっているからである。

演習 8-3　2 階微分演算子

$$\hat{L} = p(x)\frac{d^2}{dx^2} + q(x)\frac{d}{dx} + r(x)$$

において $p(x) = 1$, $q(x) = r(x) = 0$ に対応した随伴演算子を求めよ。

　解)　このとき $\hat{L} = d^2/dx^2$ となる。また

$$\hat{L}^{+} = \frac{d^2}{dx^2}\,p(x) - \frac{d}{dx}\,q(x) + r(x)$$

に $p(x) = 1$, $q(x) = r(x) = 0$ を代入すると

$$\hat{L}^{+} = \frac{d^2}{dx^2}$$

となる。

これは、$\hat{L} = d^2/dx^2$ が自己随伴演算子であり、適当な境界条件下では

$$\left\langle \hat{L}f \middle| g \right\rangle = \left\langle f \middle| \hat{L}g \right\rangle$$

つまり

$$\left\langle f'' \middle| g \right\rangle = \left\langle f \middle| g'' \right\rangle$$

が成立することを示している。

8.4. スツルム-リウビル型

ここで、一般の2階微分演算子

$$\hat{L} = p(x)\frac{d^2}{dx^2} + q(x)\frac{d}{dx} + r(x)$$

において　$q(x) = dp(x)/dx = p'(x)$　となっているものを**スツルム-リウビル**
(Sturm–Liouville) 型と呼んでいる。つまり

$$\hat{L} = p(x)\frac{d^2}{dx^2} + p'(x)\frac{d}{dx} + r(x)$$

というかたちをした演算子である。定義から、この随伴演算子は

$$\hat{L}^{+} = \frac{d^2}{dx^2}\{p(x)\} - \frac{d}{dx}\{p'(x)\} + r(x)$$

となる。

演習 8-4　随伴演算子 $\hat{L}^+$ がスツルム–リウビル型演算子 $\hat{L}$ と一致することを確かめよ。

解） 任意の関数 $u(x)$ に、この演算子を作用させると

$$\hat{L}^+ u(x) = \frac{d^2}{dx^2}\{p(x)\,u(x)\} - \frac{d}{dx}\{p'(x)\,u(x)\} + r(x)u(x)$$

となるが、ここでは

$$\frac{d^2}{dx^2}\{p(x)\,u(x)\} - \frac{d}{dx}\{p'(x)\,u(x)\}$$

に注目しよう。すると

$$\frac{d^2}{dx^2}\{p(x)\,u(x)\} = \frac{d}{dx}\left\{\frac{dp(x)}{dx}\,u(x) + p(x)\frac{du(x)}{dx}\right\}$$

$$= \frac{d}{dx}\{p'(x)\,u(x)\} + \frac{d}{dx}\left\{p(x)\frac{du(x)}{dx}\right\}$$

から

$$\frac{d^2}{dx^2}\{p(x)u(x)\} - \frac{d}{dx}\{p'(x)u(x)\} = \frac{d}{dx}\left\{p(x)\frac{du(x)}{dx}\right\}$$

$$= \frac{dp(x)}{dx}\frac{du(x)}{dx} + p(x)\frac{du^2(x)}{dx^2} = p(x)\frac{du^2(x)}{dx^2} + p'(x)\frac{du(x)}{dx}$$

$$= \left(p(x)\frac{d^2}{dx^2} + p'(x)\frac{d}{dx}\right)u(x)$$

となる。したがって

$$\hat{L}^+ = \frac{d^2}{dx^2}\{p(x)\} - \frac{d}{dx}\{p'(x)\} + r(x) = p(x)\frac{d^2}{dx^2} + p'(x)\frac{d}{dx} + r(x) = \hat{L}$$

となる。

つまり、スツルム–リウビル型の微分演算子はそれ自身が随伴演算子となるのである。したがって

$$\left\langle \hat{L}f \middle| g \right\rangle = [\text{boundary term}] + \left\langle f \middle| \hat{L}g \right\rangle$$

という関係にあることを意味している。つまりスツルム‐リウビル型演算子は自己随伴演算子となるのである。さらに、適当な境界条件のもとでは、境界条件項 (boundary term) をゼロとすることができ

$$\left\langle \hat{L}f \middle| g \right\rangle = \left\langle f \middle| \hat{L}g \right\rangle$$

とすることができる。また、スツルム‐リウビル演算子は

$$\hat{L} = \frac{d}{dx}\left(p(x)\frac{d}{dx} \right) + r(x)$$

と表記されることも多い。これを計算すれば

$$\frac{d}{dx}\left(p(x)\frac{d}{dx} \right) = \frac{d}{dx}p(x)\frac{d}{dx} + p(x)\frac{d^2}{dx^2} = p'(x)\frac{d}{dx} + p(x)\frac{d^2}{dx^2}$$

から

$$\hat{L} = p(x)\frac{d^2}{dx^2} + p'(x)\frac{d}{dx} + r(x)$$

となり、確かにスツルム‐リウビル型となっている。

　また、シュレーディンガー方程式の**エネルギー演算子** (energy operator) であるハミルトニアン (Hamiltonian)

$$\hat{H} = -\frac{\hbar^2}{2m}\frac{d^2}{dx^2} + V(x)$$

は、スツルム‐リウビル演算子において

$$p(x) = -\frac{\hbar^2}{2m} \qquad r(x) = V(x)$$

と置いたものである。$p(x)$ は定数であるから $p'(x) = 0$ である。また、この随伴演算子は

$$\hat{L}^{+} = \frac{d^2}{dx^2}p(x) - \frac{d}{dx}p'(x) + r(x)$$

という定義から

$$\hat{H}^{+} = -\frac{\hbar^2}{2m}\frac{d^2}{dx^2} + V(x) = \hat{H}$$

となり、自己随伴演算子となることもわかる。すなわち、ハミルトニアンは、エ

ルミート演算子である。

8.5. 自己随伴演算子とグリーン関数

　実は、自己随伴演算子の微分方程式の場合、グリーン関数によって簡単に解法が可能となる。それを紹介しておこう。

$$\hat{L}\,u(x) = v(x)$$

という非同次の微分方程式を考える。ここで、演算子 $\hat{L}$ に対応したグリーン関数を $\hat{G}$ と置くと

$$\hat{L}\,G(x-\xi) = \delta(x-\xi)$$

という関係を満足するのであった。演算子 $\hat{L}$ が自己随伴演算子の場合

$$\left\langle \hat{L}f \,\middle|\, g \right\rangle = \left\langle f \,\middle|\, \hat{L}g \right\rangle$$

となる。この関係をうまく利用すると、グリーン関数による微分方程式の解法が可能となる。

演習 8-5　　非同次方程式 $\hat{L}u(x) = v(x)$ において、演算子 $\hat{L}$ が自己随伴演算子の場合、グリーン関数を用いて解 $u(x)$ を求める積分方程式を求めよ。

　解）　　自己随伴であるから

$$\left\langle \hat{L}u \,\middle|\, g \right\rangle = \left\langle u \,\middle|\, \hat{L}g \right\rangle$$

という関係が成立する。ここで、$g(x)$ が、演算子 $\hat{L}$ に対応したグリーン関数を $G(x-\xi)$ とすると

$$\left\langle \hat{L}u \,\middle|\, G \right\rangle = \left\langle u \,\middle|\, \hat{L}G \right\rangle$$

という関係が成立する。$\hat{L}u(x) = v(x)$ ならびに $\hat{L}\,G(x-\xi) = \delta(x-\xi)$ より

$$\left\langle v(\xi) \,\middle|\, G(x-\xi) \right\rangle = \left\langle u(\xi) \,\middle|\, \delta(x-\xi) \right\rangle$$

となる。関数の内積を積分で表現すれば

$$\int v(\xi) G(x - \xi)\, d\xi = \int u(\xi) \delta(x - \xi)\, d\xi$$

となるが、デルタ関数の性質から、右辺は

$$u(x) = \int u(\xi) \delta(x - \xi)\, d\xi$$

となる。したがって、表記の非同次方程式の解は

$$u(x) = \int v(\xi) G(x - \xi)\, d\xi$$

と与えられることになる。

　これは、まさにグリーン関数を利用した非同次方程式の解を与える式である。さらに、境界項が 0 でない場合は

$$\left\langle \hat{L} u \middle| g \right\rangle = [\text{boundary term}] + \left\langle u \middle| \hat{L} g \right\rangle$$

となるので、解は

$$u(x) = -[\text{boundary term}] + \int v(\xi) G(x - \xi)\, d\xi$$

となる。

8.6.　スツルム-リウビル問題

　自己随伴演算子を

$$\hat{L} = p(x) \frac{d^2}{dx^2} + p'(x) \frac{d}{dx} + r(x) = \frac{d}{dx}\left(p(x) \frac{d}{dx} \right) + r(x)$$

として

$$\hat{L} u(x) = f(x)$$

を、スツルム-リウビル型の微分方程式と呼んでいる。ここで、関数 $u(x)$ の定義域が $a \le x \le b$ としよう。この微分方程式を、つぎのいずれかの境界条件で解法することを考える。

(1)　$u(a) = u(b) = 0$

(2)　$u'(a) = u'(b) = 0$

(3)　$u(a) = u(b)$　かつ　$u'(a) = u'(b)$

　以上の境界条件で表記の方程式を解法することを、スツルム–リウビルの固有値問題と呼んでいる。

　(1) の境界条件は、両端が固定されている状態に相当し、ディリクレ条件 (Dirichlet condition) と呼んでいる。

　(2) は、固定されていない自由端があるが、端部での傾きが常に水平を保っている状態であり、ノイマン条件 (Neumann condition) と呼ばれている。

　(3) は、端部での値と傾きが一致するという、対称的な条件となる。いわば、$a \leq x \leq b$ の状態が、周期性を有する、一般の周期境界条件となる。

　では、実際に境界値問題を解法してみよう。いま

$$\hat{L} \equiv \frac{d}{dx}\left(p(x)\frac{dy}{dx} \right) + r(x)$$

という微分演算子が与えられており、区間 $a \leq x \leq b$ の両端で適当な境界条件が付されているとしてよう。この演算子のグリーン関数は

$$\hat{L}\, G(x, \xi) = \delta(x - \xi)$$

である。$\hat{L}\, G(x, \xi)$ のグラフは図 8-1 のようになる。

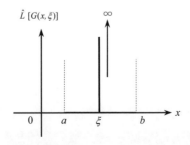

図 8-1　区間 $[a, b]$ における $\hat{L}\, G(x, \xi)$ のかたち

つまり、グリーン関数は

$$\hat{L}\,G(x,\xi) = 0 \quad (a \le x < \xi) \qquad\qquad \hat{L}\,G(x,\xi) = 0 \quad (\xi < x \le b)$$

$$\int \hat{L}\,G(x,\xi)\,dx = 1 \quad (x = \xi)$$

を満足する関数である。ここで、$x=a$ で課される境界条件のもとで

$$\hat{L}\,u_1(x) = 0$$

を満足する解を求める。つぎに、$x=b$ で課される境界条件のもとで

$$\hat{L}\,u_2(x) = 0$$

を満足する解を求める。

　すると、グリーン関数は、つぎのように置ける。

$$G(x,\xi) = \begin{cases} c_1 u_1(x) & (x < \xi) \\[2mm] c_2 u_2(x) & (\xi < x) \end{cases}$$

ここで、$\hat{L}\,G(x,\xi) = \delta(x-\xi)$ の両辺を積分する。右辺のデルタ関数の積分は

$$\int_{-\infty}^{+\infty} \delta(x-\xi)\,dx = 1 \qquad\qquad \int_{a}^{b} \delta(x-\xi)\,dx = 1$$

となるが、デルタ関数は、その積分区間に $x = \xi$ が含まれていれば積分値は 1 となる。したがって、$x = \xi$ 近傍の無限小領域、つまり $x = \xi-0$ から $x = \xi+0$ の範囲で積分することを考える。すると、右辺は

$$\int_{\xi-0}^{\xi+0} \delta(x-\xi)\,dx = 1$$

となる。つぎに、左辺の積分

$$\int_{\xi-0}^{\xi+0} \hat{L}\,G(x,\xi)\,dx$$

を考えてみよう。すると

$$\int_{\xi-0}^{\xi+0} \hat{L}\, G(x,\xi)\, dx = \int_{\xi-0}^{\xi+0} \frac{d}{dx}\left(p(x)\frac{dG(x,\xi)}{dx} \right) dx + \int_{\xi-0}^{\xi+0} r(x)\, G(x,\xi)\, dx$$

となる。ここで、積分範囲は無限小であるから、通常の関数を積分すると、その値は 0 となる。したがって

$$\int_{\xi-0}^{\xi+0} r(x)\, G(x,\xi)\, dx = 0$$

である。一方

$$\int_{\xi-0}^{\xi+0} \frac{d}{dx}\left(p(x)\frac{dG(x,\xi)}{dx} \right) dx = \left[p(x)\frac{dG(x,\xi)}{dx} \right]_{\xi-0}^{\xi+0}$$

$$= p(\xi+0)\frac{dG(\xi+0,\xi)}{dx} - p(\xi-0)\frac{dG(\xi-0,\xi)}{dx}$$

$$= p(\xi)\frac{d\{c_2 u_2(\xi)\}}{dx} - p(\xi)\frac{d\{c_1 u_1(\xi)\}}{dx}$$

となるが、この値が 1 となるので

$$c_2 \frac{d\{u_2(\xi)\}}{dx} - c_1 \frac{d\{u_1(\xi)\}}{dx} = \frac{1}{p(\xi)}$$

という関係が成立する。

さらに、グリーン関数が連続とすると

$$c_1 u_1(\xi) = c_2 u_2(\xi)$$

という条件も課され、これら方程式を連立することで、係数項の c_1 ならびに c_2 を求めることが可能となる。

演習 8-6　演算子が $\hat{L} = d^2/dx^2$ で与えられるとき、区間 $[0, 1]$ で定義され、$u(0) = 0,\ u(1) = 0$ という境界条件を満足するグリーン関数を求めよ。

解）　同次方程式

$$\hat{L}\, u(x) = \frac{d^2 u(x)}{dx^2} = 0$$

を満足し、境界条件 $u(0) = 0$ を満足する関数には

$$u_1(x) = x$$

がある。一方、境界条件 $u(1)=0$ を満足する関数には

$$u_2(x) = 1-x$$

がある。よって

$$\hat{L}\,G(x,\xi) = \delta(x-\xi)$$

を満足するグリーン関数は

$$G(x,\xi) = \begin{cases} c_1 x & (0 \leq x < \xi) \\ \\ c_2\,(1-x) & (\xi < x \leq 1) \end{cases}$$

となる。ここで

$$\int_{\xi-0}^{\xi+0} \hat{L}\,G(x,\xi)\,dx = \int_{\xi-0}^{\xi+0} \delta(x-\xi)\,dx = 1$$

から

$$\int_{\xi-0}^{\xi+0} \frac{d}{dx}\left(\frac{dG(x,\xi)}{dx}\right)dx = \frac{dG(\xi+0,\xi)}{dx} - \frac{dG(\xi-0,\xi)}{dx} = -c_2 - c_1 = 1$$

となる。さらに、グリーン関数が $x=\xi$ で連続という条件から

$$c_1\xi = c_2(1-\xi)$$

となる。よって $c_1 = -1-c_2$ を $c_1\xi = c_2(1-\xi)$ に代入すると

$$-(1+c_2)\xi = c_2(1-\xi)$$

より

$$c_2 = -\xi \qquad c_1 = \xi-1$$

と与えられ、グリーン関数は

$$G(x,\xi) = \begin{cases} (\xi-1)x & (x < \xi) \\ \\ \xi\,(x-1) & (\xi < x) \end{cases}$$

となる。

ここで、非同次方程式

$$\hat{L}\,u(x) = \frac{d^2 u(x)}{dx^2} = v(x)$$

の解は、グリーン関数 $G(x, \xi)$ を使うと

$$u(x) = \int_0^1 G(x, \xi) v(\xi) \, d\xi$$

と与えられる。

演習 8-7　非同次方程式 $\dfrac{d^2 u(x)}{dx^2} = x^2$ において $u(0) = 0$, $u(1) = 0$ という境界条件を満足する $u(x)$ を求めよ。

解）　グリーン関数は

$$G(x, \xi) = \begin{cases} (\xi - 1)x & (x < \xi) \\ \\ \xi(x - 1) & (\xi < x) \end{cases}$$

であり $v(x) = x^2$ であるから

$$u(x) = \int_0^1 G(x, \xi) v(\xi) \, d\xi = \int_0^1 G(x, \xi) \xi^2 \, d\xi$$

となる。したがって

$$u(x) = \int_0^x \xi(x-1)\xi^2 \, d\xi + \int_x^1 (\xi - 1)x\xi^2 \, d\xi = (x-1)\int_0^x \xi^3 d\xi + x\int_x^1 (\xi^3 - \xi^2) \, d\xi$$

$$= (x-1)\left[\frac{\xi^4}{4}\right]_0^x + x\left[\frac{\xi^4}{4} - \frac{\xi^3}{3}\right]_x^1 = (x-1)\left(\frac{x^4}{4}\right) + x\left\{\left(\frac{1}{4} - \frac{1}{3}\right) - \left(\frac{x^4}{4} - \frac{x^3}{3}\right)\right\}$$

$$= -\frac{x^4}{4} + x\left(-\frac{1}{12} + \frac{x^3}{3}\right) = \frac{x}{12}(x^3 - 1)$$

となる。

求めた関数 $u(x) = \dfrac{x}{12}(x^3 - 1) = \dfrac{x^4}{12} - \dfrac{x}{12}$ において

$$\frac{d^2 u(x)}{dx^2} = x^2, \quad u(0) = 0, \quad u(1) = 0$$

が成立することが確かめられる。

　ただし、この微分方程式は、グリーン関数を利用しなくとも、簡単に解法することができる。あくまでも、グリーン関数を導出する過程を確認するための方法であることを付記しておきたい。量子力学への橋渡しとして重要となるのが、固有値を利用したグリーン関数の導出である。この手法に関しては次章で紹介する。

第9章　固有関数展開

　グリーン関数の手法は**量子力学** (Quantum mechanics) においても重用されている。その基本は**シュレーディンガー方程式** (Schrödinger equation) であるが、前章で紹介したように、この方程式は、スツルム-リウビル型である。

　そして、シュレーディンガー方程式は、**固有方程式** (eigenequation) でもあり、その**固有値** (eigenvalue) が物理量であるエネルギーに、また、解である**固有関数** (eigenfunction) すなわち、**波動関数** (wave function) が対象とするミクロ粒子の状態に対応している。

　実は、固有方程式のグリーン関数は、その固有関数と固有値を利用して求めることができるのである。しかも、すべての固有方程式のグリーン関数が、ひとつの形式で表現できる。この形式的な表現方法が量子力学の問題解法において大きな威力を発揮する。これについては次章以降で紹介する。

　本章では、その基本となるスツルム-リウビル型方程式の固有関数展開によるグリーン関数の導出方法を紹介する。

9.1.　固有方程式

スツルム-リウビル方程式に対応したつぎの演算子

$$\hat{L} = \frac{d}{dx}\left(p(x)\frac{d}{dx} \right) + r(x)$$

において、区間 $[a, b]$ で定義された関数 $u(x)$ に対して

$$\hat{L}[u(x)] = -\lambda m(x)u(x)$$

のかたちをした微分方程式が、ある境界条件のもとで、λ が特定の値を持つときのみ解を有することがある。このとき、λ を**固有値** (eigenvalue)、対応する解を

固有関数 (eigenfunction) と呼んでいる。

$m(x)$ は重み関数と呼ばれる。本章では、$m(x) = 1$ の場合を取り扱うので

$$\hat{L}[u(x)] = -\lambda u(x)$$

となる。ここで、固有方程式として

$$\frac{d^2 u(x)}{dx^2} = -\lambda u(x)$$

を取り上げる。ただし、$\lambda > 0$ とする。

　表記の方程式は、定係数の 2 階線型微分方程式であるから、解のかたちを

$$u(x) = \exp(ax)$$

と仮定できる。すると、**特性方程式** (characteristic equation) は

$$a^2 + \lambda = 0 \qquad \text{から} \qquad a = \pm i\sqrt{\lambda}$$

となり、一般解は

$$u(x) = C_1 \exp(+i\sqrt{\lambda}x) + C_2 \exp(-i\sqrt{\lambda}x)$$

となる。ただし、C_1 ならびに C_2 は任意定数である。

演習 9-1　表記の微分方程式の定義域が $0 \leq x \leq 1$ の範囲とし、境界条件として、$u(0) = 0$, $u(1) = 0$ を採用したときの解を求めよ。

　解)　　一般解は $u(x) = C_1 \exp(+i\sqrt{\lambda}x) + C_2 \exp(-i\sqrt{\lambda}x)$ である。よって

$$u(0) = C_1 + C_2 = 0$$

から、$C_2 = -C_1$ となる。つぎに

$$u(1) = C_1 \exp(+i\sqrt{\lambda}) + C_2 \exp(-i\sqrt{\lambda}) = 0$$

となるが $C_2 = -C_1$ から

$$C_1 \exp(+i\sqrt{\lambda}) - C_1 \exp(-i\sqrt{\lambda}) = C_1\{\exp(+i\sqrt{\lambda}) - \exp(-i\sqrt{\lambda})\} = 0$$

ここでオイラーの公式から

$$\exp(+i\sqrt{\lambda}) - \exp(-i\sqrt{\lambda}) = 2i\sin\sqrt{\lambda}$$

よって、λ が満たすべき条件は $\sin\sqrt{\lambda} = 0$ より

$$\sqrt{\lambda} = 0, \pi, 2\pi, 3\pi, \cdots, n\pi, \cdots \qquad から \qquad \lambda_n = (n\pi)^2$$

となる。これが固有値である。また、$\lambda_n = (n\pi)^2$ に対応して

$$u_n(x) = A\sin(n\pi x)$$

が固有関数となる。ただし、A は定数である。

つまり、区間 $[0, 1]$ で定義された微分方程式

$$\frac{d^2 u(x)}{dx^2} = -\lambda u(x) \qquad (\lambda > 0)$$

は固有方程式であり、その固有関数は $u_n(x) = A\sin(n\pi x)$ と与えられ、固有値は $\lambda_n = (n\pi)^2$ となるのである。

演習 9-2 　　区間 $[0, 1]$ で定義された微分方程式

$$\frac{d^2 u(x)}{dx^2} = -\lambda u(x) \qquad (\lambda > 0)$$

の解である固有関数の直交性を確認せよ。

解）　　$u_n(x) = A\sin(n\pi x)$ であるので

$$\langle u_m | u_n \rangle = \int_{-1}^{+1} u_m(x)\, u_n(x)\, dx = A^2 \int_{-1}^{+1} \sin(m\pi x)\sin(n\pi x)\, dx$$

となる。ここで

$$\int_{-1}^{+1} \sin(m\pi x)\sin(n\pi x)\, dx$$

$$= \frac{1}{2} \int_{-1}^{+1} \cos\{(m-n)\pi x\}\, dx \; - \frac{1}{2} \int_{-1}^{+1} \cos\{(m+n)\pi x\}\, dx$$

$m \geq 0, \; n \geq 0$ としているので、$m \neq n$ のとき、右辺の積分は 0 となる。そして $m = n$ のとき

$$\int_{-1}^{+1} \sin(n\pi x)\sin(n\pi x)\, dx = \frac{1}{2} \int_{-1}^{+1} \cos 0\, dx \; - \frac{1}{2} \int_{-1}^{+1} \cos(2n\pi x)\, dx = \frac{1}{2} \int_{-1}^{+1} 1\, dx = 1$$

となり

$$\langle u_m | u_n \rangle = 0 \quad (m \neq n) \qquad \langle u_m | u_n \rangle = A^2 \quad (m = n)$$

から、固有関数の直交性が確かめられる。

演習 9-3　　区間 $[0, 1]$ で定義された微分方程式

$$\frac{d^2 u(x)}{dx^2} = -\lambda u(x) \qquad (\lambda > 0)$$

の解である固有関数が正規性を満足するとき、定数 A の値を求めよ。

解）　　$\displaystyle \langle u_n | u_n \rangle = A^2 \int_{-1}^{+1} \sin^2(n\pi x)\, dx = A^2 \int_{-1}^{+1} \frac{1 - \cos(2n\pi x)}{2}\, dx$

$$= A^2 \left[\frac{x}{2} - \frac{\sin(2n\pi x)}{4n\pi} \right]_{-1}^{+1} = A^2 = 1$$

したがって、$A = \pm 1$ となる。

　定数として $A = 1$ を選ぶと、区間 $[0, 1]$ で定義された微分方程式である

$$\frac{d^2 u(x)}{dx^2} = -\lambda u(x) \quad (\lambda > 0)$$

の固有値ならびに、正規直交性を満足する固有関数系は

$$\lambda_n = (n\pi)^2 \qquad u_n(x) = \sin(n\pi x)$$

となる（もちろん $A = -1$ を選んでもよい）。

　いま、取り扱った微分方程式は、単振動あるいは**調和振動子** (simple harmonics)

に対応したものである。関数の定義域や、境界条件によって解のかたちは変わるが、固有関数として**正規直交基底** (orthonormal basis) を選ぶことが可能である。

ここで、区間 [0, 1] で定義され、境界条件 $f(0) = f(1) = 0$ を満足する任意の関数 $f(x)$ は、この区間の正規直交基底で級数展開することが可能であり

$$f(x) = \sum_{n=1}^{\infty} c_n\, u_n(x) = \sum_{n=1}^{\infty} c_n \sin(n\pi x)$$

となる。これは、まさに**フーリエ級数展開** (Fourier series expansion) であり、c_n は**フーリエ係数** (Fourier coefficient) である。

演習 9-4 フーリエ係数が、つぎの内積によって与えられることを示せ。

$$c_n = \langle f | u_n \rangle$$

解) ここで、混同を避けるため、和をとる変数を m として、関数 $f(x)$ を

$$f(x) = \sum_{m=1}^{\infty} c_m\, u_m(x)$$

と展開しよう。このとき、内積は

$$\langle f | u_n \rangle = \sum_{m=1}^{\infty} c_m \int_{-1}^{+1} u_m(x)\, u_n(x)\, dx$$

となる。ここで、関数の直交性から

$$\int_{-1}^{+1} u_m(x)\, u_n(x)\, dx = 0 \qquad (m \neq n) \qquad\qquad \int_{-1}^{+1} u_m(x)\, u_n(x)\, dx = 1 \qquad (m = n)$$

であるので、右辺で生き残るのは $m = n$ の場合のみであり

$$\langle f | u_n \rangle = c_n$$

となる。

上記の関係が、一般の正規直交基底においても成立することは自明であろう。

演習 9-5　　つぎの微分方程式　$\dfrac{d^2u(x)}{dx^2} = \lambda u(x)$　$(\lambda > 0)$　を解法せよ。

解)　　定係数の 2 階線型微分方程式であるから、解のかたちを

$$u(x) = \exp(ax)$$

と仮定できる。すると、**特性方程式** (characteristic equation) は

$$a^2 - \lambda = 0 \qquad から \qquad a = \pm\sqrt{\lambda}$$

となる。よって、一般解は

$$u(x) = C_1\exp(+\sqrt{\lambda}x) + C_2\exp(-\sqrt{\lambda}x)$$

となる。ただし、C_1, C_2 は任意定数である。

　　ここで、区間 [0, 1] を考え $u(0) = u(1) = 0$ という境界条件を与える。すると

$$u(0) = C_1 + C_2 = 0 \qquad u(1) = C_1\exp(+\sqrt{\lambda}) + C_2\exp(-\sqrt{\lambda})$$

となり、これら式を満足するのは、$C_1 = C_2 = 0$ となり、結局

$$u(x) = 0$$

となり、解がない。他の条件でも、固有値はえられないので、この微分方程式は固有方程式ではない。たとえば、同じ区間で

$$u(0) = 0 \qquad u(1) = a$$

という条件を課すと

$$u(1) = C_1\exp(+\sqrt{\lambda}) - C_1\exp(-\sqrt{\lambda}) = a$$

となって、この等式を満足する λ の値が 1 個えられるのみである。

9.2.　固有関数系

　　ここで、固有値問題について一般化しておこう。スツルム–リウビル型の微分

演算子を

$$\hat{L} = \frac{d}{dx}\left(p(x)\frac{d}{dx}\right) + r(x)$$

とし、区間 $[a, b]$ で定義され、ある境界条件を満足する関数 $u(x)$ が

$$\hat{L}[u(x)] = -\lambda\, u(x)$$

という微分方程式の解のとき、この方程式はある特定の λ に対して解を有することがある。このとき、固有値

$$\lambda = \lambda_0, \lambda_1, \lambda_2, \cdots, \lambda_n, \cdots$$

に対して、解としての固有関数

$$u(x) = u_0(x),\ u_1(x),\ u_2(x), \cdots,\ u_n(x), \cdots$$

が対応し

$$\hat{L}[u_n(x)] = -\lambda_n u_n(x)$$

という関係にある。

　また、固有関数系として正規直交基底を選べば

$$\langle u_m | u_n \rangle = \int_a^b u_m(x)\, u_n(x)\, dx = 0 \qquad (m \neq n)$$

$$\langle u_n | u_n \rangle = \int_a^b u_n(x)\, u_n(x)\, dx = \int_a^b \left| u_n(x) \right|^2 dx = 1 \qquad (m = n)$$

となる。

　ここで、区間 $[a, b]$ で定義され、境界条件、たとえば $g(a) = 0$ かつ $g(b) = 0$ を満足する任意の関数 $g(x)$ は

$$g(x) = \sum_{m=0}^{\infty} c_m u_m(x)$$

とフーリエ級数展開することができる。このとき、フーリエ係数は

$$c_m = \langle g(x) | u_m(x) \rangle = \langle g | u_m \rangle$$

という内積で与えられる。

9.3.　グリーン関数の導出

つぎの方程式　$\hat{L}[g(x)] = -\lambda g(x)$　すなわち

$$(\hat{L} + \lambda)[g(x)] = 0$$

は同次方程式である。ただし、本来は演算子であることを示すために、恒等演算子 $\hat{I}$ を使って

$$(\hat{L} + \lambda\hat{I})[g(x)] = 0$$

と表記するのが正式である。ただし、これ以降は恒等演算子を省略する。
　そして、右辺が任意の関数となる方程式

$$(\hat{L} + \lambda)[g(x)] = f(x)$$

は非同次方程式である。このグリーン関数は

$$(\hat{L} + \lambda)[G(x,\xi)] = \delta(x - \xi)$$

を満足する。グリーン関数は、演算子 $\hat{L}$ ではなく $\hat{L} + \lambda$ に対応することに注意されたい。そして、非同次方程式の解である $g(x)$ はグリーン関数を利用すると

$$g(x) = \int_a^b G(x,\xi)f(\xi)\,d\xi$$

という積分方程式によって与えられる。$f(\xi)$ は非同次項である。つまり、グリーン関数 $G(x,\xi)$ が求められれば、非同次方程式の解がえられるのである。
　それでは、この関係を満足するグリーン関数を求めていこう。まず、演算子 $\hat{L}$ に対応した固有方程式において

$$\hat{L}[u_n(x)] = -\lambda_n u_n(x)$$

という固有値と固有関数からなる系を想定する。そのうえで、非同次方程式

$$(\hat{L} + \lambda)[g(x)] = f(x)$$

の両辺に $u_n(x)$ を乗じると

$$u_n(x)(\hat{L}+\lambda)\,[g(x)]=u_n(x)f(x)$$

から

$$u_n(x)\hat{L}\,[g(x)]+\lambda\,u_n(x)g(x)=u_n(x)f(x)$$

となる。つぎに、固有方程式の両辺に $g(x)$ を乗じて

$$g(x)\hat{L}\,[u_n(x)]=-\lambda_n g(x)u_n(x)$$

として

$$g(x)\hat{L}\,[u_n(x)]+\lambda_n g(x)u_n(x)=0$$

とする。そのうえで、辺々を引くと

$$u_n(x)\,\hat{L}\,[g(x)]-g(x)\,\hat{L}\,[u_n(x)]+(\lambda-\lambda_n)\,g(x)u_n(x)=u_n(x)f(x)$$

となる。つぎに、この両辺を a から b までの範囲で積分してみよう。すると

$$\int_a^b \{u_n(x)\,\hat{L}\,[g(x)]-g(x)\,\hat{L}\,[u_n(x)]\}\,dx+(\lambda-\lambda_n)\int_a^b g(x)u_n(x)\,dx$$

$$=\int_a^b u_n(x)f(x)\,dx$$

となる。

演習 9-6　$\hat{L}$ が自己随伴演算子であるとき、つぎの積分の値を求めよ。

$$\int_a^b \{u_n(x)\,\hat{L}\,[g(x)]-g(x)\,\hat{L}\,[u_n(x)]\}\,dx$$

解)　まず　$\displaystyle\int_a^b u_n(x)\,\hat{L}\,[g(x)]\;dx=\left\langle u_n\middle|\hat{L}g\right\rangle=\left\langle \hat{L}g\middle|u_n\right\rangle$

$$\int_a^b g(x)\,\hat{L}\,[u_n(x)]\,dx = \left\langle g \middle| \hat{L}\,u_n \right\rangle$$

となるが、$\hat{L}$ は自己随伴演算子であったので

$$\left\langle \hat{L}\,g \middle| u_n \right\rangle = \left\langle g \middle| \hat{L}\,u_n \right\rangle$$

という関係にある。したがって

$$\int_a^b \{u_n(x)\,\hat{L}\,[g(x)] - g(x)\,\hat{L}\,[u_n(x)]\}\,dx = 0$$

となる。

　　したがって、表記の積分は

$$(\lambda - \lambda_n)\int_a^b g(x)u_n(x)\,dx = \int_a^b f(x)u_n(x)\,dx$$

となる。ここで、左辺の積分は

$$\int_a^b g(x)u_n(x)\,dx = \left\langle g \middle| u_n \right\rangle = c_n$$

から、$g(x)$ を正規直交基底の $u_n(x)$ でフーリエ級数展開したときのフーリエ係数 c_n となることがわかる。よって

$$(\lambda - \lambda_n)\,c_n = \int_a^b f(x)u_n(x)\,dx$$

となる。したがって、$\lambda \neq \lambda_n$ のとき

$$c_n = \frac{1}{\lambda - \lambda_n}\int_a^b f(x)u_n(x)\,dx$$

という関係がえられる。関数 $g(x)$ の固有関数によるフーリエ級数展開は

$$g(x) = \sum_{n=0}^{\infty} c_n\,u_n(x)$$

となるから、c_n にいま求めた関係を代入すると

$$g(x) = \sum_{n=0}^{\infty} \left\{ \frac{1}{\lambda - \lambda_n}\int_a^b f(\xi)\,u_n(\xi)\,d\xi \right\} u_n(x)$$

となる。ただし、{ }内の積分はフーリエ係数に対応しているが、その積分変数は任意であり、$g(x)$ の x とは同じものではないので、変数をξと置き換えている。 表記の式は、つぎのように整理でき

$$g(x) = \sum_{n=0}^{\infty} \left\{ \frac{1}{\lambda - \lambda_n} \int_a^b f(\xi) \, u_n(\xi) \, d\xi \right\} u_n(x)$$

$$= \int_a^b \left\{ \sum_{n=0}^{\infty} \frac{1}{\lambda - \lambda_n} u_n(x) \, u_n(\xi) \right\} f(\xi) \, d\xi$$

となる。ここで、$g(x)$ は、グリーン関数 $G(x, \xi)$ を使うと

$$g(x) = \int_a^b G(x, \xi) f(\xi) \, d\xi$$

と与えられるのであった。よって、これら表式を比較すると、グリーン関数は

$$G(x, \xi) = \sum_{n=0}^{\infty} \frac{1}{\lambda - \lambda_n} u_n(x) \, u_n(\xi) \quad = \sum_{n=0}^{\infty} \frac{u_n(x) \, u_n(\xi)}{\lambda - \lambda_n}$$

$$= \frac{u_0(x) \, u_0(\xi)}{\lambda - \lambda_0} + \frac{u_1(x) \, u_1(\xi)}{\lambda - \lambda_1} + \cdots + \frac{u_n(x) \, u_n(\xi)}{\lambda - \lambda_n} + \cdots$$

と与えられることがわかる。

これが、同次方程式の固有値と固有関数によるグリーン関数表示である。また、この表示では、無限級数となっている。

演習 9-7　デルタ関数は次式によって与えられることを示せ。

$$\delta(x - \xi) = \sum_{n=0}^{\infty} u_n(x) \, u_n(\xi)$$

解）　区間 $[a, b]$ で定義され、所与の境界条件を満足する関数 $g(x)$ は、固有関数系 $\{u_n(x)\}$ を使うと

$$g(x) = \sum_{n=0}^{\infty} c_n \, u_n(x)$$

とフーリエ級数展開することができる。ただし、フーリエ係数は

$$c_n = \langle g | u_n \rangle = \int_a^b g(\xi)\, u_n(\xi)\, d\xi$$

と与えられる。よって

$$g(x) = \sum_{n=0}^{\infty} c_n\, u_n(x) = \sum_{n=0}^{\infty} \int_a^b g(\xi)\, u_n(\xi)\, u_n(x)\ d\xi$$

$$= \int_a^b g(\xi) \left\{ \sum_{n=0}^{\infty} u_n(x) u_n(\xi) \right\} d\xi$$

となる。ここで、デルタ関数の性質に

$$g(x) = \int_a^b g(\xi) \delta(x-\xi)\, d\xi$$

があった。上記の 2 式を比較すると

$$\delta(x-\xi) = \sum_{n=0}^{\infty} u_n(x)\, u_n(\xi)$$

となることがわかる。

　確かに右辺は $x \neq \xi$ のとき 0 である。また、$x = \xi$ ならば、右辺の和は∞となり、デルタ関数の特徴を有していることがわかる。

　ここで、重要な点は、固有方程式においてはグリーン関数が

$$G(x,\xi) = \sum_{n=0}^{\infty} \frac{u_n(x)\, u_n(\xi)}{\lambda - \lambda_n}$$

と与えられるという事実である。よって、この手法によるグリーン関数の導出は非常に汎用性の高いものとなる。

演習 9-8　微分方程式 $\hat{L}[G(x,\xi)] = \delta(x-\xi)$ を満足するグリーン関数を求めよ。

　解）　いま求めた

$$(\hat{L} + \lambda)\,[G(x,\xi)] = \delta(x-\xi)$$

において、$\lambda = 0$ の場合に相当する。したがって

$$G(x,\xi) = \sum_{n=0}^{\infty} \frac{u_n(x) u_n(\xi)}{\lambda - \lambda_n}$$

に $\lambda = 0$ を代入すればよい。よって

$$G(x,\xi) = -\sum_{n=0}^{\infty} \frac{u_n(x) u_n(\xi)}{\lambda_n}$$

となる。

演習 9-9　区間 [0, 1]で定義された微分方程式

$$\frac{d^2 u(x)}{dx^2} = -\lambda u(x) \quad (\lambda > 0)$$

において境界条件 $u(0) = u(1) = 0$ を満足するグリーン関数を求めよ。

　　解)　　境界条件を満足する固有値ならびに固有関数系は

$$\lambda_n = (n\pi)^2 \qquad u_n(x) = \sin(n\pi x)$$

であった。よって、グリーン関数は

$$G(x,\xi) = \sum_{n=0}^{\infty} \frac{u_n(x) u_n(\xi)}{\lambda - \lambda_n} = \sum_{n=0}^{\infty} \frac{\sin(n\pi x) \sin(n\pi \xi)}{\lambda - (n\pi)^2}$$

となる。

　　求めたグリーン関数を具体的に表記すると

$$G(x,\xi) = \frac{\sin(\pi\xi) \sin(\pi x)}{\lambda - \pi^2} + \frac{\sin(2\pi\xi) \sin(2\pi x)}{\lambda - (2\pi)^2} + \cdots + \frac{\sin(n\pi\xi) \sin(n\pi x)}{\lambda - (n\pi)^2} + \cdots$$

となり、無限級数となる。

　　ところで、グリーン関数が無限級数となっている場合、一般には取り扱いが面倒である。ここで、もし離散的な分散が連続とみなせるならば、和を積分に変えることができる。このとき、グリーン関数は

$$G(x,\xi) = \sum_{n=0}^{\infty} \frac{u_n(x) u_n(\xi)}{\lambda - \lambda_n} \quad \rightarrow \quad G(x,\xi) = \int_0^{+\infty} \frac{u_k(x) u_k(\xi)}{\lambda - k} \, dk$$

という積分となる。積分のほうが取り扱いやすい場合が多く、量子力学において

は積分形のグリーン関数が利用される。これについては、後ほど説明する。

9.4.　量子力学への応用

量子力学では、つぎのシュレーディンガー方程式

$$\hat{H}[\varphi(x)] = E\varphi(x)$$

が基本となる。ただし、これは時間に依存しない方程式である。

1次元自由粒子のシュレーディンガー方程式は

$$-\frac{\hbar^2}{2m}\frac{d^2\varphi(x)}{dx^2} = E\varphi(x)$$

となる。ただし、m は粒子の質量、$h = 2\pi\hbar$ はプランク定数である。この式を変形すると

$$\frac{d^2\varphi(x)}{dx^2} = -\frac{2mE}{\hbar^2}\varphi(x)$$

となって

$$\hat{L} = \frac{d^2}{dx^2} \qquad \lambda = \frac{2mE}{\hbar^2}$$

の固有方程式であることがわかる。したがって、そのグリーン関数は固有値と固有関数がわかれば自動的に与えられることになる。

演習 9-10　自由粒子の従う波動関数を
$$\varphi(x) = C\exp(ikx)$$
と置いたとき、k の値を求めよ。ただし、C は定数である。

解）　$\dfrac{d^2\varphi(x)}{dx^2} = -\dfrac{2mE}{\hbar^2}\varphi(x)$ に代入すると

$$-Ck^2 \exp(ikx) = -\frac{2mE}{\hbar^2} C \exp(ikx)$$

から

$$k^2 = \frac{2mE}{\hbar^2} \quad \text{よって} \quad k = \pm\sqrt{\frac{2mE}{\hbar^2}}$$

と与えられる。

ただし、k は波数である。つまり、エネルギー E は、波数 k を使うと

$$E = \frac{\hbar^2 k^2}{2m}$$

と与えられることになる。また、$k = \pm\sqrt{2mE/\hbar^2}$ のように正負の解があるから波動関数の一般式は、C_1, C_2 を定数として

$$\varphi(x) = C_1 \exp(ik\,x) + C_2 \exp(-ik\,x) = C_1 \exp\left(i\sqrt{\frac{2mE}{\hbar^2}}x\right) + C_2 \exp\left(-i\sqrt{\frac{2mE}{\hbar^2}}x\right)$$

となる。

演習 9-11　ミクロ粒子が $[0, L]$ の領域にあり、境界条件が $\varphi(0) = \varphi(L) = 0$ と与えられるときの固有値と固有関数を求めよ。

解）　波動関数を

$$\varphi(x) = C_1 \exp(ik\,x) + C_2 \exp(-ik\,x)$$

と置くと、境界条件から

$$\varphi(0) = C_1 + C_2 = 0 \qquad \varphi(L) = C_1 \exp(ikL) + C_2 \exp(-ikL) = 0$$

となる。まず、$C_1 = -C_2$ となるので

$$C_1 \exp(ikL) - C_1 \exp(-ikL) = 0$$

オイラーの公式

$$\exp(ikL) - \exp(-ikL) = 2i \sin(kL)$$

を使うと

$$2iC_1\sin(kL) = 0 \qquad から \qquad \sin(kL) = 0$$

よって $k = 0, \dfrac{\pi}{L}, \dfrac{2\pi}{L}, \cdots, \dfrac{n\pi}{L}, \cdots$ となり、波数 k に対応した固有値は

$$k_n = \frac{n\pi}{L} \qquad (n = 1, 2, 3, \cdots)$$

また、固有関数は

$$\varphi_n(x) = 2iC_1\sin\left(\frac{n\pi}{L}x\right)$$

となる。

この粒子のエネルギーは

$$E_n = \frac{\hbar^2 k_n^{\,2}}{2m} = \frac{n^2\pi^2\hbar^2}{2mL^2}$$

となるが、これをエネルギー固有値と呼んでいる[1]。また、固有関数は

$$\int_0^L \varphi_m(x)\varphi_n(x)\,dx = -4C_1^{\,2}\int_0^L \sin\left(\frac{m\pi}{L}x\right)\sin\left(\frac{n\pi}{L}x\right)dx = \delta_{mn}$$

から直交することがわかる。

演習 9-12　固有関数 $\varphi_n(x) = 2iC_1\sin\left(\dfrac{n\pi}{L}x\right)$ を正規化せよ。

解）　正規化条件は $\displaystyle\int_0^L |\varphi_n(x)|^2\,dx = 1$ となる。したがって

$$-4C_1^{\,2}\int_0^L \sin^2\left(\frac{n\pi}{L}x\right)dx = 1$$

となる。ここで

---

[1] 微分方程式の本来の固有値は $\lambda = 2mE/\hbar^2$ のかたちをしているが、ここでは物理的に意味のある波数 k とエネルギーE に対応した固有値を導入している。量子力学では、k あるいは E を固有値とするのが一般的である。

$$\int_0^L \sin^2\left(\frac{n\pi}{L}x\right) dx = \int_0^L \frac{1}{2}\left\{1 - \cos\left(\frac{2n\pi}{L}x\right)\right\} dx = \left[\frac{1}{2}\left\{x - \frac{L}{2n\pi}\sin\left(\frac{2n\pi}{L}x\right)\right\}\right]_0^L = \frac{L}{2}$$

から

$$-4C_1^{\ 2}\left(\frac{L}{2}\right) = -2C_1^{\ 2}L = 1$$

よって

$$C_1^{\ 2} = -\frac{1}{2L} \qquad から \qquad C_1 = \pm i\sqrt{\frac{1}{2L}}$$

よって

$$\varphi_n(x) = 2iC_1 \sin\left(\frac{n\pi}{L}x\right) = \pm\sqrt{\frac{2}{L}}\sin\left(\frac{n\pi}{L}x\right)$$

となる。

　したがって、符号として正を選べば、正規直交基底は

$$\varphi_n(x) = \sqrt{\frac{2}{L}}\sin\left(\frac{n\pi}{L}x\right) \qquad (n = 1, 2, 3, \cdots)$$

となる。すでに示したように、シュレーディンガー方程式

$$-\hat{H}\,[\varphi(x)] = -E\varphi(x)$$

においては

$$-\hat{H} = \frac{\hbar^2}{2m}\frac{d^2}{dx^2} \qquad から \qquad \frac{d^2}{dx^2}\varphi(x) = -\frac{2mE}{\hbar^2}\varphi(x)$$

と置けるので

$$\lambda = \frac{2mE}{\hbar^2}$$

の固有方程式となる。すると $G(x, \xi)$ は、固有方程式の固有関数ならびに固有値を利用して導出することが可能となり

$$G(x, \xi) = \sum_{n=0}^{\infty} \frac{\varphi_n(x)\,\varphi_n(\xi)}{\lambda - \lambda_n} = \frac{\hbar^2}{2m}\sum_{n=0}^{\infty} \frac{\varphi_n(x)\,\varphi_n(\xi)}{E - E_n}$$

と与えられる。ただし、固有関数が複素関数となる場合には

$$G(x,\xi) = \frac{\hbar^2}{2m} \sum_{n=0}^{\infty} \frac{\varphi_n(x)\,\varphi_n^{\,*}(\xi)}{E - E_n}$$

となる。これは、固有関数の正規化条件

$$\int \left|\varphi_n(x)\right|^2 dx = 1$$

を考えればよい。複素関数では

$$\left|\varphi_n(x)\right|^2 = \varphi_n(x)\varphi_n^{\,*}(x)$$

とすることと同様である。デルタ関数は、固有関数を使うと

$$\delta(x-\xi) = \sum_{n=0}^{\infty} \varphi_n(x)\,\varphi_n(\xi)$$

と与えられるが、複素関数では

$$\delta(x-\xi) = \sum_{n=0}^{\infty} \varphi_n(x)\,\varphi_n^{\,*}(\xi)$$

となる。固有方程式としてのシュレーディンガー方程式におけるグリーン関数の表式

$$G(x,\xi) = \frac{\hbar^2}{2m} \sum_{n=0}^{\infty} \frac{\varphi_n(x)\,\varphi_n^{\,*}(\xi)}{E - E_n}$$

は、とても有用である。

演習 9-13　区間 $[0, L]$ に閉じ込められた粒子のシュレーディンガー方程式

$$\hat{H}\,[\varphi(x)] = E\,\varphi(x)$$

において境界条件 $\varphi(0) = \varphi(L) = 0$ を満足するグリーン関数を求めよ。

　解)　グリーン関数は

$$G(x,\xi) = \frac{\hbar^2}{2m} \sum_{n=0}^{\infty} \frac{\varphi_n(x)\,\varphi_n(\xi)}{E - E_n}$$

となる。ここで、境界条件 $\varphi(0) = \varphi(L) = 0$ を満足する固有関数は

$$\varphi_n(x) = \sqrt{\frac{2}{L}} \sin\left(\frac{n\pi}{L}x\right) \quad (n = 1, 2, 3, \cdots)$$

と与えられるのであった。また、固有関数に対応したエネルギー固有値は

$$E_n = \frac{n^2\pi^2\hbar^2}{2mL^2}$$

であった。よって、シュレーディンガー方程式に対応したグリーン関数は

$$G(x,\xi) = \frac{\hbar^2}{2m}\sum_{n=0}^{\infty}\frac{\dfrac{2}{L}\sin\left(\dfrac{n\pi}{L}x\right)\sin\left(\dfrac{n\pi}{L}\xi\right)}{E - n^2\dfrac{\pi^2\hbar^2}{2mL^2}} = \frac{2}{L}\sum_{n=0}^{\infty}\frac{\sin\left(\dfrac{n\pi}{L}x\right)\sin\left(\dfrac{n\pi}{L}\xi\right)}{\dfrac{2mE}{\hbar^2} - \left(\dfrac{n\pi}{L}\right)^2}$$

と与えられることになる。

　量子力学で登場するグリーン関数は、シュレーディンガー方程式に対応した

$$G(x,\xi) = \frac{\hbar^2}{2m}\sum_{n=0}^{\infty}\frac{\varphi_n(x)\,\varphi_n(\xi)}{E - E_n}$$

が一般的である。グリーン関数は、エネルギー E のかわりに、波数 k で表示する場合もある。この場合は

$$E = \frac{\hbar^2 k^2}{2m} \qquad k_n = \frac{n\pi}{L}$$

となるが、もともとの固有方程式は $\hat{H}\varphi(x) = E\varphi(x)$ に代入し

$$-\frac{\hbar^2}{2m}\frac{d^2\varphi(x)}{dx^2} = \frac{\hbar^2 k^2}{2m}\varphi(x)$$

として、まとめると

$$\left(\frac{d^2}{dx^2} + k^2\right)\varphi(x) = 0$$

となる。これは、1次元のヘルムホルツ方程式である。固有方程式の演算子は

$$\hat{L}_k = \frac{d^2}{dx^2} + k^2$$

となり、この演算子に対応するグリーン関数は

$$G_k(x,\xi) = \sum_{n=0}^{\infty} \frac{\varphi_n(x)\ \varphi_n(\xi)}{k^2 - k_n^2}$$

となる。固有関数が

$$\varphi_n(x) = \sqrt{\frac{2}{L}}\,\sin(k_n x)$$

とすると、グリーン関数は

$$G_k(x,\xi) = \sum_{n=0}^{\infty} \frac{\dfrac{2}{L}\sin(k_n x)\ \sin(k_n \xi)}{k^2 - k_n^2} = \frac{2}{L}\sum_{n=0}^{\infty} \frac{\sin(k_n x)\ \sin(k_n \xi)}{k^2 - k_n^2}$$

となる。

演習 9-14　1 次元のシュレーディンガー方程式に従うミクロ粒子の波動関数が $\varphi(x) = C\exp(ikx)$ と与えられるとき、境界条件 $\varphi(0) = \varphi(L)$ を満たすグリーン演算子の波数 k による表示を求めよ。

解）　固有関数を $\varphi_n(x) = C\exp(ik_n x)$ とすれば

$$\varphi_n(0) = C = \phi \qquad\qquad \varphi_n(L) = C\exp(ik_n L) = \phi$$

から　$\exp(ik_n L) = 1$　となって

$$\exp(ik_n L) = \exp(i2n\pi)$$

から、波数の固有値は　$k_n = \dfrac{2n\pi}{L}$　となる。つぎに規格化をする。

$$\int_0^L |\varphi_n(x)|^2 dx = 1 \qquad から \qquad \phi^2 = \frac{1}{L} \qquad より \qquad \phi = \pm\sqrt{\frac{1}{L}}$$

符号として正を選ぶと、正規化された波動関数は

$$\varphi_n(x) = \sqrt{\frac{1}{L}}\exp(ik_n x) = \sqrt{\frac{1}{L}}\exp\left(i\frac{2n\pi}{L}x\right)$$

となる。この場合、固有関数である波動関数が複素関数となっているので、ハミルトニアンに対応したグリーン関数は

$$G(x,\xi) = \frac{\hbar^2}{2m} \sum_{n=0}^{\infty} \frac{\varphi_n(x)\,\varphi_n^{*}(\xi)}{E - E_n}$$

と与えられる。これを波数 k 表示に変えると

$$E_n = \frac{\hbar^2 k_n^{2}}{2m}, \quad E = \frac{\hbar^2 k^{2}}{2m}, \quad \varphi_n(x) = \sqrt{\frac{1}{L}} \exp(ik_n x), \quad \varphi_n^{*}(\xi) = \sqrt{\frac{1}{L}} \exp(-ik_n \xi)$$

から

$$G(x,\xi) = \frac{\hbar^2}{2m} \sum_{n=0}^{\infty} \frac{\varphi_n(x)\,\varphi_n^{*}(\xi)}{E - E_n} = \frac{1}{L} \sum_{n=0}^{\infty} \frac{\exp\{ik_n(x-\xi)\}}{k^{2} - k_n^{2}}$$

となる。ただし、$k_n = 2n\pi / L$ である。

　最後のグリーン関数の表式は、固有方程式

$$\left(\frac{d^2}{dx^2} + k^2 \right)\varphi(x) = 0$$

の固有値展開となっている。

9. 5.　グリーン演算子の形式展開

　シュレーディンガー方程式を変形すると

$$(-\hat{H} + E)\,\varphi(x) = 0 \qquad (E - \hat{H})\,\varphi(x) = 0$$

と置ける。この微分方程式の演算子は

$$\hat{L} = E - \hat{H}$$

となる。この演算子に**逆演算子** (inverse operator) が存在するならば

$$\hat{L}\,\hat{L}^{-1} = (E - \hat{H})L^{-1} = 1$$

となる。この逆演算子は**グリーン演算子** (Green operator) $\hat{G}$ である。すると

$$\hat{G} = \hat{L}^{-1}$$

となるが、この演算子は形式的に

$$\hat{G} = \hat{L}^{-1} = (E - \hat{H})^{-1} = \frac{1}{E - \hat{H}}$$

と置ける。もちろん、演算子であるから、この関係が成立するとは限らない。このため、形式的と呼んでいるのである。

　ここで、少し技巧を使う。詳細は次章で示すが、φ_n が正規直交基底であれば

$$\sum_{n=0}^{\infty} |\varphi_n\rangle \langle \varphi_n| = \sum_{n=0}^{\infty} |n\rangle \langle n| = 1$$

という関係が成立する。これは、非常に重要な機能であり、**恒等演算子** (identity operator) とも呼ばれる。グリーン演算子は、恒等演算子によって

$$\hat{G} = \hat{G}\hat{I} = \frac{1}{E - \hat{H}} \sum_{n=0}^{\infty} |n\rangle \langle n| = \sum_{n=0}^{\infty} \frac{|n\rangle \langle n|}{E - \hat{H}}$$

ここで

$$\frac{1}{E - \hat{H}} |n\rangle = \frac{1}{E - E_n} |n\rangle$$

となるので

$$\hat{G} = \sum_{n=0}^{\infty} \frac{|n\rangle \langle n|}{E - E_n} = \sum_{n=0}^{\infty} \frac{|\varphi_n\rangle \langle \varphi_n|}{E - E_n}$$

と展開できる。ここでは

$$f(\hat{H}) = \frac{1}{E - \hat{H}} \qquad として \qquad \hat{H}|n\rangle = E_n|n\rangle$$

ならば

$$f(\hat{H})|n\rangle = f(E_n)|n\rangle$$

が成立することを利用している[2]。

　ここで、グリーン演算子の左右から $\langle x|$ ならびに $|\xi\rangle$ を作用させると、次章で紹介するディラック記法によって

$$\langle x|\hat{G}|\xi\rangle = \sum_{n=0}^{\infty} \langle x| \frac{|\varphi_n\rangle \langle \varphi_n|}{E - \hat{H}} |\xi\rangle = \sum_{n=0}^{\infty} \frac{\langle x|\varphi_n\rangle \langle \varphi_n|\xi\rangle}{E - E_n}$$

---

[2] 本章末の補遺 9-1 を参照されたい。

$$= \sum_{n=0}^{\infty} \frac{\varphi_n(x)\,\varphi_n^*(\xi)}{E - E_n}$$

となる。ここで

$$\langle x|\varphi_n \rangle = \varphi_n(x) \qquad \langle \varphi_n|x \rangle = \left(\langle x|\varphi_n \rangle \right)^* = \varphi_n^*(x)$$

という関係を使っている。よって

$$\langle x|\hat{G}|\xi \rangle = \sum_{n=0}^{\infty} \frac{\varphi_n(x)\,\varphi_n^*(\xi)}{E - E_n} = G(x,\xi)$$

となる。あるいは

$$G(x,x') = \sum_{n=0}^{\infty} \frac{\varphi_n(x)\,\varphi_n^*(x')}{E - E_n}$$

という表記も使われる。

このように、形式的ではあるが、固有方程式であるシュレーディンガー方程式においては

$$\hat{G} = \sum_{n=0}^{\infty} \frac{|\varphi_n \rangle \langle \varphi_n|}{E - E_n}$$

という演算子を導入することが可能である。この表式は、グリーン関数のスペクトル表示と呼ばれる。なお、これは固有方程式として

$$(E - \hat{H})\,\varphi(x) = 0$$

を採用した場合のグリーン演算子である。

$$(\hat{H} - E)\,\varphi(x) = 0$$

という方程式を基本とした場合、$\hat{H} - E$ の逆演算子としてのグリーン演算子は

$$\hat{G} = -\sum_{n=0}^{\infty} \frac{|\varphi_n \rangle \langle \varphi_n|}{E - E_n} = \sum_{n=0}^{\infty} \frac{|\varphi_n \rangle \langle \varphi_n|}{E_n - E}$$

となる。

いずれ、固有方程式の固有関数と固有値がわかれば、そのグリーン関数はすべて、同じかたちをした演算子をもとに求められる。シュレーディンガー方程式は、固有方程式であるから、量子力学では、グリーン演算子が大活躍することになる。

補遺 9-1　関数演算子の固有値

演算子 $\hat{A}$ の固有関数を φ_n、固有値を a_n とすれば

$$\hat{A}\,[\varphi_n] = a_n\,\varphi_n$$

という関係が成立する。このとき、演算子 $\hat{A}$ の関数である $f(\hat{A})$ の固有関数も φ_n となり、固有値は $f(a_n)$ と与えられる。すなわち

$$f(\hat{A})\,[\varphi_n] = f(a_n)\,\varphi_n$$

が成立する。

それでは、$f(\hat{A}) = \hat{A}^2$ のときに、上記の関係が成立することを確かめてみよう。$\hat{A}\,\varphi_n = a_n\,\varphi_n$ をもとに、演算子の計算ルールを適用すると

$$f(\hat{A})\,[\varphi_n] = \hat{A}^2\,[\varphi_n] = \hat{A}\hat{A}\,[\varphi_n] = \hat{A}(\hat{A}\,[\varphi_n]) = \hat{A}\,[a_n\varphi_n]$$
$$= a_n\hat{A}\,[\varphi_n] = a_n^2\varphi_n = f(a_n)\,\varphi_n$$

同様にして

$$\hat{A}^3\,[\varphi_n] = \hat{A}\hat{A}\hat{A}\,[\varphi_n] = \hat{A}\hat{A}(\hat{A}\,[\varphi_n]) = \hat{A}\hat{A}\,[a_n\varphi_n] = a_n\,\hat{A}\hat{A}\,[\varphi_n] = a_n^3\varphi_n$$

が成立する。よって、m を整数とすれば

$$\hat{A}^m\,[\varphi_n] = a_n^m\varphi_n$$

という関係が成立する。以上から、c_m を定数として

$$f(\hat{A}) = c_m\hat{A}^m + c_{m-1}\hat{A}^{m-1} + \cdots + c_2\hat{A}^2 + c_1\hat{A} + c_0$$

という関数の場合にも

$$f(\hat{A})\,[\varphi_n] = f(a_n)\,\varphi_n$$

が一般に成立することになる。

多くの関数はべき級数展開が可能であるので、それを利用して関数演算子の計算が可能となる。たとえば、指数に演算子を対応させた**指数演算子** (exponential operator)

$$f(\hat{A}) = \exp(\hat{A})$$

においては

$$\exp x = 1 + x + \frac{1}{2}x^2 + \frac{1}{3!}x^3 + \frac{1}{4!}x^4 + \cdots + \frac{1}{n!}x^n + \cdots$$

という級数展開を利用し、x の部分に演算子を代入する。すると指数演算子は

$$\exp\hat{A} = 1 + \hat{A} + \frac{1}{2}\hat{A}^2 + \frac{1}{3!}\hat{A}^3 + \cdots + \frac{1}{n!}\hat{A}^n + \cdots$$

というべき級数で与えられる。したがって

$$\exp(\hat{A})\,[\varphi_n] = \exp(a_n)\,\varphi_n$$

という関係が成立することがわかる。また

$$\frac{1}{1+x} = 1 - x + x^2 - x^3 + x^4 - \cdots$$

と級数展開できるので

$$\frac{1}{1+\hat{A}}\,[\varphi_n] = \frac{1}{1+a_n}\,\varphi_n$$

も成立することになる。

第 10 章　グリーン演算子

　量子力学においては、**グリーン演算子** (Green's operator) を使ったシュレーディンガー方程式の解法が登場し、いろいろな場面で活躍する。第 9 章で紹介したように、固有関数展開に基礎を置いたものであり、固有方程式

$$\hat{L}[u(x)] = -\lambda u(x)$$

の固有関数 $u_n(x)$ と固有値 λ_n が与えられれば、グリーン関数は

$$G(x,\xi) = \sum_{n=0}^{\infty} \frac{u_n(x) u_n^*(\xi)}{\lambda - \lambda_n}$$

と与えられる。ただし、このグリーン関数は、演算子 $\hat{L}$ ではなく

$$(\hat{L} + \lambda)[u(x)] = 0$$

という同次方程式の演算子 $\hat{L} + \lambda$ に対応したものであり、グリーン演算子は

$$\hat{G} = \sum_{n=0}^{\infty} \frac{|u_n\rangle \langle u_n|}{\lambda - \lambda_n}$$

と与えられる。ただし、$|u_n\rangle$ は正規直交系の固有関数である。このグリーン演算子からグリーン関数を導出するには、左から、ブラベクトル $\langle x|$ を、右からケットベクトル $|\xi\rangle$ を作用させ

$$\langle x|\hat{G}|\xi\rangle = \sum_{n=0}^{\infty} \frac{\langle x|u_n\rangle \langle u_n|\xi\rangle}{\lambda - \lambda_n} = \sum_{n=0}^{\infty} \frac{u_n(x) u_n^*(\xi)}{\lambda - \lambda_n} = G(x,\xi)$$

とすればよい。固有関数が実数の場合には、$u_n^*(\xi) = u_n(\xi)$ となる。

　シュレーディンガー方程式

$$\hat{H}[\varphi(x)] = E\varphi(x)$$

を固有方程式のかたち $\hat{L}[u(x)] = -\lambda u(x)$ に対応させて表記すると

$$-\hat{H}[\varphi(x)] = -E\varphi(x)$$

となる。さらに、同次方程式は

$$(E - \hat{H})[\varphi(x)] = 0$$

となり、このグリーン関数は、演算子 $E - \hat{H}$ に対応したものとなる。

この場合、固有関数としての波動関数 $\varphi_n(x)$ とエネルギー固有値 E_n が求められれば、グリーン演算子は、演算子 $E - \hat{H}$ の逆演算子となり

$$\hat{G} = (E - \hat{H})^{-1} = \frac{1}{E - \hat{H}}$$

と機械的に与えられる。さらに、$|n\rangle$ が正規直交基底の場合の恒等演算子

$$\hat{I} = \sum_{n=0}^{\infty} |n\rangle \langle n|$$

を、グリーン演算子に作用させることで

$$\hat{G} = \sum_{n=0}^{\infty} \frac{|n\rangle \langle n|}{E - E_n} = \sum_{n=0}^{\infty} \frac{|\varphi_n\rangle \langle \varphi_n|}{E - E_n}$$

という表現が可能となり、いろいろな問題への応用が可能となる。ただし、$\varphi_n(x)$ はシュレーディンガー方程式の正規直交化された波動関数である。

ただし、その機能の本質を理解するためには、**ディラック記法** (Dirac's notation) に慣れておく必要がある。恒等演算子も、この記法を基本としている。そこで、まず、ディラックが開発した表記法について簡単に復習したのち、グリーン演算子の性質を説明し、その行列要素が**グリーン関数** (Green's function) へと拡張できることを説明する。

10.1. ディラック記法

量子力学 (Quantum mechanics) を定式化する際に、ディラック記法を採用すると便利なことが多い。特に、量子力学の**多体問題** (many body problem) や、場の量子論 (Quantum field theory) は、この記法を使って展開される場合が多い。そこで、まず、ディラック記法について復習する。

すでに関数の内積については、簡単な説明を行っているが、ここでは、より詳細な解説を行う。n 次元の複素数からなるベクトルを

$$|u\rangle = \begin{pmatrix} u_1 \\ u_2 \\ \vdots \\ u_n \end{pmatrix} \qquad \langle u| = \begin{pmatrix} u_1{}^* & u_2{}^* & \cdots & u_n{}^* \end{pmatrix}$$

としよう。縦ベクトルを**ケットベクトル** (ket vector)、横ベクトルを**ブラベクトル** (bra vector) と呼ぶ。ここで、ブラベクトルの成分に付される記号*は**複素共役** (conjugate complex) という意味である。このような定義をするとき、2 個のベクトル

$$|u\rangle = \begin{pmatrix} u_1 \\ u_2 \\ \vdots \\ u_n \end{pmatrix} \qquad\qquad |v\rangle = \begin{pmatrix} v_1 \\ v_2 \\ \vdots \\ v_n \end{pmatrix}$$

の**内積** (inner product) は

$$\langle u|v\rangle = \begin{pmatrix} u_1{}^* & u_2{}^* & \cdots & u_n{}^* \end{pmatrix} \begin{pmatrix} v_1 \\ v_2 \\ \vdots \\ v_n \end{pmatrix} \cdots = u_1{}^* v_1 + u_2{}^* v_2 + \cdots + u_n{}^* v_n$$

と与えられる。ブラとケットの組み合わせは、英語のかっこであるブラケット (bracket) に由来する。確かに、内積を (u, v) のように書くこともある。また、ベクトルの要素が複素数の場合は $\left(\langle u|v\rangle\right)^* = \langle v|u\rangle$ となる。

$$\left(\langle u|v\rangle\right)^* = u_1 v_1{}^* + u_2 v_2{}^* + \cdots + u_n v_n{}^*$$
$$= v_1{}^* u_1 + v_2{}^* u_2 + \cdots + v_n{}^* u_n = \langle v|u\rangle$$

が確かめられる。また、ベクトル自身の内積は

$$\langle u|u\rangle = \begin{pmatrix} u_1{}^* & u_2{}^* & \cdots & u_n{}^* \end{pmatrix} \begin{pmatrix} u_1 \\ u_2 \\ \vdots \\ u_n \end{pmatrix} = u_1{}^* u_1 + u_2{}^* u_2 + \cdots + u_n{}^* u_n$$

$$= |u_1|^2 + |u_2|^2 + \cdots + |u_n|^2$$

となる。ここで、n 次元ベクトルとして

$$|u_1\rangle = |1\rangle = \begin{pmatrix} 1 \\ 0 \\ \vdots \\ 0 \end{pmatrix} \qquad |u_2\rangle = |2\rangle = \begin{pmatrix} 0 \\ 1 \\ \vdots \\ 0 \end{pmatrix} \qquad \cdots \qquad |u_n\rangle = |n\rangle = \begin{pmatrix} 0 \\ 0 \\ \vdots \\ 1 \end{pmatrix}$$

を考える。すると、これらベクトルは

$$\langle m|n\rangle = \delta_{mn} = \begin{cases} 1 & (m = n) \\ 0 & (m \neq n) \end{cases}$$

という関係を満足する**正規直交基底** (orthonormal basis) となる。

演習 10-1　線形代数のベクトル演算の規則にしたがって、$|1\rangle\langle 1|$ を計算せよ。

解）

$$|1\rangle\langle 1| = \begin{pmatrix} 1 \\ 0 \\ \vdots \\ 0 \end{pmatrix} \begin{pmatrix} 1 & 0 & \cdots & 0 \end{pmatrix} = \begin{pmatrix} 1 & 0 & \cdots & 0 \\ 0 & 0 & \cdots & 0 \\ \vdots & \vdots & \ddots & 0 \\ 0 & 0 & 0 & 0 \end{pmatrix}$$

となる。

同様にして

$$|2\rangle\langle 2| = \begin{pmatrix} 0 \\ 1 \\ \vdots \\ 0 \end{pmatrix} \begin{pmatrix} 0 & 1 & \cdots & 0 \end{pmatrix} = \begin{pmatrix} 0 & 0 & \cdots & 0 \\ 0 & 1 & \cdots & 0 \\ \vdots & \vdots & \ddots & 0 \\ 0 & 0 & 0 & 0 \end{pmatrix}$$

$$\cdots$$

$$|n\rangle\langle n| = \begin{pmatrix} 0 \\ 0 \\ \vdots \\ 1 \end{pmatrix} \begin{pmatrix} 0 & 0 & \cdots & 1 \end{pmatrix} = \begin{pmatrix} 0 & 0 & \cdots & 0 \\ 0 & 0 & \cdots & 0 \\ \vdots & \vdots & \ddots & 0 \\ 0 & 0 & 0 & 1 \end{pmatrix}$$

となる。したがって、1 から n までの和をとれば

$$\sum_{i=1}^{n}|i\rangle\langle i| = \begin{pmatrix} 1 & 0 & \cdots & 0 \\ 0 & 1 & \cdots & 0 \\ \vdots & \vdots & \ddots & 0 \\ 0 & 0 & 0 & 1 \end{pmatrix} = \widetilde{I}$$

となり、**単位行列** (unit matrix) となる。これを、**恒等演算子** (identity operator) とも呼ぶ。なぜなら

$$\langle u|v\rangle = \sum_{i=1}^{n}\langle u|i\rangle\langle i|v\rangle$$

のように、演算の途中にこの演算子を挿入しても何も変化しないからである。

$$|u\rangle = \begin{pmatrix} u_1 \\ u_2 \\ \vdots \\ u_n \end{pmatrix} \qquad\qquad |v\rangle = \begin{pmatrix} v_1 \\ v_2 \\ \vdots \\ v_n \end{pmatrix}$$

とすれば

$$\langle u|v\rangle = \begin{pmatrix} u_1{}^* & u_2{}^* & \cdots & u_n{}^* \end{pmatrix}\begin{pmatrix} v_1 \\ v_2 \\ \vdots \\ v_n \end{pmatrix} = u_1{}^*v_1 + u_2{}^*v_2 + \cdots + u_n{}^*v_n$$

であるが、恒等演算子を挿入したとき

$$\langle u|v\rangle = \sum_{i=1}^{n}\langle u|i\rangle\langle i|v\rangle = \begin{pmatrix} u_1{}^* & u_2{}^* & \cdots & u_n{}^* \end{pmatrix}\begin{pmatrix} 1 & 0 & \cdots & 0 \\ 0 & 1 & \cdots & 0 \\ \vdots & \vdots & \ddots & 0 \\ 0 & 0 & 0 & 1 \end{pmatrix}\begin{pmatrix} v_1 \\ v_2 \\ \vdots \\ v_n \end{pmatrix}$$

$$= \begin{pmatrix} u_1{}^* & 0 & \cdots & 0 \\ 0 & u_2{}^* & \cdots & 0 \\ \vdots & \vdots & \ddots & 0 \\ 0 & 0 & 0 & u_n{}^* \end{pmatrix}\begin{pmatrix} v_1 \\ v_2 \\ \vdots \\ v_n \end{pmatrix} = u_1{}^*v_1 + u_2{}^*v_2 + \cdots + u_n{}^*v_n$$

となって、同じ結果がえられる。この恒等演算子は、応用上非常に有用であり、今後も頻繁に登場する。さらに $|i\rangle\langle i|$ は**射影演算子** (projection operator) と呼ばれる。これは、この演算子（行列）をベクトル $|u\rangle$ に作用させれば、その i 成分を

取り出すことができるからである。

演習 10-2 　射影演算子 $|i\rangle\langle i|$ の i として $i=2$ を選んだとき、ベクトル $|u\rangle$ に作用
させた結果を示せ。

解）

$$|2\rangle\langle 2|u\rangle = \begin{pmatrix} 0 & 0 & \cdots & 0 \\ 0 & 1 & \cdots & 0 \\ \vdots & \vdots & \ddots & 0 \\ 0 & 0 & 0 & 0 \end{pmatrix}\begin{pmatrix} u_1 \\ u_2 \\ \vdots \\ u_n \end{pmatrix} = \begin{pmatrix} 0 \\ u_2 \\ \vdots \\ 0 \end{pmatrix}$$

となる。

このように、射影演算子 $|i\rangle\langle i|=|2\rangle\langle 2|$ を作用させると、ベクトル $|u\rangle$ の $i=2$ 成
分を選択的に取り出すことができる。ここで

$$|1\rangle\langle 1|u\rangle + |2\rangle\langle 2|u\rangle + \cdots + |n\rangle\langle n|u\rangle = \begin{pmatrix} u_1 \\ 0 \\ \vdots \\ 0 \end{pmatrix} + \begin{pmatrix} 0 \\ u_2 \\ \vdots \\ 0 \end{pmatrix} + \cdots + \begin{pmatrix} 0 \\ 0 \\ \vdots \\ u_n \end{pmatrix} = \begin{pmatrix} u_1 \\ u_2 \\ \vdots \\ u_n \end{pmatrix} = |u\rangle$$

となるので

$$(|1\rangle\langle 1| + |2\rangle\langle 2| + \cdots + |n\rangle\langle n|)|u\rangle = \sum_{i=1}^{n}|i\rangle\langle i|u\rangle = |u\rangle$$

という関係がえられるが、この結果からも

$$|1\rangle\langle 1| + |2\rangle\langle 2| + \cdots + |n\rangle\langle n| = \sum_{i=1}^{n}|i\rangle\langle i| = \widetilde{I}$$

のように、左辺の和が恒等演算子となることが確かめられる。

10.2. 関数の内積

実は、行列とベクトルの関係は、量子力学では、演算子と波動関数の関係とな
る。波動関数はベクトルではないので違和感はあるかもしれないが、実は、関数

もベクトルの一種とみなすことができるのである。このとき、関数の内積は、ベクトルを拡張すると

$$\langle f|g \rangle = \int f^*(x)\, g(x)\, dx$$

という積分となる。例として、区間 $0 \le x \le 3$ で定義された関数

$$y = f(x) \qquad と \qquad y = g(x)$$

があったとしよう。本来 x は連続であるがベクトルとのアナロジーのために離散的な値を考え $x = 0, 1, 2, 3$ の 4 点の関数値でベクトルをつくる。すると

$$|f\rangle = \begin{pmatrix} f_0 \\ f_1 \\ f_2 \\ f_3 \end{pmatrix} \qquad\qquad |g\rangle = \begin{pmatrix} g_0 \\ g_1 \\ g_2 \\ g_3 \end{pmatrix}$$

という 4 次元のケットベクトルができる。このとき、f のブラベクトルは

$$\langle f| = \begin{pmatrix} f_0 & f_1 & f_2 & f_3 \end{pmatrix}$$

となる。一般には、複素共役を採用すべきであるが、ここでは、実数関数を考え、このままとする。すると、内積は

$$\langle f|g \rangle = \begin{pmatrix} f_0 & f_1 & f_2 & f_3 \end{pmatrix} \begin{pmatrix} g_0 \\ g_1 \\ g_2 \\ g_3 \end{pmatrix} = f_0 g_0 + f_1 g_1 + f_2 g_2 + f_3 g_3$$

となる。実際には、関数の値は離散的ではなく、連続であるから、この分割数を大きくしていき

$$\langle f|g \rangle = \begin{pmatrix} f_0 & f_1 & \cdots & f_n \end{pmatrix} \begin{pmatrix} g_0 \\ g_1 \\ \vdots \\ g_n \end{pmatrix} = f_0 g_0 + f_1 g_1 + \cdots + f_n g_n$$

として、n が無限大の極限をとれば連続関数となる。よって、関数は無限次元の成分からなるベクトルとみなすことができるのである。

　このとき、連続関数の内積は

$$\langle f|g\rangle = \int_0^3 f(x)\, g(x)\, dx$$

という積分によって与えられることがわかるであろう。

　より一般化して、定義域が $a \le x \le b$ の場合、関数の内積は

$$\langle f|g\rangle = \int_a^b f(x)\, g(x)\, dx$$

となる。さらに、変数が複素数で、定義域が全領域の場合には

$$\langle \varphi|\phi\rangle = \int_{-\infty}^{+\infty} \varphi^*(x)\, \phi(x)\, dx$$

となる。これが関数の内積である。さらに、量子力学では

$$\langle \varphi|\varphi\rangle = \int_{-\infty}^{+\infty} \varphi^*(x)\, \varphi(x)\, dx$$

は φ という量子状態にある粒子の確率振幅に対応しており、その2乗が存在確率を与える。ここで、いままでの議論から

$$|f\rangle = f(x) \qquad |g\rangle = g(x)$$

とみなしてよいのであろうか。実は、そうはならずに

$$\langle x|f\rangle = f(x) \qquad \langle x|g\rangle = g(x)$$

としなければならない。それを次節で説明しよう。

10.3.　連続基底

　関数は、無限の成分からなる無限次元ベクトルとみなすことができることを説明した。それでは、座標に対応したベクトル $|x\rangle$ はどうなのであろうか。連続した位置座標であるから、これも無限次元ベクトルとなる。ただし、成分には注意する必要がある。その説明のために、ふたたび離散的な座標である $x = 0, 1, 2, 3$ から考えよう。すると

$$|f\rangle = \begin{pmatrix} f(0) \\ f(1) \\ f(2) \\ f(3) \end{pmatrix} \qquad \langle f| = \begin{pmatrix} f(0) & f(1) & f(2) & f(3) \end{pmatrix}$$

となるのであった。とすれば位置座標に対応したベクトルは

$$|x\rangle = \begin{pmatrix} 0 \\ 1 \\ 2 \\ 3 \end{pmatrix} \qquad \langle x| = \begin{pmatrix} 0 & 1 & 2 & 3 \end{pmatrix}$$

としてよいのであろうか。実は、これでは意味がないのである。特に、量子力学においては、ベクトルとして、正規直交基底を扱うが、位置座標に対応したベクトル $|x\rangle$ にも正規直交基底の性質がなければならない。それを式で示すと

$$x \neq x' \text{ のとき } \quad \langle x'|x\rangle = 0$$
$$x = x' \text{ のとき } \quad \langle x'|x\rangle = \langle x|x\rangle = 1$$

となる。この要請を満足するベクトルとは、どのようなものなのであろうか。位置座標 $|x\rangle$ のベクトルが $x = 0, 1, 2$ という 3 点からなる場合は、正規直交化されたベクトルは

$$|x = 0\rangle = \begin{pmatrix} 1 \\ 0 \\ 0 \end{pmatrix} = |0\rangle \quad |x = 1\rangle = \begin{pmatrix} 0 \\ 1 \\ 0 \end{pmatrix} = |1\rangle \quad |x = 2\rangle = \begin{pmatrix} 0 \\ 0 \\ 1 \end{pmatrix} = |2\rangle$$

となる。こうすれば

$$\langle 0|0\rangle = 1 \qquad \langle 1|1\rangle = 1 \qquad \langle 2|2\rangle = 1$$
$$\langle 0|1\rangle = 0 \quad \langle 0|2\rangle = 0 \quad \langle 1|2\rangle = 0 \quad \langle 2|0\rangle = 0$$

となり、正規直交基底の性質を満足することが確かめられる。このように、位置座標に対応したベクトルは x の値そのものとは直接の対応関係がないのである。さらに、上記ベクトル群においては

$$\sum_{n=0}^{2} |n\rangle\langle n| = \tilde{\boldsymbol{I}}$$

という関係も成立する。これは恒等演算子である。一方、この条件は正規直交基底の**完全性** (completeness) を満足するための条件でもある。完全とは、3 個のベクトルで 3 次元空間をすべて張ることができるという意味である。上記、3 個のベクトルであれば、その線型結合で、すべての 3 次元ベクトルを表現できるので、完全である。

　それでは、位置座標として $x = 0, 0.5, 1, 1.5, 2$ という 5 点を考えた場合はどう

なるであろうか。このときは

$$
|x=0\rangle = \begin{pmatrix} 1 \\ 0 \\ 0 \\ 0 \\ 0 \end{pmatrix} = |0\rangle \qquad |x=0.5\rangle = \begin{pmatrix} 0 \\ 1 \\ 0 \\ 0 \\ 0 \end{pmatrix} = |0.5\rangle \qquad |x=1\rangle = \begin{pmatrix} 0 \\ 0 \\ 1 \\ 0 \\ 0 \end{pmatrix} = |1\rangle
$$

$$
|x=1.5\rangle = \begin{pmatrix} 0 \\ 0 \\ 0 \\ 1 \\ 0 \end{pmatrix} = |1.5\rangle \qquad |x=2\rangle = \begin{pmatrix} 0 \\ 0 \\ 0 \\ 0 \\ 1 \end{pmatrix} = |2\rangle
$$

という 5 成分からなるベクトルを考えればよい。これらが、完全正規直交基底を
なすベクトルとなる。ここで注意すべきは

$$
|x=0.5\rangle
$$

は、単なる 0.5 という数値ではなく、5 次元ベクトルにおいて 2 番目の成分が 1
となる規格化されたベクトルという点である。

　この延長で分割数を増やし、ベクトル成分の数をどんどん増やしていき、成分
数が無限となる極限においては連続基底となる。そして

$$
\sum_{0}^{\infty} |x\rangle\langle x| = \tilde{I}
$$

という関係も成立する。和をとる範囲は自由であるので、全空間では

$$
\sum_{-\infty}^{\infty} |x\rangle\langle x| = \tilde{I}
$$

としてもよいことになる。そして、分割数を限りなく大きくした極限では、この
和は積分となり

$$
\int_{-\infty}^{+\infty} |x\rangle\langle x|\, dx = \hat{I}
$$

という重要な関係がえられる。右辺は恒等演算子である。関数に作用する演算子
という視点では 1 と等価となる。さらに、位置座標が連続した無限成分からなる
ベクトルと考えれば $\langle x|x\rangle = 1$ となること、また、$x \neq x'$ のとき無限次元ベクトル

$|x\rangle$ と $|x'\rangle$ においては、1 となるベクトル成分の位置が異なるので、その内積をとれば

$$\langle x|x'\rangle = 0$$

となることもわかるであろう。結局、すでに示したように、連続した位置座標の正規直交基底は、デルタ関数を使えば

$$\langle x|x'\rangle = \delta(x - x')$$

とまとめることができる。

演習 10-3　連続的な位置座標ベクトル $|x\rangle$ の恒等演算子

$$\int_{-\infty}^{+\infty} |x\rangle\langle x|\, dx = \hat{I}$$

を $\langle \phi|\varphi\rangle$ に作用させよ。

解）　$\langle \phi|\varphi\rangle = \langle\phi|\hat{I}|\varphi\rangle = \langle\phi| \int_{-\infty}^{+\infty} |x\rangle\langle x|\, dx\, |\varphi\rangle = \int_{-\infty}^{+\infty} \langle\phi|x\rangle\langle x|\varphi\rangle\, dx$

となる。ここで $\langle x|\varphi\rangle = \varphi(x)$ であった。また

$$\langle \phi|x\rangle = \left(\langle x|\phi\rangle\right)^* = \phi^*(x)$$

となる。したがって

$$\langle \phi|\varphi\rangle = \int_{-\infty}^{+\infty} \phi^*(x)\varphi(x)\, dx$$

と与えられる。

これは、量子力学における**重なり積分** (superposition integral) である。また

$$\langle \varphi|\varphi\rangle = \int_{-\infty}^{+\infty} \langle\varphi|x\rangle\langle x|\varphi\rangle\, dx = \int_{-\infty}^{+\infty} \varphi^*(x)\varphi(x)\, dx = \int_{-\infty}^{+\infty} |\varphi(x)|^2\, dx$$

となることがわかる。ここで、あらためて、つぎの式を考えみよう。

$$\langle x|\varphi\rangle = \varphi(x)$$

まず、量子力学では、$|\varphi\rangle$ は単なる関数ではなく、いわば状態ベクトルでありミクロ粒子が占める状態に対応する。x は連続であり、離散型のベクトルではな

いが、この連続した x の中で、ある位置を指定したとき、状態 φ にある粒子の存在確率の平方根、すなわち**確率振幅** (probability amplitude) が $\langle x|\varphi\rangle$ によって与えられるという意味となる。よって

$$\left|\langle x|\varphi\rangle\right|^2 = \left|\varphi(x)\right|^2$$

は、ミクロ粒子を位置 x に見出す確率となる。

たとえば、$|x=1.2\rangle$ と表記すれば、これはミクロ粒子が、$x=1.2$ に位置する状態となる。さらに、$|\varphi\rangle$ は状態ベクトルであるが、ブラベクトル $\langle\ |$ は、自由度のある状態ベクトルの中から、ある条件での粒子の確率振幅を取り出す操作ということがいえる。

$\langle x=1.2|\varphi\rangle$ と表記すれば、これは、状態 φ にあるミクロ粒子を、位置 $x=1.2$ に見出す確率振幅となる。あるいは $\left|\langle x=1.2|\varphi\rangle\right|^2$ は、状態 φ にあるミクロ粒子の $x=1.2$ における存在確率となる。

実は、波動関数には x–表示、**位置表示** (position representation) と p–表示、**運動量表示** (momentum representation) があり、p–表示は k–表示（波数表示）と等価である。それらは

$$\langle x|\varphi\rangle = \varphi(x) \qquad \text{と} \qquad \langle p|\varphi\rangle = \widetilde{\varphi}(p)$$

となる。ただし、p–表示の関数形は、x–表示とはかたちが異なることに注意が必要である。実は、$p=\hbar k$ と置いたとき、これら関数は $x \leftrightarrow k$ のフーリエ変換となっており

$$\varphi(x) = \frac{1}{\sqrt{2\pi}}\int_{-\infty}^{+\infty}\widetilde{\varphi}(k)\exp(ikx)\,dk \qquad \widetilde{\varphi}(k) = \frac{1}{\sqrt{2\pi}}\int_{-\infty}^{+\infty}\varphi(x)\exp(-ikx)\,dx$$

という対応関係にある。係数としては、互いが対等の関係となるように、双方に $1/\sqrt{2\pi}$ を付す。また、運動量 p で示せば

$$\widetilde{\varphi}(p) = \frac{1}{\sqrt{2\pi}}\int_{-\infty}^{+\infty}\varphi(x)\exp\left(-i\frac{p}{\hbar}x\right)dx$$

となる。$\langle p|\varphi\rangle = \widetilde{\varphi}(p)$ は、連続した p の中で、ある運動量を指定したとき、状態 φ にある粒子の確率振幅が $\langle p|\varphi\rangle$、（粒子が運動量 p を有する）確率が $\left|\langle p|\varphi\rangle\right|^2$ によって与えられるということを示している。

ここで、x–表示の波動関数 $\langle x|\varphi\rangle = \varphi(x)$ と p–表示の波動関数 $\langle p|\varphi\rangle = \widetilde{\varphi}(p)$ の

関係を示しておこう。

$$\langle x | \varphi \rangle = \varphi(x) = \exp(ikx)$$

という波動関数の基本式を考えてみよう。波数 k と運動量の関係 $p = \hbar k$ から

$$\langle x | \varphi \rangle = \varphi(x) = \exp\left(i \frac{p}{\hbar} x \right)$$

となる。ここで、あらためて $\langle x | p \rangle$ という関係をみてみよう。この式は、状態ベクトル φ として p 状態、すなわち運動量が p であるミクロ粒子を位置 x に見出す確率振幅である。あるいは、運動量 p のミクロ粒子の軌跡とも考えられる。いまの場合

$$\langle x | p \rangle = \exp\left(i \frac{p}{\hbar} x \right)$$

となる。また、複素共役の関係から

$$\langle p | x \rangle = (\langle x | p \rangle)^* = \exp\left(-i \frac{p}{\hbar} x \right)$$

となることもわかる。

演習 10-4　$\langle p | \varphi \rangle$ に恒等演算子 $\displaystyle\int_{-\infty}^{+\infty} |x\rangle\langle x| \, dx = 1$ を作用させよ。

解）
$$\langle p | \varphi \rangle = \int_{-\infty}^{+\infty} \langle p | x \rangle\langle x | \varphi \rangle \, dx$$

という関係がえられる。よって

$$\widetilde{\varphi}(p) = \langle p | \varphi \rangle = \int_{-\infty}^{+\infty} \langle p | x \rangle\langle x | \varphi \rangle \, dx = \int_{-\infty}^{+\infty} \exp\left(-i \frac{p}{\hbar} x \right) \varphi(x) \, dx$$

となる。

右辺は、波数 k で示せば

$$\int_{-\infty}^{+\infty} \exp(-ik) \varphi(x) \, dx$$

となり、$\varphi(x)$ のフーリエ変換に他ならない。ここで、フーリエ変換と逆変換については

$$\widetilde{\varphi}(k)=\frac{1}{\sqrt{2\pi}}\int_{-\infty}^{+\infty}\varphi(x)\exp(-ikx)\,dx \qquad \varphi(x)=\frac{1}{\sqrt{2\pi}}\int_{-\infty}^{+\infty}\widetilde{\varphi}(k)\exp(ikx)\,dk$$

を選べばよい。$\widetilde{\varphi}(k)$ は変数を p から k に変えたときの関数形である。このとき、$1/\sqrt{2\pi}$ は規格化因子の役目をする。波数 k ではなく、運動量 p を使えば

$$\widetilde{\varphi}(p)=\frac{1}{\sqrt{2\pi}}\int_{-\infty}^{+\infty}\varphi(x)\exp\left(-i\frac{p}{\hbar}x\right)dx$$

となる。

つまり、$\langle p|\varphi\rangle = \widetilde{\varphi}(p)$ は $\langle x|\varphi\rangle = \varphi(x)$ のフーリエ変換によって与えられるのである。そして、$\langle p|\varphi\rangle = \widetilde{\varphi}(p)$ がわかっている場合には、$\langle x|\varphi\rangle = \varphi(x)$ は、そのフーリエ逆変換によって与えられることになる。そして、表現は異なるが、両者は同じ量子状態を表現しているのである。ここで、波動関数 $\varphi(x)$ に、ある演算子 $\hat{A}$ を作用させると $\hat{A}\varphi(x)$ となるが、これをディラック記法によって示すと

$$\hat{A}\varphi(x)=\left\langle x\left|\hat{A}\varphi\right.\right\rangle=\left\langle x\left|\hat{A}\right|\varphi\right\rangle$$

となる。

10.4. 行列と演算子

n 次元複素ベクトル空間に属するベクトル $|n\rangle = |\varphi_n\rangle$ に対し、行列である演算子 $\hat{L}$ を作用させたときに、同じ空間内のベクトル $|m\rangle = |\varphi_m\rangle$ となるとき

$$|m\rangle = \hat{L}|n\rangle$$

と表記する。ここで、$\hat{L}^{+}$ が $\hat{L}$ の転置共役演算子として

$$\left\langle \hat{L}u\left|v\right.\right\rangle=\left\langle u\left|\hat{L}^{+}v\right.\right\rangle$$

が成立するとき、$\hat{L}^{+}$ を $\hat{L}$ の**共役演算子** (conjugate operator) と呼ぶ。スツルム–リウビル方程式では、随伴演算子と紹介したものである。また $\hat{L}^{+}=\hat{L}$ という関係が成立するとき、すなわち

$$\left\langle \hat{L}\,u \middle| v \right\rangle = \left\langle u \middle| \hat{L}\,v \right\rangle$$

が成立するとき、$\hat{L}$ を**エルミート演算子** (Hermetian operator) と呼ぶ。こちらは
スツルム–リウビル方程式で紹介した**自己随伴演算子** (self-adjoint operator) と同
様である。以上のベクトル表示は、関数にそのまま当てはめることができる。た
だし、関数の内積は

$$\left\langle \varphi_m \middle| \varphi_n \right\rangle = \left\langle m \middle| n \right\rangle = \int_{-\infty}^{+\infty} \varphi_m^{*}(x)\,\varphi_n(x)\,dx = \delta_{mn}$$

とする。これは、規格化条件でもある。

　ここで、量子力学において物理量に対応した演算子は、すべてエルミート演算
子であることが知られている。そして、$\hat{H}$ がエネルギー演算子であるハミルト
ニアンであれば

$$\hat{H}\left| n \right\rangle = E_n \left| n \right\rangle$$

という関係が成立する。

　このとき、$\left| n \right\rangle = \left| \varphi_n \right\rangle$ を演算子 $\hat{H}$ の固有ベクトル (eigenvector) と呼び、E_n は演
算子 $\hat{H}$ の固有値 (eigenvalue) と呼ぶ。いまの場合は、エネルギー固有値となる。
$\left| n \right\rangle$ がベクトルではなく、波動関数の場合には、**固有関数** (eigenfunction) と呼ぶ。
エルミート演算子の固有値は必ず実数となり、その演算子に対応した物理量とな
る。

10. 5.　グリーン演算子

　演算子 $\hat{L}$ の**逆演算子** (inverse operator) の $\hat{L}^{-1}$ が存在するとき
$$\hat{L}^{-1}\hat{L} = \hat{L}\,\hat{L}^{-1} = \hat{I}$$
が成立する。ただし、$\hat{I}$ は**恒等演算子** (identity operator) であり、ベクトルや波
動関数に作用しても何も変えない。ここで
$$\hat{L}^{-1} = \hat{G}$$
と置き、**グリーン演算子** (Green operator) と呼ぶことにしよう。いま

$$\hat{L}\,|n\rangle = E_n|n\rangle$$

という固有値方程式の左から、グリーン演算子を作用させよう。これは、量子力学を念頭に置くと φ_n を演算子 $\hat{L}$ の固有関数とした場合

$$\hat{L}\,|\varphi_n\rangle = E_n|\varphi_n\rangle$$

に対応する。固有値方程式にグリーン演算子を作用させると

$$\hat{G}\hat{L}\,|n\rangle = \hat{G}\,(E_n|n\rangle)$$

となる。グリーン演算子は

$$\hat{G}\hat{L} = \hat{L}^{-1}\hat{L} = \hat{I}$$

という関係にあるので

$$\hat{G}\hat{L}\,|n\rangle = \hat{I}\,|n\rangle = |n\rangle \qquad \hat{G}\,(E_n|n\rangle) = E_n\,\hat{G}|n\rangle$$

から

$$|n\rangle = E_n\,\hat{G}|n\rangle \qquad より \qquad \hat{G}\,|n\rangle = \frac{1}{E_n}|n\rangle$$

となる。ただし、この場合は $E_n \neq 0$ でなければならない。

つぎに、先ほどの固有値方程式

$$\hat{H}\,|n\rangle = E_n|n\rangle$$

の左からベクトル $\langle m|$ を掛けると、行列要素は

$$\langle m|\,\hat{H}\,|n\rangle = \langle m|E_n|n\rangle = E_n\langle m|n\rangle = E_n\delta_{mn}$$

となる。つぎに $\hat{H}\,|n\rangle = E_n|n\rangle$ の右から $\langle n|$ を掛けて和をとる。

$$\sum_n \hat{H}\,|n\rangle\langle n| = \sum_n E_n|n\rangle\langle n|$$

行列表示すれば

$$\sum_n E_n |n\rangle\langle n| = \begin{pmatrix} E_1 & 0 & \cdots & 0 \\ 0 & 0 & \cdots & 0 \\ \vdots & \vdots & \ddots & 0 \\ 0 & 0 & 0 & 0 \end{pmatrix} + \begin{pmatrix} 0 & 0 & \cdots & 0 \\ 0 & E_2 & \cdots & 0 \\ \vdots & \vdots & \ddots & 0 \\ 0 & 0 & 0 & 0 \end{pmatrix} + \cdots + \begin{pmatrix} 0 & 0 & \cdots & 0 \\ 0 & 0 & \cdots & 0 \\ \vdots & \vdots & \ddots & 0 \\ 0 & 0 & 0 & E_n \end{pmatrix}$$

$$= \begin{pmatrix} E_1 & 0 & \cdots & 0 \\ 0 & E_2 & \cdots & 0 \\ \vdots & \vdots & \ddots & 0 \\ 0 & 0 & 0 & E_n \end{pmatrix}$$

また

$$\hat{H}|n\rangle = E_n|n\rangle \qquad \text{から} \qquad \langle n|\hat{H}|n\rangle = E_n$$

という関係にあり $m \neq n$ のとき

$$\langle m|\hat{H}|n\rangle = 0$$

であるから、行列 $\langle m|\hat{H}|n\rangle$ は

$$\begin{pmatrix} \langle 1|\hat{H}|1\rangle & 0 & \cdots & 0 \\ 0 & \langle 2|\hat{H}|2\rangle & \cdots & 0 \\ \vdots & \vdots & \ddots & 0 \\ 0 & 0 & 0 & \langle n|\hat{H}|n\rangle \end{pmatrix} = \begin{pmatrix} E_1 & 0 & \cdots & 0 \\ 0 & E_2 & \cdots & 0 \\ \vdots & \vdots & \ddots & 0 \\ 0 & 0 & 0 & E_n \end{pmatrix}$$

となる。ここで $\displaystyle\sum_n |n\rangle\langle n| = \hat{I}$ は恒等演算子であったから

$$\sum_n \hat{H}|n\rangle\langle n| = \hat{L}\,\hat{I} = \hat{L}$$

となるが、これは、演算子 $\hat{H}$ の行列表示と呼ばれ

$$\hat{H} = \begin{pmatrix} E_1 & 0 & \cdots & 0 \\ 0 & E_2 & \cdots & 0 \\ \vdots & \vdots & \ddots & 0 \\ 0 & 0 & 0 & E_n \end{pmatrix}$$

となる。演算子 $\hat{H}$ がエネルギー演算子のハミルトニアンの場合には、この行列

はエネルギースペクトルと呼ばれ、いわゆる系のエネルギー分布を与える。この

とき、対角成分が、それぞれの状態ベクトル（ミクロ粒子の量子状態）

$$|1\rangle = |\varphi_1\rangle , \cdots, \ |2\rangle = |\varphi_2\rangle , \cdots, |n\rangle = |\varphi_n\rangle$$

のエネルギー期待値となる。ここで、逆演算子であるグリーン演算子は

$$\hat{G}|n\rangle = \frac{1}{E_n}|n\rangle \qquad (E_n \neq 0)$$

であったので、この両辺の右から $\langle n|$ を掛けて、n に関する和をとると

$$\sum_n \hat{G}|n\rangle\langle n| = \sum_n \frac{1}{E_n}|n\rangle\langle n|$$

となる。ここで $\sum_n |n\rangle\langle n|$ は恒等演算子であるから

$$\sum_n \hat{G}|n\rangle\langle n| = \hat{G}$$

したがって、グリーン演算子は

$$\hat{G} = \sum_n \frac{|n\rangle\langle n|}{E_n} = \begin{pmatrix} 1/E_1 & 0 & \cdots & 0 \\ 0 & 1/E_2 & \cdots & 0 \\ \vdots & \vdots & \ddots & 0 \\ 0 & 0 & 0 & 1/E_n \end{pmatrix}$$

と行列表示することができる。これを、グリーン演算子のスペクトル表示と呼
ぶ。このとき

$$\hat{G}\hat{H} = \begin{pmatrix} 1/E_1 & 0 & \cdots & 0 \\ 0 & 1/E_2 & \cdots & 0 \\ \vdots & \vdots & \ddots & 0 \\ 0 & 0 & 0 & 1/E_n \end{pmatrix} \begin{pmatrix} E_1 & 0 & \cdots & 0 \\ 0 & E_2 & \cdots & 0 \\ \vdots & \vdots & \ddots & 0 \\ 0 & 0 & 0 & E_n \end{pmatrix} = \begin{pmatrix} 1 & 0 & \cdots & 0 \\ 0 & 1 & \cdots & 0 \\ \vdots & \vdots & \ddots & 0 \\ 0 & 0 & 0 & 1 \end{pmatrix} = \hat{I}$$

となり、$\hat{G}$ は $\hat{H}$ の逆演算子となる。

10.6. 状態遷移とグリーン関数

ここで、つぎの演算を考えてみよう

第 10 章　グリーン演算子

$$\hat{T}\left|\varphi_n\right\rangle = \left|\varphi_m\right\rangle$$

　量子力学で考えれば、$n \neq m$ のとき、状態ベクトル $\left|\varphi_n\right\rangle$ に演算子 $\hat{T}$ を作用させると、別の状態ベクトル $\left|\varphi_m\right\rangle$ に遷移するということを示している。いわば、ミクロ粒子の状態を変化させる演算子ということになる。演算子 $\hat{T}$ に逆演算子 $\hat{T}^{-1}$ が存在するとき

$$\left|\varphi_n\right\rangle = \hat{T}^{-1}\left|\varphi_m\right\rangle$$

となるが、$\hat{T}^{-1}$ をグリーン演算子 $\hat{G}$ とすると

$$\left|\varphi_n\right\rangle = \hat{G}\left|\varphi_m\right\rangle$$

という関係がえられる。

　演算子 $\hat{T}$ が $n \to m$ の状態変化に対応するのに対し、グリーン演算子 $\hat{G}$ は $m \to n$ という逆の状態変化に対応し、いわば、結果（終状態）から原因（始状態）を探る演算子ということになる。

　これを、より一般化すれば、グリーン演算子には、時間を $t \to t'$ に変化させたり、位置を $x \to x'$ に変化させる働きがあることになり、量子力学では、**伝播関数** (propagator) あるいはプロパゲーターと呼び、重宝している。一方、もともとのグリーン関数の機能から離れているため、概念が異なるといわれる場合もある。ここで

$$\left|\varphi_n\right\rangle = \hat{G}\left|\varphi_m\right\rangle$$

に左から $\left\langle\varphi_n\right|$ を作用させると

$$\left\langle\varphi_n\middle|\varphi_n\right\rangle = \left\langle\varphi_n\middle|\hat{G}\middle|\varphi_m\right\rangle = 1$$

となり $\left\langle\varphi_n\middle|\hat{G}\middle|\varphi_m\right\rangle$ という行列要素は、対角成分でなくとも、つまり $n \neq m$ であっても 0 とはならないことを示している。ここで、行列要素について、少し復習しておこう。

10. 7.　行列要素

　量子力学では $\langle m|n \rangle = \langle \varphi_m|\varphi_n \rangle$ は、ミクロ粒子の量子状態 $|n\rangle = |\varphi_n\rangle$ が状態 $|m\rangle = |\varphi_m\rangle$ に遷移する**確率振幅** (probability amplitude) を与える。

　$\langle m|n \rangle$ を行列表示しよう。すると、その要素は

$$\langle 1|1 \rangle,\ \langle 1|2 \rangle,\ \langle 1|3 \rangle, \cdots, \langle 1|N \rangle,$$
$$\langle 2|1 \rangle,\ \langle 2|2 \rangle,\ \langle 2|3 \rangle, \cdots, \langle 2|N \rangle, \cdots, \langle N|1 \rangle,\ \langle N|2 \rangle, \cdots, \langle N|N \rangle$$

となり、行列にすれば

$$\langle m|n \rangle = \begin{pmatrix} \langle 1|1 \rangle & \langle 1|2 \rangle & \cdots & \langle 1|N \rangle \\ \langle 2|1 \rangle & \langle 2|2 \rangle & \cdots & \langle 2|N \rangle \\ \vdots & \vdots & \ddots & \vdots \\ \langle N|1 \rangle & \langle N|2 \rangle & \cdots & \langle N|N \rangle \end{pmatrix}$$

となる。あるいは、それぞれの状態が波動関数ということをあらわに示せば

$$\langle m|n \rangle = \langle \varphi_m|\varphi_n \rangle = \begin{pmatrix} \langle \varphi_1|\varphi_1 \rangle & \langle \varphi_1|\varphi_2 \rangle & \cdots & \langle \varphi_1|\varphi_N \rangle \\ \langle \varphi_2|\varphi_1 \rangle & \langle \varphi_2|\varphi_2 \rangle & \cdots & \langle \varphi_2|\varphi_N \rangle \\ \vdots & \vdots & \ddots & \vdots \\ \langle \varphi_N|\varphi_1 \rangle & \langle \varphi_N|\varphi_2 \rangle & \cdots & \langle \varphi_N|\varphi_N \rangle \end{pmatrix}$$

という行列表示もできる。波動関数が正規直交基底の場合には

$$\langle m|n \rangle = \begin{pmatrix} 1 & 0 & \cdots & 0 \\ 0 & 1 & \cdots & 0 \\ \vdots & \vdots & \ddots & \vdots \\ 0 & 0 & \cdots & 1 \end{pmatrix}$$

となる。つぎに $\hat{A}$ を任意の演算子とした場合

$$\langle m|\hat{A}|n \rangle = \left\langle \varphi_m \left| \hat{A} \right| \varphi_n \right\rangle = \int_{-\infty}^{+\infty} \varphi_m^{\ *}(r)\ \hat{A}\,\varphi_n(r)\, dr$$

は、演算子の作用によって、系の状態が n から m に遷移する確率振幅を与えるが、それも、つぎのような行列となる。

$$\langle m|\hat{A}|n\rangle = \langle \varphi_m|\hat{A}|\varphi_n\rangle = \begin{pmatrix} \langle \varphi_1|\hat{A}|\varphi_1\rangle & \langle \varphi_1|\hat{A}|\varphi_2\rangle & \cdots & \langle \varphi_1|\hat{A}|\varphi_N\rangle \\ \langle \varphi_2|\hat{A}|\varphi_1\rangle & \langle \varphi_2|\hat{A}|\varphi_2\rangle & \cdots & \langle \varphi_2|\hat{A}|\varphi_N\rangle \\ \vdots & \vdots & \ddots & \\ \langle \varphi_N|\hat{A}|\varphi_1\rangle & \langle \varphi_N|\hat{A}|\varphi_2\rangle & \cdots & \langle \varphi_N|\hat{A}|\varphi_N\rangle \end{pmatrix}$$

となる。このとき行列要素

$$\langle \varphi_2|\hat{A}|\varphi_3\rangle$$

は、状態 $|\varphi_3\rangle$ から状態 $|\varphi_2\rangle$ への遷移に対する確率振幅を与える。ただし、対角要素は別であり

$$\langle \varphi_2|\hat{A}|\varphi_2\rangle$$

は、状態 $|\varphi_2\rangle$ において、演算子 $\hat{A}$ に対応した物理量を測定したときの期待値を与える。また、系が定常状態では、対角要素のみとなる。

そして、量子力学において、ある状態ベクトルから別の状態ベクトルへの遷移が生じるかどうかは、その行列要素が 0 とならないことが条件となる。

よって、$\langle \varphi_n|\hat{G}|\varphi_m\rangle$ あるいは $\langle n|\hat{G}|m\rangle$ が 0 でないということは m 状態から n 状態への遷移が生じることを示している。定常状態では、このような遷移は生じないから、$n \neq m$ のとき

$$\langle n|\hat{G}|m\rangle = 0$$

となる。

10.8.　グリーン関数

いま見たように、グリーン演算子 $\hat{G}$ は、ミクロ粒子の状態を φ_m から φ_n へ変換する作用を有している。ここで、位置座標である連続基底 x のもとで、いまの関係を論じてみよう。まず $|\varphi_n\rangle = \hat{G}|\varphi_m\rangle$ という式の左から $\langle x|$ を作用させると

$$\langle x \,|\, \varphi_n \rangle = \varphi_n(x) = \langle x \,|\, \hat{G} \,|\, \varphi_m \rangle$$

となる。

演習 10-5　恒等演算子 $\displaystyle\int |x'\rangle\langle x'| \, dx' = \hat{I}$ を $\langle x \,|\, \hat{G} \,|\, \varphi_m \rangle$ の $|\varphi_m\rangle$ に作用させよ。

解）
$$\langle x \,|\, \hat{G} \,|\, \varphi_m \rangle = \langle x \,|\, \hat{G} \,\big|\, \hat{I} \, \varphi_m \rangle = \int \langle x \,|\, \hat{G} \,|\, x' \rangle \langle x' \,|\, \varphi_m \rangle \, dx'$$

となる。$\langle x \,|\, \varphi_m \rangle = \varphi_m(x)$，$\langle x \,|\, \hat{G} \,|\, \varphi_m \rangle = \varphi_n(x)$　であるから

$$\varphi_n(x) = \int \langle x \,|\, \hat{G} \,|\, x' \rangle \, \varphi_m(x') \, dx'$$

となる。

ところで

$$\hat{L}\,[\varphi_n(x)] = \varphi_m(x)$$

という微分方程式の解は、グリーン関数を $G(x,x')$ と置くと

$$\varphi_n(x) = \int G(x,x') \, \varphi_m(x') \, dx'$$

と与えられるのであった。よって

$$G(x,x') = \langle x \,|\, \hat{G} \,|\, x' \rangle$$

という対応関係にあることがわかる。

　ここで、従来のグリーン関数の働きは、ある任意の位置 x における物理現象を、空間（x' が変数）に分散した現象の元となる原因が x に及ぼす効果 $(x' \to x)$ である $G(x\,x')$ を乗じながら積算（x' に関して積分）して求めるというものである。したがって多くの場合、$G(x\,x')$ は 2 点間の距離 $x-x'$ の関数となり

$$G(x,x') = G(x-x')$$

と置けるので

$$\varphi_n(x) = \int G(x-x')\,\varphi_m(x')\,dx'$$

となる。

10.9.　シュレーディンガー方程式とグリーン演算子

　定常状態、すなわち、系のエネルギー E が時間的に変化しない場合のシュレーディンガー方程式は

$$\hat{H}\,[\varphi(x)] = E\,\varphi(x)$$

と与えられる。ここで、$\hat{H}$ は系のエネルギー演算子で、1 次元自由粒子では

$$\hat{H} = -\frac{\hbar^2}{2m}\frac{d^2}{dx^2}$$

となり、ハミルトニアン (Hamiltonian) である。また、E は、k を波数として $E = \hbar^2 k^2/2m$ と与えられ、k は離散的な値をとる。E はエネルギー固有値 (eigen-value) であり、$\varphi(x)$ は固有関数 (eigenfunction) となる。ただし、シュレーディンガー方程式を固有方程式

$$\hat{L}\,[u(x)] = -\lambda u(x)$$

と対応させる場合には

$$-\hat{H}\,[\varphi(x)] = -E\,\varphi(x)$$

となり、$\hat{L} = -\hat{H}$ ならびに $\lambda = E$ という対応関係にある。また、同次方程式は

$$(E-\hat{H})\,[\varphi(x)] = 0$$

となり、このグリーン関数は、演算子 $E-\hat{H}$ に対応している。
　この固有方程式の解は無数にあり

$$-\hat{H}\,[\varphi_n(x)] = -E_n\,\varphi_n(x)$$

と番号 n を付して表記する。ただし、両辺に－を付したままではわずらわしいので、素直に

$$\hat{H}\left[\varphi_n(x)\right] = E_n \varphi_n(x)$$

と表記する。シュレーディンガー方程式の固有値は $E_n = {p_n}^2/2m = \hbar^2 {k_n}^2/2m$ と与えられる。ディラック表記では

$$\hat{H}\left|\varphi_n\right\rangle = E_n\left|\varphi_n\right\rangle \qquad あるいは \qquad \hat{H}\left|n\right\rangle = E_n\left|n\right\rangle$$

となる。これを変形して

$$(E_n - \hat{H})\left|n\right\rangle = 0$$

と表記してもよい。固有関数が正規直交化されているとき

$$\left\langle\varphi_m\middle|\varphi_n\right\rangle = \left\langle m\middle|n\right\rangle = \delta_{mn} = \begin{cases} 1 & (m = n) \\ 0 & (m \neq n) \end{cases}$$

という特徴を有する。本書では、固有関数である波動関数は正規直交化されていることを前提として話を進めている。

　ここで、固有方程式と演算子という観点からシュレーディンガー方程式

$$(E - \hat{H})\left|\varphi\right\rangle = 0$$

を眺めると、この方程式の演算子は $\hat{L} = E - \hat{H}$ と置ける。そして、この演算子 $\hat{L}$ に **逆演算子** (reciprocal operator) が存在するとき、それをグリーン演算子 (Green operator) と呼び

$$\hat{G} = \hat{L}^{-1} = \frac{1}{E - \hat{H}}$$

と形式的に置く。このとき、$E - \hat{H}$ の正規直交化された固有関数群を $\left|\varphi_n\right\rangle = \left|n\right\rangle$ と置けば $\hat{I} = \sum_n \left|n\right\rangle\left\langle n\right|$ は恒等演算子となり $\hat{G}\hat{I} = \hat{G}$ であるから

$$\hat{G} = \frac{1}{E - \hat{H}}\sum_n \left|n\right\rangle\left\langle n\right| = \sum_n \frac{\left|n\right\rangle\left\langle n\right|}{E - \hat{H}} = \sum_n \frac{\left|n\right\rangle\left\langle n\right|}{E - E_n} = \sum_n \frac{\left|\varphi_n\right\rangle\left\langle\varphi_n\right|}{E - E_n}$$

と展開できる。ただし、前章でも用いた

$$\frac{1}{E-\hat{H}}|n\rangle = \frac{1}{E-E_n}|n\rangle$$

という関係を使っている。ここで、具体例でグリーン演算子を求めてみよう。

演習 10-6　波動関数として、区間 $[0, L]$ で正規化された 1 次元の

$$\varphi_n(x) = \sqrt{\frac{1}{L}}\exp(ik_n x) \qquad (n = 1, 2, 3, \cdots)$$

を採用する。このとき、k_n は離散的な波数であり、$k_n = 2n\pi/L$ となる。このミクロ粒子の運動に対応したグリーン関数 $\langle x|\hat{G}|x'\rangle$ を求めよ。

解）
$$\langle x|\hat{G}|x'\rangle = \sum_n \frac{\langle x|\varphi_n\rangle\langle\varphi_n|x'\rangle}{E-E_n} = \sum_n \frac{\varphi_n(x)\,\varphi_n^{*}(x')}{E-E_n}$$

$$= \frac{1}{L}\sum_n \frac{\exp(ik_n x)\exp(-ik_n x')}{E-E_n} = \frac{1}{L}\sum_n \frac{\exp\{ik_n(x-x')\}}{E-E_n}$$

$$= \frac{1}{L}\sum_n \frac{\exp\left(i\dfrac{2n\pi}{L}(x-x')\right)}{E-\dfrac{\hbar^2 k_n^{\,2}}{2m}} = \frac{1}{L}\sum_n \frac{\exp\left(i\dfrac{2n\pi}{L}(x-x')\right)}{E-2n^2\dfrac{\hbar^2\pi^2}{mL^2}}$$

と与えられる。

この結果から、グリーン関数は $x-x'$ の関数となり
$$G(x, x') = G(x-x')$$
となることもわかる。さらに、k_n が連続とみなせる場合には、n の分割数を無限大にした極限として

$$G(x-x') = \frac{1}{L}\int_0^\infty \frac{\exp\{ik(x-x')\}}{E-(\hbar^2 k^2/2m)}\,dk$$

という積分となる。注目する 2 点間の距離を $r = x-x'$ と置けば

$$G(r) = \frac{1}{L}\int_0^{+\infty} \frac{\exp(ikr)}{E-(\hbar^2 k^2/2m)}\,dk$$

となる。さらに $E = \hbar^2\alpha^2/2m$ と置けば

$$G(r) = \frac{1}{L}\int_0^{+\infty} \frac{\exp(ikr)}{E - (\hbar^2 k^2/2m)}\, dk = \frac{2m}{\hbar^2 L}\int_0^{+\infty} \frac{\exp(ikr)}{\alpha^2 - k^2}\, dk$$

と変形できる。実は、k は負の値をとることもできるので、より一般的には

$$G(r) = \frac{2m}{\hbar^2 L}\int_{-\infty}^{+\infty} \frac{\exp(ikr)}{\alpha^2 - k^2}\, dk$$

とおける。この積分は、第 3 章で扱った 1 次元のヘルムホルツ方程式の解法で登場した積分であり

$$\int_{-\infty}^{+\infty} \frac{\exp(ikr)}{\alpha^2 - k^2}\, dk = -\int_{-\infty}^{+\infty} \frac{\exp(ikr)}{k^2 - \alpha^2}\, dk = i\frac{\pi}{\alpha}\exp(-i\alpha|r|)$$

と与えられる。したがって、グリーン関数は

$$G(r) = i\frac{2m\pi}{\hbar^2 L}\frac{\exp(-i\alpha|r|)}{\alpha} \quad \text{あるいは} \quad G(x-x') = i\frac{2m\pi}{\hbar^2 L}\frac{\exp(-i\alpha|x-x'|)}{\alpha}$$

となる。ところで、自由粒子の運動は 3 次元空間で生じるので、その取り扱いも紹介しておこう。シュレーディンガー方程式は

$$\hat{H}[\varphi(\vec{r})] = E\varphi(\vec{r}) \qquad (E - \hat{H})[\varphi(\vec{r})] = 0$$

となる。ここで $\vec{r} = (x, y, z)$ は位置ベクトルである。求めるグリーン関数は

$$(E - \hat{H})[G(\vec{r})] = \delta^3(\vec{r})$$

を満足する。固有方程式の場合、1 辺の長さが L の立方体のなかで正規直交化された波動関数（固有関数）を

$$\varphi(\vec{r}) = \sqrt{\frac{1}{L^3}}\exp(i\vec{k}\cdot\vec{r}) = \sqrt{\frac{1}{L^3}}\exp\{i(k_x x + k_y y + k_z z)\}$$

と置くと

$$G(\vec{r},\vec{r}') = \sum_n \frac{\varphi_n(\vec{r})\varphi_n^*(\vec{r}')}{E - E_n} = \frac{1}{L^3}\sum_n \frac{\exp(i\vec{k}_n\cdot\vec{r})\exp(-i\vec{k}_n\cdot\vec{r})}{E - E_n}$$

$$= \frac{1}{L^3}\sum_n \frac{\exp\{i\vec{k}_n\cdot(\vec{r}-\vec{r}')\}}{E - E_n}$$

となる。ただし $\vec{k}_n = \left(\dfrac{n_x \pi}{L}, \dfrac{n_y \pi}{L}, \dfrac{n_z \pi}{L} \right)$，　n_x, n_y, n_z は整数である。これを積分形にすると

$$G(\vec{r}, \vec{r}') = \frac{1}{L^3} \int_{-\infty}^{+\infty} \frac{\exp(i\vec{k}\cdot\vec{r})\exp(-i\vec{k}\cdot\vec{r}')}{E - E_n} \, d^3\vec{k} = \frac{1}{L^3} \frac{2m}{\hbar^2} \int_{-\infty}^{+\infty} \frac{\exp\{i\vec{k}\cdot(\vec{r}-\vec{r}')\}}{\alpha^2 - \left|\vec{k}\right|^2} \, d^3\vec{k}$$

となる。この積分は、k 空間の直交座標の積分である。第 5 章で示したように、極座標に変換したうえで、$\left|\vec{k}\right| = k$，　$\left|\vec{r}\right| = r$ と置き、$\vec{r}' = 0$ とおけば

$$G(\vec{r}) = \frac{2m}{\hbar^2 L^3} \int_{-\infty}^{+\infty} \frac{\exp(i\vec{k}\cdot\vec{r})}{\alpha^2 - k^2} \, d^3\vec{k} = \frac{2m}{\hbar^2 L^3} \frac{2\pi}{ri} \int_{-\infty}^{+\infty} \frac{k \exp(ikr)}{\alpha^2 - k^2} \, dk$$

という k に関する積分となる。ここで、第 5 章で求めたように

$$\int_{-\infty}^{+\infty} \frac{k \exp(ikr)}{\alpha^2 - k^2} \, dk = -\pi i \exp(\pm i\alpha r)$$

よって、グリーン関数は

$$G^{\pm}(\vec{r}) = -\frac{4m\pi^2}{\hbar^2 L^3} \frac{\exp(\pm i\alpha r)}{r} = -\frac{4m\pi^2}{\hbar^2 L^3} \frac{\exp(\pm i\alpha\left|\vec{r}\right|)}{\left|\vec{r}\right|}$$

と与えられる。3 次元空間においては、＋は外向きの球面波に、－は内向きの球面波に対応する。

第11章 摂動論

　量子力学だけでなく、多くの物理問題では**厳密解** (analytic solution) がえられない場合のほうが多い。このとき、解がえられる問題を基本として、そこに**摂動** (perturbation) が加わったときに、**基本解** (basic solution) がどのように変化するかという観点で**近似解** (approximate solution) を求める手法がよく使われる。これに対応したグリーン演算子による解法もある。

　たとえば、1次元の自由空間を運動量 $p = \hbar k$ で運動するミクロ粒子の波動関数は

$$\varphi(x) = \exp(ikx)$$

と与えられる。

　これが摂動のない場合の基本解である。これを基本として、ポテンシャル障壁があったり、電荷があったり、磁場があったりした場合の解を考える。このとき、これらは摂動項として扱うことができる。そして、その影響によって、基本解がどう変わるかを調べることで、複雑な問題に対処することができる。もちろん、この手法が有効なのは、摂動による影響が小さい場合であり、摂動が大きい場合には、別な手法が必要となる。

　摂動法が有効な場合、自由粒子と、摂動に対応したエネルギー演算子を分けて表示する。つまり、エネルギー演算子であるハミルトニアン $\hat{H}$ を、相互作用のない自由粒子に対応した演算子 $\hat{H}_0$ と、摂動に対応した演算子 $\hat{H}_I$ に分解して表示するのである。

　このとき、ハミルトニアンは

$$\hat{H} = \hat{H}_0 + \hat{H}_I$$

のように表示でき、$\hat{H}_0$ を**非摂動演算子** (non-perturbed operator) 、$\hat{H}_I$ を**摂動演算子** (perturbation operator) と呼ぶ。

　たとえば、自由粒子に対して摂動がポテンシャル障壁となる場合は

$$\hat{H}_0 = \frac{\hat{p}^2}{2m} = -\frac{\hbar^2}{2m}\frac{d^2}{dx^2} \qquad \hat{H}_I = V(x)$$

となる。3 次元空間では

$$\hat{H}_0 = -\frac{\hbar^2}{2m}\nabla^2 = -\frac{\hbar^2}{2m}\Delta = -\frac{\hbar^2}{2m}\left(\frac{\partial^2}{\partial x^2} + \frac{\partial^2}{\partial y^2} + \frac{\partial^2}{\partial z^2}\right) \qquad \hat{H}_I = V(\vec{\mathbf{r}})$$

となる。ここで

$$\hat{H}[\varphi(x)] = E\,\varphi(x)$$

という 1 次元のシュレーディンガー方程式を考える。

$$\hat{H} = \hat{H}_0 + \hat{H}_I$$

とすると

$$\hat{H}[\varphi(x)] = (\hat{H}_0 + \hat{H}_I)[\varphi(x)] = E\varphi(x)$$

となり

$$(E - \hat{H}_0 - \hat{H}_I)[\varphi(x)] = 0 \quad \text{または} \quad (E - \hat{H}_0)[\varphi(x)] = \hat{H}_I[\varphi(x)]$$

という関係がえられる。このとき

$$(E - \hat{H}_0)[\varphi_0(x)] = 0$$

という式は摂動のない場合のシュレーディンガー方程式である。その固有関数には 0 を付して明確化している。

　ここでは、波動関数も非摂動部と摂動部に分解でき

$$\varphi(x) = \varphi_0(x) + \varphi_s(x)$$

と置けるものとしよう。摂動部には添え字として s を付している。このような分解が可能かどうかは必ずしも自明ではない。ただし、摂動がそれほど大きくない場合には近似として有効であろう。ディラック表記では

$$x|\varphi\rangle = x|\varphi_0\rangle + x|\varphi_s\rangle$$

となる。

11.1.　非摂動と摂動グリーン演算子

　ここで $\hat{L}_0 = E - \hat{H}_0$　と置くと、非摂動のシュレーディンガー方程式に対応した

グリーン演算子は $\hat{G}_0\,\hat{L}_0=1$ から形式的に

$$\hat{G}_0=\hat{L}_0^{-1}=(E-\hat{H}_0)^{-1}=\frac{1}{E-\hat{H}_0}$$

となる。つぎに、摂動項を含むシュレーディンガー方程式

$$(E-\hat{H}_0-\hat{H}_I)[\varphi(x)]=0$$

のグリーン演算子は

$$\hat{G}=\frac{1}{E-\hat{H}_0-\hat{H}_I}$$

となる。ここで、摂動を含むシュレーディンガー方程式

$$(E-\hat{H}_0-\hat{H}_I)[\varphi(x)]=0$$

の解 $\varphi(x)$ を考えてみよう。表記の式は

$$(E-\hat{H}_0)[\varphi(x)]=\hat{H}_I\,[\varphi(x)]$$

と変形できるが

$$\hat{G}_0=\frac{1}{E-\hat{H}_0}$$

であるから

$$\varphi(x)=\hat{G}_0\,\hat{H}_I\,[\varphi(x)]$$

という式がえられる。ただし、この式では両辺に未知の $\varphi(x)$ があるので、このままでは解はえられない。

演習 11-1　摂動系の波動関数が　$\varphi(x)=\varphi_0(x)+\varphi_s(x)$ のように、非摂動波動関数と摂動波動関数に分割できるとき

$$(E-\hat{H}_0-\hat{H}_I)[\varphi(x)]=0$$

をもとに $\varphi_s(x)$ を $\varphi_0(x)$ で表現せよ。

解）
$$(E-\hat{H}_0-\hat{H}_I)[\varphi_0(x)+\varphi_s(x)]=0$$

と変形できる。これをさらに変形すると

$$(E-\hat{H}_0-\hat{H}_I)[\varphi_0(x)]+(E-\hat{H}_0-\hat{H}_I)[\varphi_s(x)]=0$$

$$(E-\hat{H}_0)[\varphi_0(x)]-\hat{H}_I[\varphi_0(x)]+(E-\hat{H}_0-\hat{H}_I)[\varphi_s(x)]=0$$

となるが

$$(E-\hat{H}_0)[\varphi_0(x)]=0$$

であったので

$$(E-\hat{H}_0-\hat{H}_I)[\varphi_s(x)]=\hat{H}_I[\varphi_0(x)]$$

となる。したがって

$$\varphi_s(x)=\frac{\hat{H}_I}{E-\hat{H}_0-\hat{H}_I}[\varphi_0(x)]$$

という関係がえられる。

ここで、摂動がある場合のグリーン演算子を

$$\hat{G}=\frac{1}{E-\hat{H}_0-\hat{H}_I}$$

と置けば

$$\varphi_s(x)=\frac{\hat{H}_I}{E-\hat{H}_0-\hat{H}_I}[\varphi_0(x)]=\hat{G}\hat{H}_I[\varphi_0(x)]$$

という関係がえられる。このように、摂動を含むグリーン関数がえられれば、摂動に対応した波動関数を求めることができるのである。

11.2.　グリーン関数と行列要素

いま求めた関係をディラック表記すると

$$\left|\varphi_s\right\rangle = \hat{G}\,\hat{H}_I\left|\varphi_0\right\rangle$$

となるが、右辺に恒等演算子 $\displaystyle\int\left|x'\right\rangle\left\langle x'\right|dx'=1$ を作用させてみよう。すると

$$\left|\varphi_s\right\rangle = \int \hat{G}\,\hat{H}_I\left|x'\right\rangle\left\langle x'\middle|\varphi_0\right\rangle dx'$$

となる。さらに、恒等演算子 $\displaystyle\int\left|x''\right\rangle\left\langle x''\right|dx''=1$ を作用させると

$$\left|\varphi_s\right\rangle = \iint \hat{G}\left|x''\right\rangle\left\langle x''\middle|\hat{H}_I\middle|x'\right\rangle\left\langle x'\middle|\varphi_0\right\rangle dx'\,dx''$$

となる。この式に、左から $\left\langle x\right|$ を作用させると

$$\left\langle x\middle|\varphi_s\right\rangle = \iint \left\langle x\middle|\hat{G}\middle|x''\right\rangle\left\langle x''\middle|\hat{H}_I\middle|x'\right\rangle\left\langle x'\middle|\varphi_0\right\rangle dx'\,dx''$$

となる。ここで、行列要素 $\left\langle x\middle|\hat{G}\middle|x''\right\rangle$ は $\left\langle x\middle|\hat{G}\middle|x''\right\rangle = G(x,x'')$ のようにグリーン関数になるのであった。つぎに、行列要素 $\left\langle x''\middle|\hat{H}_I\middle|x'\right\rangle$ は、摂動ハミルトニアンのスペクトルとなるので

$$\left\langle x''\middle|\hat{H}_I\middle|x'\right\rangle = H_I(x')\delta(x'-x'')$$

となる。この行列要素は、右辺からわかるように、x'' が x' と一致するときのみ値を有するので

$$\varphi_s(x) = \int G(x,x')\,H_I(x')\,\varphi_0(x')\,dx'$$

となる。したがって波動関数は

$$\varphi(x) = \varphi_0(x) + \varphi_s(x) = \varphi_0(x) + \int G(x,x')\,H_I(x')\,\varphi_0(x')\,dx'$$

となる。

演習 11-2　つぎの式に、演算子 $\hat{L}_0 = E - \hat{H}_0$ を作用させよ。

$$\varphi(x) = \varphi_0(x) + \int G(x, x')\, H_I(x')\, \varphi_0(x')\, dx'$$

解）　演算子 $\hat{L}_0$ は変数 x のみに作用するから

$$\hat{L}_0\,[\varphi(x)] = \hat{L}_0\,[\varphi_0(x)] + \int \hat{L}_0\,[G(x,x')]\,H_I(x')\,\varphi_0(x')\,dx'$$

となるが

$$\hat{L}_0\,[\varphi_0(x)] = (E - \hat{H}_0)\,[\varphi_0(x)] = 0$$

であり　$\hat{L}_0\,[G(x,x')] = \delta(x-x')$　であるから

$$\hat{L}_0\,[\varphi(x)] = \int \delta(x-x')\,H_I(x')\,\varphi_0(x')\,dx'$$

となり

$$\hat{L}_0\,[\varphi(x)] = H_I(x)\,\varphi_0(x)$$

となる。

本来は

$$\hat{L}_0\,[\varphi(x)] = H_I(x)\varphi(x)$$

であるから、あくまでも近似式である。ただし　$\hat{L}_0\,[\varphi(x)] = H_I(x)\,\varphi_0(x)$ ならば

$$\varphi(x) = \hat{L}_0^{-1}[H_I(x)\varphi_0(x)]$$

によって既知の $H_I(x)$ と $\varphi_0(x)$ から近似解 $\varphi(x)$ がえられることになる。

11.3. グリーン演算子の形式展開

摂動がない場合のシュレーディンガー方程式のグリーン演算子は

$$\hat{G}_0 = \frac{1}{E - \hat{H}_0}$$

であった。これは求めることができる。一方、摂動がある場合のシュレーディンガー方程式のグリーン演算子は

$$\hat{G} = \frac{1}{E - \hat{H}} = \frac{1}{E - \hat{H}_0 - \hat{H}_I}$$

であった。ここで、摂動のグリーン演算子 $\hat{G}$ が $\hat{G}_0$ から求められれば、摂動を含む波動関数を求めることができる。よって、これらグリーン演算子間の関係を導出してみる。

ここでは、逆演算子が存在する非可換な演算子 $\hat{A}$ および $\hat{B}$ には

$$\frac{1}{\hat{A}} = \frac{1}{\hat{B}} + \frac{1}{\hat{B}}(\hat{B} - \hat{A})\frac{1}{\hat{A}}$$

という関係が成立することを利用する。

演習 11-3　上記に示した非可換な演算子 $\hat{A}$ および $\hat{B}$ の逆演算子の関係が成立することを確かめよ。

解）　$\dfrac{1}{\hat{A}} - \dfrac{1}{\hat{B}}$ という演算子の計算を変形していく。逆演算子の性質から、$\hat{I}$ を恒等演算子とすると

$$\hat{B}^{-1}\hat{B} = \left(\frac{1}{\hat{B}}\hat{B}\right) = \hat{I} \qquad \hat{A}^{-1}\hat{A} = \left(\hat{A}\frac{1}{\hat{A}}\right) = \hat{I}$$

となる。したがって

$$\frac{1}{\hat{A}} - \frac{1}{\hat{B}} = \hat{I}\frac{1}{\hat{A}} - \frac{1}{\hat{B}}\hat{I} = \left(\frac{1}{\hat{B}}\hat{B}\right)\frac{1}{\hat{A}} - \frac{1}{\hat{B}}\left(\hat{A}\frac{1}{\hat{A}}\right)$$

$$= \left(\frac{1}{\hat{B}}\hat{B} - \frac{1}{\hat{B}}\hat{A}\right)\frac{1}{\hat{A}} = \frac{1}{\hat{B}}(\hat{B} - \hat{A})\frac{1}{\hat{A}}$$

となり、移項すると

$$\frac{1}{\hat{A}} = \frac{1}{\hat{B}} + \frac{1}{\hat{B}}(\hat{B}-\hat{A})\frac{1}{\hat{A}}$$

が成立することがわかる。

そして、$\dfrac{1}{\hat{A}} - \dfrac{1}{\hat{B}} = \dfrac{1}{\hat{A}}(\hat{B}-\hat{A})\dfrac{1}{\hat{B}}$ も成立する。右辺を演算子の順序に注意しながら変形していくと

$$\frac{1}{\hat{A}}(\hat{B}-\hat{A})\frac{1}{\hat{B}} = \frac{1}{\hat{A}}\hat{B}\frac{1}{\hat{B}} - \frac{1}{\hat{A}}\hat{A}\frac{1}{\hat{B}} = \frac{1}{\hat{A}}\left(\hat{B}\frac{1}{\hat{B}}\right) - \left(\frac{1}{\hat{A}}\hat{A}\right)\frac{1}{\hat{B}} = \frac{1}{\hat{A}}\hat{I} - \hat{I}\frac{1}{\hat{B}} = \frac{1}{\hat{A}} - \frac{1}{\hat{B}}$$

となって確かに成立する。

演習 11-4　逆演算子に成立する式 $\dfrac{1}{\hat{A}} = \dfrac{1}{\hat{B}} + \dfrac{1}{\hat{B}}(\hat{B}-\hat{A})\dfrac{1}{\hat{A}}$ の演算子に、それぞれ

$$\hat{A} = E - \hat{H} = \frac{1}{\hat{G}} \qquad \hat{B} = E - \hat{H}_0 = \frac{1}{\hat{G}_0}$$

を代入せよ。

解）　まず

$$\hat{B} - \hat{A} = (E - \hat{H}_0) - (E - \hat{H}) = \hat{H} - \hat{H}_0 = \hat{H}_I$$

となる。また

$$\hat{A} = \frac{1}{\hat{G}}, \ \hat{B} = \frac{1}{\hat{G}_0} \qquad \text{から} \qquad \hat{G} = \frac{1}{\hat{A}}, \ \hat{G}_0 = \frac{1}{\hat{B}}$$

となるので

$$\hat{G} = \hat{G}_0 + \hat{G}_0 \hat{H}_I \hat{G}$$

という関係がえられる。

同様にして $\dfrac{1}{\hat{A}} = \dfrac{1}{\hat{B}} + \dfrac{1}{\hat{A}}(\hat{B} - \hat{A})\dfrac{1}{\hat{B}}$ を使えば

$$\hat{G} = \hat{G}_0 + \hat{G}\,\hat{H}_I\hat{G}_0$$

となり

$$\hat{G}_0\hat{H}_I\hat{G} = \hat{G}\,\hat{H}_I\hat{G}_0$$

という関係にあることもわかる。

　以上が、摂動がある場合とない場合のグリーン演算子の対応関係となる。ただし、このままでは、$\hat{G}$ は両辺にあるので、既知の $\hat{G}_0$ をもとに、この式を利用して直接 $\hat{G}$ を求めることはできない。よって、工夫をしていく。

$$\hat{G} = \hat{G}_0 + \hat{G}_0\hat{H}_I\hat{G}$$

を右辺の $\hat{G}$ に代入する。すると

$$\hat{G} = \hat{G}_0 + \hat{G}_0\hat{H}_I\hat{G} = \hat{G}_0 + \hat{G}_0\hat{H}_I(\hat{G}_0 + \hat{G}_0\hat{H}_I\hat{G})$$

となり

$$\hat{G} = \hat{G}_0 + \hat{G}_0\hat{H}_I\hat{G}_0 + \hat{G}_0\hat{H}_I\hat{G}_0\hat{H}_I\hat{G}$$

という関係がえられる。もちろん、両辺に $\hat{G}$ があるから、このままでは状況は変わらない。ふたたび、右辺の $\hat{G}$ に $\hat{G} = \hat{G}_0 + \hat{G}_0\hat{H}_I\hat{G}$ を代入すれば、さらに項数の増えた展開式

$$\hat{G} = \hat{G}_0 + \hat{G}_0\hat{H}_I\hat{G}_0 + \hat{G}_0\hat{H}_I\hat{G}_0\hat{H}_I\hat{G}_0 + \hat{G}_0\hat{H}_I\hat{G}_0\hat{H}_I\hat{G}_0\hat{H}_I\hat{G}$$

がえられ、この操作は延々と続けることができる。これを**逐次展開** (successive expansion) と呼んでいる。

　ただし、この操作を無限回、実行するわけにはいかないので、一般には、どこかで切ることになる。2 項までとれば

$$\hat{G} = \hat{G}_0 + \hat{G}_0\hat{H}_I\hat{G}$$

となるが、摂動が小さい場合には、この右辺の $\hat{G}$ が $\hat{G}_0$ に等しいという近似を行うのである。すると

$$\hat{G} = \hat{G}_0 + \hat{G}_0 \hat{H}_I \hat{G}_0$$

となり、既知の非摂動グリーン演算子 $\hat{G}_0$ を使って、未知の摂動グリーン演算子 $\hat{G}$ をえることができることになる。

ただし、もっとも簡単な近似は $\hat{G} = \hat{G}_0$ であり、これが可能であれば、先ほどの式

$$\varphi(x) = \varphi_0(x) + \int G(x,x')\, H_I(x')\, \varphi(x')\, dx'$$

は

$$\varphi(x) = \varphi_0(x) + \int G_0(x,x')\, H_I(x')\, \varphi_0(x')\, dx'$$

と近似できることになる。これは、摂動が小さい場合の大胆な近似である。もちろん、近似の精度を上げたければ

$$\varphi(x) = \varphi_0(x) + \int G(x,x')\, H_I(x') \left\{ \varphi_0(x') + \int G(x',x'')\, H_I(x'')\, \varphi_0(x'')\, dx'' \right\} dx'$$

というように、つぎの項まで取り入れればよい。この操作を繰り返せば、精度を上げることができる。

ここで、摂動を含む波動関数の計算例を単純なもので示そう。たとえば、1 次元自由粒子の運動に対する摂動として、$0 \le x \le a$ の範囲に、$V(x)$ のポテンシャルがあるとしよう。この場合の波動関数は

$$\varphi(x) = \varphi_0(x) + \int_0^a G_0(x,x')\, V(x)\, \varphi_0(x')\, dx'$$

と与えられる。ここで、例として

$$\varphi(x) = \varphi_0(x) + \int_0^1 a x x'\, \varphi_0(x')\, dx'$$

という積分方程式において $\varphi(x)$ を逐次代入法により求めてみよう。

まず、$\varphi_0(x) = 2x$ と置くと

$$\varphi_1(x) = 2x + \int_0^1 ax x'(2x')\ dx' = 2x + ax\int_0^1 2(x')^2\ dx' = 2x\left(1 + \frac{a}{3}\right)$$

となる。つぎに

$$\varphi_2(x) = 2x + \int_0^1 ax x'\left\{2x'\left(1 + \frac{a}{3}\right)\right\} dx' = 2x + ax\int_0^1 \left\{2(x')^2\left(1 + \frac{a}{3}\right)\right\} dx'$$

$$= 2x\left\{1 + \frac{a}{3} + \left(\frac{a}{3}\right)^2\right\}$$

から、結局

$$\varphi(x) = 2x\left\{1 + \frac{a}{3} + \left(\frac{a}{3}\right)^2 + \left(\frac{a}{3}\right)^3 + \cdots\right\}$$

と与えられる。ここで { } 内は無限等比級数であるから $|a/3| < 1$ ならば

$$\varphi(x) = 2x\frac{1}{1-(a/3)} = \frac{6x}{3-a}$$

と与えられる。

演習 11-5　つぎの積分方程式を解法せよ。

$$\varphi(x) = 1 + \int_0^{+\infty} b\exp\{-(x+x')\}\varphi_0(x')\ dx'$$

解）　　$\varphi_0(x) = 1$ と置くと

$$\varphi_1(x) = 1 + \int_0^{+\infty} b\exp\{-(x+x')\}\ dx' = 1 + b\exp(-x)\int_0^{+\infty}\exp(-x')\ dx'$$

ここで

$$\int_0^{+\infty}\exp(-x')\ dx' = \left[-\exp(-x')\right]_0^{+\infty} = 1$$

であるから

$$\varphi_1(x) = 1 + b\exp(-x)$$

となる。つぎに

$$\varphi_2(x) = 1 + \int_0^{+\infty} b\,\exp\{-(x+x')\}\{1+b\exp(-x')\}\,dx'$$

となる。ここで

$$\int_0^{+\infty} b\,\exp\{-(x+x')\}\{1+b\exp(-x')\}\,dx'$$

$$= \int_0^{+\infty} b\,\exp\{-(x+x')\}\,dx' + b^2\exp(-x)\int_0^{+\infty}\exp(-2x')\,dx'$$

$$= b\exp(-x) + \frac{b^2}{2}\exp(-x) = b\exp(-x)\left(1+\frac{b}{2}\right)$$

と計算できるので

$$\varphi_2(x) = 1 + b\exp(-x)\left(1+\frac{b}{2}\right)$$

となる。つぎに

$$\varphi_3(x) = 1 + \int_0^{+\infty} b\,\exp\{-(x+x')\}\left\{1+b\exp(-x')\left(1+\frac{b}{2}\right)\right\}\,dx'$$

$$= 1 + b\exp(-x)\left\{1+\frac{b}{2}+\left(\frac{b}{2}\right)^2\right\}$$

であるので

$$\varphi(x) = 1 + b\exp(-x)\left\{1+\frac{b}{2}+\left(\frac{b}{2}\right)^2+\left(\frac{b}{2}\right)^3+\cdots\right\}$$

と与えられる。

$|b/2|<1$ ならば、{　　} 内の無限等比級数は収束し

$$1+\frac{b}{2}+\left(\frac{b}{2}\right)^2+\left(\frac{b}{2}\right)^3+\cdots = \frac{1}{1-(b/2)} = \frac{2}{2-b}$$

となるので

$$\varphi(x) = 1 + \exp(-x)\left(\frac{2b}{2-b}\right)$$

と与えられる。

11.4.　自由粒子のグリーン関数

11.4.1.　グリーン演算子

自由粒子のシュレーディンガー方程式は

$$(E - \hat{H}_0)[\varphi(x)] = 0$$

となる。ここで 1 次元を考えると、波動関数（固有関数）は

$$\varphi_n(x) = \exp(ik_n x)$$

と置ける。ハミルトニアンは

$$-\hat{H}_0 = \frac{\hbar^2}{2m}\frac{d^2}{dx^2}$$

となるので、エネルギー固有値は

$$E_n = \frac{\hbar^2 k_n^{\,2}}{2m}$$

と与えられる。このグリーン演算子は、固有関数と固有値がわかれば

$$\hat{G} = \sum_n^\infty \frac{|\varphi_n\rangle\langle\varphi_n|}{E - E_n} = \sum_n^\infty \frac{|n\rangle\langle n|}{E - E_n}$$

のような和として与えられる。これをグリーン演算子のスペクトル表示と呼ぶのであった。$E = \hbar^2 k^2 / 2m$ であるから

$$\hat{G} = \frac{2m}{\hbar^2}\sum_n^\infty \frac{|\varphi_n\rangle\langle\varphi_n|}{k^2 - k_n^{\,2}} = \frac{2m}{\hbar^2}\sum_n^\infty \frac{|k_n\rangle\langle k_n|}{k^2 - k_n^{\,2}}$$

のように、k 表示が可能となる。ただし $\langle x|k_n\rangle = \exp(ik_n x)$ である。左から $\langle x|$ を右から $|x'\rangle$ を作用させると

$$\langle x|\hat{G}|x'\rangle = \frac{2m}{\hbar^2}\sum_n^\infty \frac{\langle x|k_n\rangle\langle k_n|x'\rangle}{k^2 - k_n^{\,2}}$$

と置ける。さらに分子は

$$\left\langle x \middle| k_n \right\rangle = \exp(ik_n x) \qquad \left\langle k_n \middle| x \right\rangle = \left(\left\langle x \middle| k_n \right\rangle \right)^* = \exp(-ik_n x)$$

であるから

$$\left\langle x \middle| \hat{G} \middle| x' \right\rangle = \frac{2m}{\hbar^2} \sum_n^\infty \frac{\exp(ik_n x)\exp(-ik_n x')}{k^2 - k_n^{\ 2}} = \frac{2m}{\hbar^2} \sum_n^\infty \frac{\exp\{ik_n(x-x')\}}{k^2 - k_n^{\ 2}}$$

と与えられる。

　ここで、左辺の $\left\langle x \middle| \hat{G} \middle| x' \right\rangle$ は、行列要素であり、位置ベクトル $|x'\rangle$ の点が $|x\rangle$ の点に及ぼす作用とみるとこともできる。この値がゼロのときは、相互作用はないということになる。これは、まさにグリーン関数であり

$$\left\langle x \middle| \hat{G} \middle| x' \right\rangle = G(x, x')$$

となる。

　ところで、グリーン演算子を導入するのに、固有関数と固有値を利用するため、離散的な φ_n と E_n ならびに k_n を考えてきたが、自由粒子の場合には、これらは離散的ではなく、連続的である。この場合、離散的な和は、積分に置き換えることができる。このとき

$$G(x, x') = \frac{2m}{\hbar^2} \sum_n^\infty \frac{\exp\{ik_n(x-x')\}}{k^2 - k_n^{\ 2}}$$

という k_n に関する和は

$$G(x, x') = \frac{2m}{\hbar^2} \int_{-\infty}^{+\infty} \frac{\exp\{ik'(x-x')\}}{k^2 - k'^2} \, dk'$$

という k' に関する積分となる。k' の値は $-\infty$ から $+\infty$ までとることができる。

　これを計算すれば、自由粒子、すなわち、摂動がない場合のグリーン関数 G_0 を求めることができる。ただし

$$\varphi(x) = \exp(ik'x) \qquad \varphi(x') = \exp(ik'x') \qquad \varphi^*(x') = \exp(-ik'x')$$

である。つまり、前節で求めた

$$\varphi(x) = \varphi_0(x) + \int G_0(x, x') \, H_I(x') \, \varphi_0(x') \, dx'$$

における $G_0(x, x')$ を求めることができるのである。

11.4.2. グリーン関数の導出

ここで、自由粒子のグリーン関数

$$G_0(x,x') = \frac{2m}{\hbar^2} \int_{-\infty}^{+\infty} \frac{\exp\{ik'(x-x')\}}{k^2 - k'^2} dk'$$

の右辺の積分はすでに求められており、1次元の場合には

$$\int_{-\infty}^{+\infty} \frac{\exp\{ik'(x-x')\}}{k^2 - k'^2} dk' = -\frac{\pi i}{k} \exp(ik|x-x'|)$$

となる。すると、1次元の自由粒子のグリーン関数は

$$G_0(x,x') = \frac{2m}{\hbar^2} \int_{-\infty}^{+\infty} \frac{\exp\{ik'(x-x')\}}{k^2 - k'^2} dk' = -\frac{2m\pi i}{\hbar^2 k} \exp(ik|x-x'|)$$

と与えられ

$$G_0^+(x,x') = -\frac{2m\pi i}{\hbar^2 k} \exp\{+ik(x-x')\} \qquad x > x'$$

$$G_0^-(x,x') = -\frac{2m\pi i}{\hbar^2 k} \exp\{-ik(x-x')\} \qquad x < x'$$

となる。k は波数であり、波の進む方向と運動量に対応する。$k > 0$ の場合は正の方向に進む波であり、グリーン関数に付した $+$ は x' より正方向に進む先進波、$-$ は x' より負の方向に進む後進波に対応している。

3次元空間の場合には

$$G_0(\vec{r},\vec{r}') = \frac{2m}{\hbar^2} \int_{-\infty}^{+\infty} \frac{k' \exp\{ik'(\vec{r}-\vec{r}')\}}{k^2 - k'^2} dk'$$

となる。この右辺の積分は第5章で、すでに与えられており

$$\int_{-\infty}^{+\infty} \frac{k' \exp\{ik'(\vec{r}-\vec{r}')\}}{k^2 - k'^2} dk' = \frac{\exp\{\pm i\vec{k} \cdot (\vec{r}-\vec{r}')\}}{4\pi|\vec{r}-\vec{r}'|}$$

となるのであった。ただし、第5章で取り扱った積分は

$$\int_{-\infty}^{+\infty} \frac{k \, \exp(ikr)}{\alpha^2 - k^2} dk$$

であり、$k \to k'$, $\alpha \to k$ という対応関係にあることに注意されたい。そのうえで、第5章では

$$G(\vec{r}) = \frac{1}{4\pi^2 r i} \int_{-\infty}^{+\infty} \frac{k \exp(ikr)}{\alpha^2 - k^2} \, dk = \frac{\exp(\pm i\alpha|\vec{r}|)}{4\pi|\vec{r}|}$$

という結果となっている。

　ここで exp の ± に対応させて、グリーン関数を区別して

$$G_0^{+}(\vec{r}, \vec{r}') = \frac{2m}{\hbar^2} \frac{\exp\{+i\vec{k}\cdot(\vec{r}-\vec{r}')\}}{4\pi|\vec{r}-\vec{r}'|} \qquad \vec{r} > \vec{r}'$$

$$G_0^{-}(\vec{r}, \vec{r}') = \frac{2m}{\hbar^2} \frac{\exp\{-i\vec{k}\cdot(\vec{r}-\vec{r}')\}}{4\pi|\vec{r}-\vec{r}'|} \qquad \vec{r} < \vec{r}'$$

とする。

　＋のグリーン関数は $\vec{r} > \vec{r}'$ の場合に意味を持つ。これは、図 11-1(a) に示すように、外向きの波に対応したものである。2 次元の図として表現しているが、実際には中心から外向きに進行する球面波である。一方、－のグリーン関数は $\vec{r} < \vec{r}'$ の場合に意味を持つ。これは図 11-1(b) に示すように、内向きの波に対応したものである。

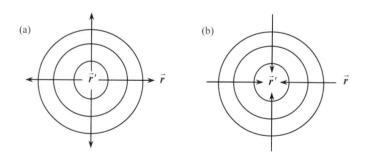

図 11-1　グリーン関数の＋ならびに－の相違：(a) ＋は外向き球面波；(b) －は内向き球面波に対応する。

　いずれ、自由粒子のグリーン関数 G_0 として 2 種類がえられるが、それを利用するときは、いま説明した物理的意味を考えながら適用すればよい。

解）　自由粒子の波動関数を

$$\varphi_0(x) = \exp(ikx)$$

と置く。摂動がある場合は

$$\varphi(x) = \varphi_0(x) + \int G_0(x,x')\, H_I(x')\, \varphi_0(x')\, dx'$$

となるが、$H_I(x') = V$ であるから

$$\varphi(x) = \varphi_0(x) + \int_0^a G_0(x,x')\, V\, \varphi_0(x')\, dx' = \exp(ikx) + \frac{2m\pi i}{\hbar^2 k}\int_0^a \exp\{ik(x-x')\} V \exp(ikx')\, dx'$$

$$= \exp(ikx) + \frac{2m\pi i}{\hbar^2 k}\int_0^a \exp(ikx) V\, dx' = \exp(ikx)\left\{1 + \frac{2m\pi i}{\hbar^2 k} Va\right\}$$

となる。ただし、$x > x'$として、グリーン関数正符号の G_0 を採用している。

　実際には、領域を $x \le 0$，$0 \le x \le a$，$x \ge 0$ の範囲に分けて、ポテンシャルによる反射波についても考慮する必要がある。

11.5.　散乱問題

　散乱問題は量子力学では重要な分野である。たとえば、物質の構造を探るときに、われわれは X 線、中性子線、電子線などを照射して、その散乱から物質の構造を探ることができる。

　ここでは、摂動論の考えを、散乱問題に応用してみよう。まず、自由粒子の波動関数を

$$\varphi_0(x) = \exp(ikx)$$

として、ここに散乱 H_I が加わった場合に、波動関数が

$$\varphi(x) = \varphi_0(x) + \int G_0(x,x')\, H_I(x')\, \varphi_0(x')\, dx'$$

と与えられることを利用する。

第 11 章　摂動論

　ただし、散乱は 3 次元空間で生じるので、3 次元での取り扱いが必要となる。
よって

$$\varphi_0(\vec{r}) = \exp(i\vec{k}\cdot\vec{r})$$

とし、摂動を取り入れた波動関数は

$$\varphi(\vec{r}) = \varphi_0(\vec{r}) + \int G_0(\vec{r},\vec{r}')\, H_I(\vec{r}')\, \varphi_0(\vec{r}')\, d\vec{r}'$$

と与えられることになる。さらに、散乱によって外向きの波が発生すると考えれ
ば、グリーン関数は

$$G_0^{+}(\vec{r},\vec{r}') = \frac{2m}{\hbar^2}\frac{\exp\{+i\vec{k}\cdot(\vec{r}-\vec{r}')\}}{4\pi|\vec{r}-\vec{r}'|}$$

となるので

$$\varphi(\vec{r}) = \varphi_0(\vec{r}) + \frac{2m}{\hbar^2}\int \frac{\exp\{+i\vec{k}\cdot(\vec{r}-\vec{r}')\}}{4\pi|\vec{r}-\vec{r}'|} H_I(\vec{r}')\, \varphi_0(\vec{r}')\, d\vec{r}'$$

となる。

　ここで、散乱問題として、図 11-2 のモデルを考える。自由粒子が z 方向から
入射し、散乱体で散乱される状況を想定する。

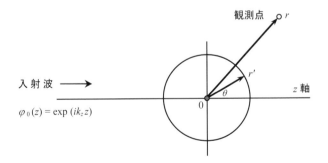

図 11-2　散乱問題のモデル

　すると、入射波の波動関数は

$$\varphi_0(z) = \exp(ik_z z)$$

と与えられる。

　ここで、図 11-2 に示すように、散乱体が原点 0 にあり、そのポテンシャルの影響が及ぶ距離が r' とする。すると、われわれは r' の範囲内での散乱体の影響を積分することになる。また、この散乱を観測する点 r が十分遠方にある $(r \gg r')$ と仮定する。さらに、図のように θ をとると、これは 3 次元極座標の天頂角に相当する。

　そのうえで、観測点として z 軸上の遠方の点 $(0, \ 0, \ r)$ を選ぶ。つまり、図 11-3 のような場合を考えるのである。

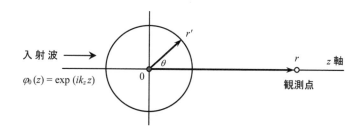

図 11-3　観測点が z 軸上の遠方にある場合

　この場合の散乱項に対応した積分

$$\int \frac{\exp\{+i\vec{k}\cdot(\vec{r}-\vec{r}')\}}{4\pi|\vec{r}-\vec{r}'|} H_I(\vec{r}')\,\varphi_0(\vec{r}')\,dr'$$

を計算していこう。

　まず $|\vec{r}-\vec{r}'|$ については、 $r \gg r'$ という条件から

$$|\vec{r}-\vec{r}'| \cong r$$

と近似できる。つぎに

$$\vec{k}\cdot(\vec{r}-\vec{r}') = \vec{k}\cdot\vec{r} - \vec{k}\cdot\vec{r}'$$

であるが

$$\vec{k} \cdot \vec{r} = k_z r \qquad\qquad \vec{k} \cdot \vec{r}' = k_z r' \cos \theta$$

となる。したがって

$$\vec{k} \cdot (\vec{r} - \vec{r}') = k_z (r - r' \cos \theta)$$

となる。よって

$$\int \frac{\exp\{+i\vec{k} \cdot (\vec{r} - \vec{r}')\}}{4\pi|\vec{r} - \vec{r}'|} H_I(\vec{r}') \, \varphi_0(\vec{r}') \, dr'$$

$$= \int \frac{\exp(i\,k_z r)\exp(-i k_z r' \cos \theta)}{4\pi r} H_I(\vec{r}') \, \varphi_0(\vec{r}') \, dr'$$

$$= \frac{\exp(i\,k_z r)}{4\pi r} \int \exp(-i k_z r' \cos \theta) \, H_I(\vec{r}') \, \varphi_0(\vec{r}') \, dr'$$

また、積分範囲は図 11-3 の半径 r' の球内で、体積分となる。ここでは、極座標を採用する。すると

$$\varphi_0(\vec{r}') = \exp(i k_z r' \cos \theta)$$

であるから

$$\int \exp(-i k_z r' \cos \theta) \, H_I(\vec{r}') \, \varphi_0(\vec{r}') \, dr'$$

$$= \int_0^{r'}\int_0^{\pi}\int_0^{2\pi} H_I(r')(r')^2 \sin \theta \, dr' \, d\theta \, d\phi = 2\pi \int_0^{r'}\int_0^{\pi} H_I(r')(r')^2 \sin \theta \, dr' \, d\theta$$

と与えられる。ここでは、ϕ 依存性がないことから $\int_0^{2\pi} d\phi = 2\pi$ としている。

演習 11-7　クーロンポテンシャルが C を定数として $U(r) = -C/r$ と与えられるとき、このポテンシャルが摂動 H_I となるとき、z 方向の遠方における波動関数を求めよ。

解）　$H_I(r') = -C/r'$　であるので

$$\int_0^{r'}\int_0^{\pi} H_I(r')(r')^2 \sin \theta \, dr' \, d\theta = -\int_0^{r'}\int_0^{\pi} \frac{C}{r'}(r')^2 \sin \theta \, dr' \, d\theta$$

$$= -C\int_0^{r'}\int_0^\pi r'\sin\theta\,dr'\,d\theta = -C\int_0^{r'}r'\,dr'\int_0^\pi \sin\theta\,d\theta = -C\frac{1}{2}r'^2\cdot 2 = -Cr'^2$$

となる。したがって

$$2\pi\int_0^{r'}\int_0^\pi H_I(r')(r')^2\sin\theta\,dr'\,d\theta = -2\pi\,Cr'^2$$

から

$$\varphi(\vec{r}) = \varphi(z) = \exp(ik_z z) + \frac{2m}{\hbar^2}\int \frac{\exp\{+i\vec{k}\cdot(\vec{r}-\vec{r}')\}}{4\pi|\vec{r}-\vec{r}'|}\,H_I(\vec{r}')\,\varphi_0(\vec{r}')\,dr'$$

$$= \exp(ik_z z) - \frac{2m}{\hbar^2}\frac{\exp(ik_z r)}{4\pi r}2\pi Cr'^2 = \exp(ik_z z) - \frac{mC}{\hbar^2}\frac{\exp(ik_z r)}{r}r'^2$$

となるが、$r=z$ であるから

$$\varphi(z) = \left(1 - \frac{mCr'^2}{\hbar^2 z}\right)\exp(ik_z z)$$

となる。

　ところで、いまの場合は z 軸上であるが、X 線回折などでは図 11-4 に示したように、スクリーン上に回折パターンが生じる。この場合、観測面となるスクリーン上の点が観測点となる。

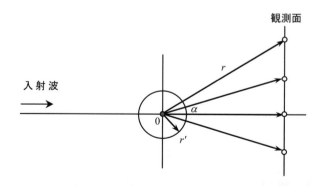

図 11-4　散乱角 α による変化

　よって、観測点に対応した距離 r と散乱角 α に対応した波動関数を求めていくことになる。このとき、観測点での波動関数は r と α の関数となり

$$\varphi(\vec{r}) = \exp(ik_z z) + \frac{\exp(ikr)}{r} f(\alpha)$$

と近似できることが知られている。この第 2 項が散乱項となる。実際の散乱問題は、観測点を指定すれば、r と α が決まるので、上記の積分方程式を解けば、その点での波動関数がえられることになる。散乱問題は、X 線回折など実用的にも重要であることから、量子力学の一分野を築いている。

補遺 11-1　リップマン-シュウィンガー方程式

シュレーディンガー方程式に対応したグリーン関数を表記する際、本書では

$$\hat{G} = \frac{1}{E - \hat{H}}$$

のかたちのまま話を進めてきた。そのうえで、恒等演算子を作用させ

$$\hat{G} = \sum_n^\infty \frac{|\varphi_n\rangle\langle\varphi_n|}{E - E_n} = \frac{2m}{\hbar^2} \sum_n^\infty \frac{|k_n\rangle\langle k_n|}{k^2 - k_n^2}$$

としたうえで $\langle x|\hat{G}|x'\rangle = G(x,x')$ によってグリーン関数を求める。このとき

$$G(x,x') = \frac{2m}{\hbar^2} \sum_n^\infty \frac{\exp\{ik_n(x-x')\}}{k^2 - k_n^2}$$

という k_n に関する和となるが、これを積分に変えて

$$G(x,x') = \frac{2m}{\hbar^2} \int_{-\infty}^{+\infty} \frac{\exp\{ik'(x-x')\}}{k^2 - k'^2} \, dk'$$

という k' に関する積分とするのであった。

ただし、教科書によっては

$$\hat{G}^\pm = \frac{1}{E - \hat{H} \pm i\varpi}$$

のように表記する場合がある。これは、分母が $E - \hat{H}$ のままでは、実軸上に特異点が存在するためである。これは、上記の積分では、$k' = k$ のとき発散することに相当する。

これを回避するために

$$\hat{G}^\pm = \lim_{\varpi \to 0} \frac{1}{E - \hat{H} \pm i\varpi}$$

のように、分母に微小量の実数 $\varpi\,(>0)$ に虚数 i をかけた $i\varpi$ を付す。そのうえ
で、$\hat{G}$ を計算し、最後に $\varpi\to0$ の極限を求めるという工夫を施す。

　これは、第 5 章で紹介した手法と等価である。つまり、3 次元のヘルムホルツ
方程式に対応したグリーン関数を求める際に

$$\int_{-\infty}^{+\infty} \frac{k}{\alpha^2 - k^2} \exp(ikx)\, dk = -\int_{-\infty}^{+\infty} \frac{k}{k^2 - \alpha^2} \exp(ikx)\, dk$$

という積分が登場する。ただし、いまの場合は

$$\int_{-\infty}^{+\infty} \frac{k'}{k^2 - k'^2} \exp(ik'x)\, dk'$$

となっていて、$k\to\alpha$ ならびに $k\to k'$ という対応関係になっていることに注意さ
れたい。ここでは、第 5 章の表記のまま説明していく。

　表記の積分では、実軸上に特異点が存在するため、特異点である $k=\pm\alpha$ を実
軸から複素領域に $i\varepsilon$ だけ移動させる。そのうえで、つぎの積分

$$\int_{-\infty}^{+\infty} \frac{k}{k^2 - (\alpha + i\varepsilon)^2} \exp(ikx)\, dk \qquad \int_{-\infty}^{+\infty} \frac{k}{k^2 - (\alpha - i\varepsilon)^2} \exp(ikx)\, dk$$

を計算する。

　この結果、2 種類の積分結果がえられるのであった。それぞれが＋の先進波と
－の後進波のグリーン関数に対応する。

　ここで、分母を計算してみよう。まず＋の先進波においては

$$k^2 - (\alpha + i\varepsilon)^2 = k^2 - (\alpha^2 + 2i\alpha\varepsilon - \varepsilon^2)$$

となる。ここで ε は微小量であるから、ε^2 は無視することができ

$$k^2 - (\alpha + i\varepsilon)^2 = k^2 - \alpha^2 - 2i\alpha\varepsilon$$

となる。あらためて

$$2\alpha\varepsilon = \varpi$$

と置くと、ϖ も微小量であり

$$k^2 - (\alpha + i\varepsilon)^2 \cong k^2 - \alpha^2 - i\varpi$$

となる。よって

$$\int_{-\infty}^{+\infty} \frac{1}{k^2 - (\alpha + i\varepsilon)^2} \exp(ikx)\, dk = \int_{-\infty}^{+\infty} \frac{1}{k^2 - \alpha^2 - i\varpi} \exp(ikx)\, dk$$

$$= -\int_{-\infty}^{+\infty} \frac{1}{\alpha^2 - k^2 + i\varpi} \exp(ikx)\, dk$$

となる。

　同様にして、後進波（−）においては

$$k^2 - (\alpha - i\varepsilon)^2 \cong k^2 - \alpha^2 + i\varpi$$

となり

$$\int_{-\infty}^{+\infty} \frac{1}{k^2 - (\alpha - i\varepsilon)^2} \exp(ikx)\, dk = \int_{-\infty}^{+\infty} \frac{1}{k^2 - \alpha^2 + i\varpi} \exp(ikx)\, dk$$

$$= -\int_{-\infty}^{+\infty} \frac{1}{\alpha^2 - k^2 - i\varpi} \exp(ikx)\, dk$$

となる。

　よって、± のグリーン演算子は

$$\hat{G}^{\pm} = -\lim_{\varpi \to 0} \frac{1}{\hat{H} - E \mp i\varpi} = \lim_{\varpi \to 0} \frac{1}{E - \hat{H} \pm i\varpi}$$

となる。$\varpi \to 0$ の極限をとることは暗黙の了解事項として、lim を省略して

$$\hat{G}^{\pm} = \frac{1}{E - \hat{H} \pm i\varpi}$$

と表記することが一般的である。

　このグリーン演算子を使えば、摂動のある波動関数は

$$\varphi^{\pm} = \varphi_0 + \frac{1}{E - \hat{H} \pm i\varpi} H_I \varphi^{\pm}$$

と与えられる。この式をリップマン–シュウィンガー (Lippmann-Schwinger) 方程式と呼んでいる。H_I の替りに、ポテンシャルの V を使って

$$\varphi^{\pm} = \varphi_0 + \frac{1}{E - \hat{H} \pm i\varpi} V \varphi^{\pm}$$

と表記するのが一般的である。ただし $\varphi^{\pm} = \lim_{\varpi \to 0} \varphi^{\pm \varpi}$ である。第一次近似では

$$\varphi^{\pm} = \varphi_0 + \frac{1}{E - \hat{H} \pm i\varpi} V \varphi_0$$

となる。

第 12 章　時間依存グリーン関数

　前章では、時間依存のないシュレーディンガー方程式に対応したグリーン演算子を紹介した。本章では、時間依存のあるシュレーディンガー方程式におけるグリーン演算子、すなわち**時間依存グリーン演算子** (time dependent Green's operator) について紹介する。

12. 1.　時間依存シュレーディンガー方程式

　定常状態、すなわち、系のエネルギー E が時間的に変化しない場合のシュレーディンガー方程式は

$$(E - \hat{H})[\varphi(x)] = 0$$

と与えられる。一方、系が定常状態になく、エネルギーが時間的に変化する場合のシュレーディンガー方程式は $E \rightarrow i\hbar(\partial/\partial t)$　として

$$\left(i\hbar\frac{\partial}{\partial t} - \hat{H}\right)[\psi(x,t)] = 0$$

と与えられる。これが**時間依存シュレーディンガー方程式** (time dependent Schrödinger equation) である。この方程式の微分演算子は

$$\hat{L}(x,t) = i\hbar\frac{\partial}{\partial t} - \hat{H}$$

となる。$\hat{L}$ が位置ならびに時間の微分演算を含むことから $\hat{L}(x,t)$ と表記している。形式的に、この演算子の逆演算子であるグリーン演算子を求めれば

$$\hat{G}(x,t) = \hat{L}^{-1}(x,t) = \frac{1}{i\hbar\dfrac{\partial}{\partial t} - \hat{H}} = \left(i\hbar\frac{\partial}{\partial t} - \hat{H}\right)^{-1}$$

となる。これが**時間依存グリーン演算子** (time dependent Green's operator) である。対応するグリーン関数を $G(x,t)$ と置けば

$$\left(i\hbar\frac{\partial}{\partial t}-\hat{H}\right)G(x,t)=\delta(x)\delta(t)$$

という方程式を満足する。あるいは、より一般的には

$$\left(i\hbar\frac{\partial}{\partial t}-\hat{H}\right)G(x-x',t-t')=\delta(x-x')\delta(t-t')$$

となる。

12. 2. 相互作用表示

ここで、エネルギー演算子であるハミルトニアン $\hat{H}$ を、前章と同様に、非摂動演算子 $\hat{H}_0$ と、摂動演算子 $\hat{H}_I$ に分解して表示しよう。これは相互作用表示と呼ばれている。このとき、ハミルトニアンは

$$\hat{H}=\hat{H}_0+\hat{H}_I$$

となる。すると

$$\left(i\hbar\frac{\partial}{\partial t}-\hat{H}\right)\psi(x,t)=0$$

となるが

$$\left(i\hbar\frac{\partial}{\partial t}-\hat{H}_0-\hat{H}_I\right)\psi(x,t)=0$$

から

$$\left(i\hbar\frac{\partial}{\partial t}-\hat{H}_0\right)\psi(x,t)=\hat{H}_I\,\psi(x,t)$$

という方程式となる。ここで非摂動系の方程式の波動関数を $\psi_0(x,t)$ と置くと

$$\left(i\hbar\frac{\partial}{\partial t}-\hat{H}_0\right)\psi_0(x,t)=0$$

となる。この方程式の演算子

$$\hat{L}_0(x,t)=i\hbar\frac{\partial}{\partial t}-\hat{H}_0$$

の逆演算子がグリーン演算子とすると

$$\hat{G}_0(x, t) = \hat{L}_0^{-1}(x, t) = \left(i\hbar \frac{\partial}{\partial t} - \hat{H}_0 \right)^{-1}$$

となる。

12. 3.　時間依存グリーン関数

　グリーン演算子から、グリーン関数を導出するには、前章で示したように、行列要素を求めればよい。ここで、波動関数 $\psi_0(x, t)$ と位置ならびに時間の異なる波動関数 $\psi_0(x', t')$ を使うと、グリーン関数は

$$G_0(x, x'; t, t') = \left\langle \psi_0(x, t) \left| \hat{G}_0(x, t) \right| \psi_0(x', t') \right\rangle$$

と与えられる。この式は、グリーン演算子には

$$(x', t') \quad \rightarrow \quad (x, t)$$

のように、ミクロ粒子の状態を変化させる機能があることに意味している[1]。定義に戻ると、グリーン関数 $G_0(x, x'; t, t')$ が満たすべき微分方程式は

$$\hat{L}_0(x, t)\, G_0(x, x'; t, t') = \delta(x - x')\, \delta(t - t')$$

となる。演算子のかたちを明示すれば

$$\left(i\hbar \frac{\partial}{\partial t} - \hat{H}_0 \right) G_0(x, x';\ t, t') = \delta(x - x')\, \delta(t - t')$$

となる。

　また、グリーン関数については、2 点間の位置的距離あるいは時間的間隔に依存するのが一般的であるので

$$G_0(x, x'; t, t') = G_0(x - x',\ t - t')$$

と置くことができる。グリーン関数がえられれば、時間依存のない場合の式

---

[1] 量子力学では、むしろ、量子状態を変化させるという機能がグリーン演算子の主流となる。

$$\varphi(x) = \varphi_0(x) + \int G_0(x-x') \, H_I(x') \, \varphi(x') \, dx'$$

と同様の考えで

$$\psi(x,t) = \psi_0(x,t) + \iint G_0(x-x',t-t') \, H_I(x',t') \, \psi(x',t') \, dx' \, dt'$$

という積分方程式によって、摂動系の波動関数がえられることになる。

演習 12-1　上記の積分方程式に、演算子 $\hat{L}_0 = i\hbar\dfrac{\partial}{\partial t} - \hat{H}_0$ を作用させよ。

　解）

$$\hat{L}_0 \, \psi(x,t) = \hat{L}_0 \, \psi_0(x,t) + \iint \hat{L}_0 \, G_0(x-x',t-t') \, H_I(x',t') \, \psi(x',t') \, dx' \, dt'$$

となるが

$$\hat{L}_0 \, \psi_0(x,t) = 0 \qquad \hat{L}_0 \, G_0(x-x',t-t') = \delta(x-x')\delta(t-t')$$

であるから

$$\hat{L}_0 \, \psi(x,t) = \iint \delta(x-x')\delta(t-t') \, H_I(x',t') \, \psi(x',t') \, dx' \, dt'$$

となり

$$\hat{L}_0 \, \psi(x,t) = H_I(x,t) \, \psi(x,t)$$

となる。したがって

$$\left(i\hbar\frac{\partial}{\partial t} - \hat{H}_0 \right)\psi(x,t) = H_I(x,t) \, \psi(x,t)$$

という式がえられる。

　この結果から、$\psi(x,t)$ が摂動を含むシュレーディンガー方程式の解となることが確かめられる。

　ただし、このままでは両辺に未知関数 $\psi(x,t)$ があるので、摂動が小さい場合

には、前章で行ったように $\psi(x',t')$ の替りに $\psi_0(x',t')$ を代入して

$$\psi(x,t) = \psi_0(x,t) + \iint G_0(x-x',t-t')\, H_1(x',t')\, \psi_0(x',t')\, dx'\, dt'$$

と近似することができる。

12. 4.　グリーン関数の導出

それでは、具体的な時間依存グリーン関数 $G_0(x,x';t,t')$ を求める方法について考えてみよう。求める関数は

$$G_0(x,x';t,t') = G_0(x-x',\ t-t')$$

と置くことができるのであった。ここで、求めるグリーン関数は

$$\left(i\hbar\frac{\partial}{\partial t} - \hat{H}_0\right) G_0(x-x',t-t') = \delta(x-x')\,\delta(t-t')$$

という方程式を満足する。ここでは、$r = x-x'$, $\tau = t-t'$ と置いて

$$G_0(x-x',\ t-t') = G_0(r,\tau)$$

と表記しよう。とすると

$$\left(i\hbar\frac{\partial}{\partial t} - \hat{H}_0\right) G_0(r,\tau) = \delta(r)\,\delta(\tau)$$

となる。

そのうえで、$G_0(r,\tau)$ を位置 r に関してフーリエ変換 $(r \to k)$ する。すると

$$\widetilde{G}_0(k,\tau) = \int G_0(r,\tau)\, \exp(-ikr)\, dr$$

となる。参考までに、この逆変換 $(k \to r)$ は

$$G_0(r,\tau) = \frac{1}{2\pi}\int \widetilde{G}_0(k,\tau)\, \exp(ikr)\, dk$$

である。

演習 12-2　　デルタ関数が　$\delta(r) = \dfrac{1}{2\pi}\displaystyle\int \exp(ikr)\, dk$　となることをもとに

$$\left(i\hbar\frac{\partial}{\partial t} - \hat{H}_0\right)G_0(r, \tau) = \delta(r)\,\delta(\tau)$$

を変形して $\widetilde{G}_0(k, \tau)$ に関する微分方程式を導出せよ。

解）　まず

$$\hat{H}_0\,[\varphi(x)] = E\varphi(x) \qquad \hat{G}_0\hat{H}_0\,[\varphi(x)] = \hat{G}_0\,[E\varphi(x)]$$

であるから

$$\left(i\hbar\frac{\partial}{\partial t} - \hat{H}_0\right)G_0(r, \tau) = \left(i\hbar\frac{\partial}{\partial t} - E\right)G_0(r, \tau)$$

となる。そのうえで

$$G_0(r, \tau) = \frac{1}{2\pi}\int \widetilde{G}_0(k, \tau)\,\exp(ikr)\, dk$$

を代入すると

$$\left(i\hbar\frac{\partial}{\partial t} - \hat{H}_0\right)G_0(r, \tau) = \frac{1}{2\pi}\int \left(i\hbar\frac{\partial}{\partial t} - E\right)\{\widetilde{G}_0(k, \tau)\,\exp(ikr)\}\, dk$$

$$= \frac{1}{2\pi}\int \left\{\left(i\hbar\frac{\partial}{\partial t} - E\right)\widetilde{G}_0(k, \tau)\right\}\exp(ikr)\, dk$$

これが

$$\delta(r)\delta(\tau) = \frac{1}{2\pi}\int \delta(\tau)\exp(ikr)\, dk$$

に等しいのであるから

$$\left(i\hbar\frac{\partial}{\partial t} - E\right)\widetilde{G}_0(k, \tau) = \delta(\tau)$$

という式が導出される。

ここで

$$\left(i\hbar\frac{\partial}{\partial\tau}-E\right)\widetilde{G}_0(k,\tau)=\delta(\tau)$$

の解法を考えてみよう。ただし、変数 t を τ に換えている。また $\tau=t-t'$ であるから $dt=d\tau$ である。右辺は $\tau\neq0$ のとき、すなわち、$t\neq t'$ のとき

$$\delta(\tau)=0$$

である。時間変化を考えれば、$t\neq t'$ であるから

$$\left(i\hbar\frac{\partial}{\partial\tau}-E\right)\widetilde{G}_0(k,\tau)=0$$

となる。

演習 12-3　つぎの微分方程式を解法せよ。

$$i\hbar\frac{d\widetilde{G}_0(k,\tau)}{d\tau}=E\,\widetilde{G}_0(k,\tau)$$

解）

$$\frac{d\widetilde{G}_0(k,\tau)}{\widetilde{G}_0(k,\tau)}=\frac{E}{i\hbar}d\tau=-i\frac{E}{\hbar}d\tau$$

から

$$\int\frac{d\widetilde{G}_0(k,\tau)}{\widetilde{G}_0(k,\tau)}=\int\left(-i\frac{E}{\hbar}\right)d\tau$$

より

$$\ln\widetilde{G}_0(k,\tau)=-i\frac{E}{\hbar}\tau+C$$

したがって解は

$$\widetilde{G}_0(k,\tau)=A\exp\left(-i\frac{E}{\hbar}\tau\right)$$

となる。ただし、C および A は定数である。

本質とは関係ないので、これ以降は $A = 1$ と置く。$\widetilde{G}_0(k, \tau)$ がえられたので、つぎのフーリエ逆変換 $(k \to r)$ によって、時間依存グリーン関数

$$G_0(r, \tau) = \frac{1}{2\pi} \int \widetilde{G}_0(k, \tau) \exp(ikr)\, dk$$

がえられることになる。具体的には

$$G_0(r, \tau) = \frac{1}{2\pi} \int_{-\infty}^{+\infty} \exp\left(-i\frac{E}{\hbar}\tau\right) \exp(ikr)\, dk$$

という積分となる。さらに、エネルギー E は、波数 k の関数であり

$$E = \frac{\hbar^2 k^2}{2m}$$

という関係にあるので

$$G_0(r, \tau) = \frac{1}{2\pi} \int_{-\infty}^{+\infty} \exp\left(-i\frac{\hbar k^2}{2m}\tau\right) \exp(ikr)\, dk$$

となる。ここで、被積分関数は

$$\exp\left(-i\frac{\hbar k^2}{2m}\tau\right) \exp(ikr) = \exp\left(-i\frac{\hbar \tau}{2m}k^2 + irk\right) = \exp\left\{-i\left(\frac{\hbar \tau}{2m}k^2 - rk\right)\right\}$$

と変形できる。

演習 12-4　つぎの項

$$\exp\left\{-i\frac{\hbar \tau}{2m}\left(k^2 - \frac{2mr}{\hbar \tau}k\right)\right\}$$

において、( ) 内を k に関して平方化せよ。

解）

$$k^2 - \frac{2mr}{\hbar \tau}k = k^2 - \frac{2mr}{\hbar \tau}k + \left(\frac{mr}{\hbar \tau}\right)^2 - \left(\frac{mr}{\hbar \tau}\right)^2 = \left(k - \frac{mr}{\hbar \tau}\right)^2 - \left(\frac{mr}{\hbar \tau}\right)^2$$

となり

$$\exp\left\{-i\frac{\hbar \tau}{2m}\left(k^2 - \frac{2mr}{\hbar \tau}k\right)\right\} = \exp\left(i\frac{mr^2}{2\hbar \tau}\right) \exp\left\{-i\frac{\hbar \tau}{2m}\left(k - \frac{mr}{\hbar \tau}\right)^2\right\}$$

と変形できる。

したがってグリーン関数は

$$G_0(r, \tau) = \frac{1}{2\pi} \int_{-\infty}^{+\infty} \exp\left(-i\frac{\hbar k^2}{2m}\tau\right) \exp(ikr)\, dk$$

$$= \frac{1}{2\pi} \exp\left(i\frac{mr^2}{2\hbar\tau}\right) \int_{-\infty}^{+\infty} \exp\left\{-i\frac{\hbar\tau}{2m}\left(k - \frac{mr}{\hbar\tau}\right)^2\right\} dk$$

と変形できることになる。

演習 12-5　つぎの積分を実行せよ。

$$\int_{-\infty}^{+\infty} \exp\left\{-i\frac{\hbar\tau}{2m}\left(k - \frac{mr}{\hbar\tau}\right)^2\right\} dk$$

解）

$$\frac{\hbar\tau}{2m} = a \qquad k - \frac{mr}{\hbar\tau} = q$$

と置くと、$dk = dq$ であるから

$$\int_{-\infty}^{+\infty} \exp\left\{-i\frac{\hbar\tau}{2m}\left(k - \frac{mr}{\hbar\tau}\right)^2\right\} dk = \int_{-\infty}^{+\infty} \exp(-iaq^2)\, dq = 2\int_{0}^{+\infty} \exp(-iaq^2)\, dq$$

となる。ここで $\theta = aq^2$ と置くと、$d\theta = 2aq\, dq$ から

$$\int_{0}^{+\infty} \exp(-iaq^2)\, dq = \int_{0}^{+\infty} \exp(-i\theta)\frac{d\theta}{2aq}$$

となる。$q = \pm\sqrt{\theta/a}$ であるが、ここでは $q = \sqrt{\theta/a}$ として計算を進めると

$$\int_{0}^{+\infty} \exp(-iaq^2)\, dq = \frac{1}{2\sqrt{a}}\int_{0}^{+\infty} \frac{\exp(-i\theta)}{\sqrt{\theta}}\, d\theta$$

となる。オイラーの公式を使うと

$$\int_0^{+\infty} \frac{\exp(-i\theta)}{\sqrt{\theta}}\,d\theta = \int_0^{+\infty} \frac{\cos\theta - i\sin\theta}{\sqrt{\theta}}\,d\theta = \int_0^{+\infty} \frac{\cos\theta}{\sqrt{\theta}}\,d\theta - i\int_0^{+\infty} \frac{\sin\theta}{\sqrt{\theta}}\,d\theta$$

となるが、$t = \sqrt{\theta} = \theta^{\frac{1}{2}}$, $t^2 = \theta$ という変数変換をすると $2t\,dt = d\theta$ から

$$\int_0^{+\infty} \frac{\cos\theta}{\sqrt{\theta}}\,d\theta = \int_0^{+\infty} \frac{\cos(t^2)}{t}\,2t\,dt = 2\int_0^{+\infty} \cos(t^2)\,dt$$

$$\int_0^{+\infty} \frac{\sin\theta}{\sqrt{\theta}}\,d\theta = \int_0^{+\infty} \frac{\sin(t^2)}{t}\,2t\,dt = 2\int_0^{+\infty} \sin(t^2)\,dt$$

となって、フレネル積分 (Fresnel integral) となる。その結果は

$$\int_0^{+\infty} \cos(t^2)\,dt = \frac{1}{2}\sqrt{\frac{\pi}{2}} \qquad \int_0^{+\infty} \sin(t^2)\,dt = \frac{1}{2}\sqrt{\frac{\pi}{2}}$$

と与えられる[2]。したがって

$$\int_0^{+\infty} \frac{\exp(-i\theta)}{\sqrt{\theta}}\,d\theta = \sqrt{\frac{\pi}{2}} - i\sqrt{\frac{\pi}{2}} = \sqrt{\frac{\pi}{2}}(1-i)$$

となる。よって

$$\int_0^{+\infty} \exp(-iaq^2)\,dq = \frac{1}{2}\sqrt{\frac{\pi}{2a}}(1-i)$$

から

$$\int_{-\infty}^{+\infty} \exp\left\{-i\frac{\hbar\tau}{2m}\left(k - \frac{mr}{\hbar\tau}\right)^2\right\}dk = 2\int_0^{+\infty} \exp(-iaq^2)\,dq = \sqrt{\frac{\pi}{2a}}(1-i)$$

$\dfrac{\hbar\tau}{2m} = a$ と置いたので、結局

$$\int_{-\infty}^{+\infty} \exp\left\{-i\frac{\hbar\tau}{2m}\left(k - \frac{mr}{\hbar\tau}\right)^2\right\}dk = \sqrt{\frac{m\pi}{\hbar\tau}}(1-i)$$

となる。

---

[2] フレネル積分については、拙著『なるほど複素関数』(海鳴社) の「4.6.2 フレネル積分」、p.103 を参照いただきたい。

したがって、グリーン関数は

$$\hat{G}_0(r,\tau)=\frac{1}{2\pi}\exp\left(i\frac{mr^2}{2\hbar\tau}\right)\int_{-\infty}^{+\infty}\exp\left\{-i\frac{\hbar\tau}{2m}\left(k-\frac{mr}{\hbar\tau}\right)^2\right\}dk=\frac{1}{2\pi}\exp\left(i\frac{mr^2}{2\hbar\tau}\right)\sqrt{\frac{m\pi}{\hbar\tau}}(1-i)$$

$$=\frac{1}{2}\sqrt{\frac{m}{\pi\hbar\tau}}(1-i)\exp\left(i\frac{mr^2}{2\hbar\tau}\right)$$

となる。さらに r,τ をもとに戻せば

$$\hat{G}_0(x-x',t-t')=\frac{1}{2}\sqrt{\frac{m}{\pi\hbar(t-t')}}(1-i)\exp\left(i\frac{m(x-x')^2}{2\hbar(t-t')}\right)$$

となる。

このように時間依存グリーン関数が求められれば、あとは、つぎの式

$$\psi(x,t)=\psi_0(x,t)+\iint G_0(x-x',t-t')\,H_I(x',t')\,\psi_0(x',t')\,dx'\,dt'$$

に代入することで、適当な摂動ハミルトニアンのもとでの時間依存の波動関数を求めることができることになる。

グリーン関数の参考書紹介

以下にグリーン関数を学ぶ際の参考書を紹介する。

松浦武信、吉田正廣、小泉義晴著 (2000)『物理・工学のためのグリーン関数入門』（東海大学出版会）：入門書として参照されたい。

今村勤著 (2016)『物理とグリーン関数』（岩波書店）または、
篠崎寿夫、若林敏雄、木村正雄著 (1987)『現代工学のための偏微分方程式とグリーン関数』（現代工学社）：境界値問題について参照されたい。

小泉義晴著 (2010) 『微分方程式と量子統計学のグリーン関数[講義・演習]』（東海大学出版会）：量子論への導入として参照されたい。

丹羽雅昭著 (2002)『超伝導の基礎』（東京電機大学出版局）：超伝導理論へのグリーン関数の応用に関して参照されたく、また超伝導理論および物性物理の基礎を学ぶ教科書としても優れており、ぜひ一読をお勧めする。

小形正男著 (2018)『物性物理のための場の理論・グリーン関数 量子多体系をどう解くか？「SGC ライブラリ 142」 』（サイエンス社）：量子多体系の応用について参照されたい。

索引

著者：村上　雅人（むらかみ　まさと）

1955 年岩手県盛岡市生まれ。東京大学工学部金属材料工学科卒業。同大学工学系大学院博士課程修了。工学博士。新日本製鐵第一技術研究所研究員、超電導工学研究所第七研究室長等を経て、芝浦工業大学教授。2012 年 4 月―2021 年 3 月まで同学長を歴任、現在、同学事顧問。Fe-Mn-Si 系形状記憶合金の発明ならびにバルク超伝導体の開発など、超伝導工学者として知られる。

日経 BP 社技術賞、新日本製鐵社長賞、World Congress Superconductivity Award of Excellence, 岩手日報文化賞、超伝導科学技術賞、PASREG Special Award of Excellence などを受賞。

著書に『はじめてナットク！　超伝導』（講談社ブルーバックス）、『高温超伝導の材料科学』（内田老鶴圃）、『なるほど虚数』『なるほど微積分』『なるほど量子力学』など「なるほど」シリーズ 24 作（海鳴社）などがある。編著に『元素を知る事典』（海鳴社）など、監修に『エレメント大図鑑』（主婦と生活社）、『もののしくみ大図鑑』（世界文化社）などがある。

なるほどグリーン関数

2021 年 5 月 20 日　第 1 刷発行

2024 年 4 月 5 日　第 2 刷発行

発行所：㈱海鳴社　http://www.kaimeisha.com/

〒 101-0065　東京都千代田区西神田 2－4－6
E メール：info@kaimeisha.com
Tel.：03-3262-1967 Fax：03-3234-3643

JPCA

発　行　人：横井　恵子
組　　　版：小林　忍
印刷・製本：シ ナ ノ

出版社コード：1097
ISBN 978-4-87525-354-9

村上雅人の理工系独習書「なるほどシリーズ」

（本体価格）